矿井火灾事故处置

——矿山救援视角

曾凡付　著

应 急 管 理 出 版 社

·北　京·

内 容 提 要

本书以矿井火灾事故处置为逻辑主线，内容包括矿井火灾事故的处置程序、被困人员生存情况分析及安全保障措施、矿山救援队进入灾区的规定、要求与措施、被困人员的搜寻与救治、灭火技术，以及为了保障救援工作顺利开展而进行的火灾救援能力建设等。

本书可作为矿山救援队伍矿井火灾事故处置培训教材及参考用书。

前　言

矿井火灾救援是当前技术条件下处置难度大、技术要求强的一项工作。矿井发生火灾事故，如果有人员被困，则处置更为棘手。

本书是作者本人从事近30年矿山救援工作、参与上百起矿井火灾处置的经验总结与沉淀，并吸收了本人主持的企业科研项目“QP－200型惰泡发生装置技术改造研究”“DQP－200型惰气发生装置独头巷道远距离直接灭火技术研究”“矿山救援队伍心理素质训练研究”“矿山救护队伍体能训练研究”“矿井高温浓烟环境下的火灾事故救援研究”部分研究成果，同时借鉴同行相关宝贵经验，提出“一保、二进、三救、四灭”的矿井火灾事故处置程序。

一保，保得住被困人员。采取远程措施，保障被困人员暂时安全，如反风使被困人员处于新鲜风流区域，保证压风持续不断供给被困人员呼吸，以维持被困人员的生存。

二进，矿山救援队伍进得去灾区。面对高温、浓烟等恶劣条件，矿山救援队伍须采取措施，克服困难，防止瓦斯爆炸等次生灾害，确保自身安全，迅速进入灾区，对人员可能被困地点进行探察，以搜寻、营救被困人员。

三救，对被困人员正确、迅速施救。精准判定被困人员位置，科学搜寻，正确施救，如迅速脱离危险区域、对伤者进行人工呼吸、止血等。

四灭，扑灭火灾。采取燃油惰气发生装置灭火、高倍数泡沫灭火机灭火、火区窒息性气体灭火、均压灭火、水淹灭火等方法，安全、高效扑灭火灾。

本书内容按矿井火灾处置程序逐步展开，辅以实际火灾救援案例，从矿山救援视角出发，介绍应急救援人员进入灾区的规定、要求与措施、被困人员的搜寻与救治、灭火技术及展望等；为提升矿山救援队火灾救援能力，还介绍了凝聚力、士气、体能、心理及业务知识学习等方面的能力建设，以期对矿井火灾事故处置有所帮助。

限于本人水平，书中不足之处，恳请读者不吝指正。

曾凡付

2024 年 12 月于鹤壁

目　　录

第一章　绪　　论

在矿井各灾种中，火灾是当前技术条件下处置过程中难度最大、危险性最高、技术要求最强、任务最艰巨的一项工作。矿井发生火灾事故时，如果有矿工被困，则处理更为棘手。首先，须采取措施保障被困人员的暂时安全，如反风使被困人员处于新鲜风流区域，保证压风持续不断地供给被困人员呼吸。之后，矿山救援队采取措施进入人员被困地点，对被困人员进行现场施救，引导被困人员脱离险区。待人员脱离灾区后，再应用合适的灭火方法扑灭火灾。

第一节　矿井火灾概述

矿井火灾是煤矿五大灾害之一。矿井火灾不仅会烧掉煤炭资源、烧毁生产设备，而且由于封闭火区，还将会冻结煤炭的可采储量，严重破坏正常的生产秩序。另外，燃烧消耗了风流中的氧气，使风流中的氧气浓度下降，同时产生大量的热能、有毒有害气体和粉尘，威胁矿工的身心健康和生命安全，并可能诱发瓦斯爆炸，酿成更大灾害。

一、燃烧

（一）定义

可燃物和氧化剂在空间发生激烈化学反应的过程称为燃烧。燃烧常常伴随放热、发光过程，会生成新物质。反应物中化学性质活跃的氧原子组分称为氧化剂或助燃剂，被氧化剂所氧化的物质称为燃料或可燃物，反应生成物称为燃烧产物。

放热、发光和生成新的物质是燃烧反应的 3 个特征，是区别燃烧和非燃烧现象的依据。

（二）燃烧的条件

燃烧必须同时具备 3 个条件：热源、燃料（可燃物）和氧气（氧化剂），即火的三要素。这 3 个要素必须同时存在，相互配合，且达到一定的数量，才能引起燃烧，缺少任何一个要素，燃烧都不能发生和维持。因此，火的三要素是燃烧的必要条件。在火灾处置中，如果能够阻断火的三要素中任何一个要素，就可以扑灭火灾。在扑灭矿井火灾实践中，往往同时作用两个及两个以上要素。

1. 热源

具有一定温度和足够热量的热源才能引起燃烧。在矿井中，煤的自燃、机械摩擦、电流短路、吸烟、烧焊以及其他明火等都可能成为引燃热源。

2. 可燃物

在煤矿矿井中，煤本身就是大量而且普遍存在的可燃物。另外，坑木、各类机电设备、各种油料、炸药等都具有可燃性。可燃物的存在是燃烧的基础。

3. 氧气

氧气的供给是维持燃烧不可缺少的条件。当空气中氧气浓度为 3% 及以下时，任何可燃物的燃烧都不能维持；在氧浓度为 12% 的空气中，瓦斯失去爆炸性。氧气浓度在 14% 以下时，蜡烛会熄灭。

（三）燃烧的形式

矿井火灾中，可燃物可分为固态可燃物（如煤、木材、橡胶、合成高分子化合物等）、液态可燃物（如燃油、润滑油等）和气态可燃物（如瓦斯、热解产生的各种挥发性气体、一氧化碳等）三大类。它们在井下火灾中的燃烧形式有以下 4 种。

1. 扩散燃烧

扩散燃烧也称气体燃料燃烧。甲烷（CH_4）、一氧化碳（CO）、乙炔（C_2H_4）等可燃气体从管道孔口或巷道局部空间流出，在与空气汇合时，可燃气体与空气依靠分子间扩散而混合。当其混合浓度达到燃烧界限时，遇火源则在该范围内燃烧；由于可燃气体和氧气的不断补给、混合，使燃烧继续。扩散燃烧火焰结构如图 1－1 所示。

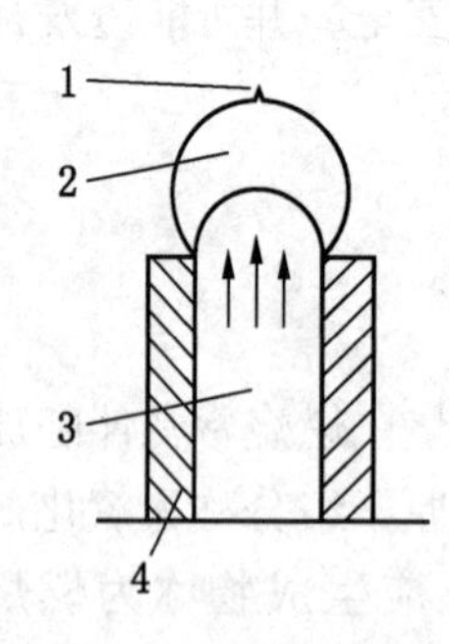

1—空气；2—扩散混合区；3—气态燃料；4—管口

图 1－1　扩散燃烧火焰结构示意图

2. 分解燃烧

分解燃烧出现于固体和部分液体燃料的燃烧中。在燃烧过程中，可燃物首先遇热分解，热分解产物和氧反应产生火焰燃烧。如木材、煤、橡胶、合成高分子化合物等固体燃料，柴油、煤油、润滑油等高沸点油脂类流体，以及蜡、沥青等固体烃类物质的燃烧。木材在空气中燃烧时，火源首先加热木材，使其失去水分而干燥，然后木材发生热分解，释放出挥发性气体，产生燃烧火焰，放出热量；释放的热量继续加热木材，使木材不断分解，从而使燃烧延续。

3. 表面燃烧

表面燃烧发生于固体燃料燃烧的后期。固体燃料燃烧时，不断分解出挥发性气体，而挥发性气体燃烧放出的热量继续维持新的固体燃料热分解和燃烧。当原来燃烧的燃料所含挥发分气体、煤焦油分解完后，剩下固体炭（焦炭）时，燃烧在焦炭与空气的接触表面进行，称为表面燃烧。固体燃料呈红热表面，但没有火焰。

4. 预混燃烧

在井下一定环境条件下，可燃气体与空气已在着火前预先充分混合，其浓度处于燃烧（爆炸）界限之内，遇火源即会发生燃烧。预混燃烧在混合气体分布空间快速蔓延，称为预混燃烧。预混燃烧在一定条件下会转变为爆炸。矿井火灾引起的爆炸事故往往是由预混燃烧引起的。在一定通风条件下，煤层涌出的瓦斯与矿井火灾分解的高温挥发性气体混合，形成较大范围可燃性气体，一经点燃，就会出现预混燃烧，并可能在半封闭空间内迅速地自我加速发展成为爆炸。

准确判定矿井火灾时可燃物的燃烧形式，有利于针对性地选择科学方法扑灭火灾。2017 年 9 月 16 日，某煤业公司三矿 41 采区轨道上山下部车场掘进工作面掘进距煤层 5 m 时，因爆破引起炮眼涌出的瓦斯发生燃烧，迎头断面全部被喷射出来的火苗覆盖，甲烷浓度为 0.25%，一氧化碳浓度为 85 ppm，温度为 62 ℃，直接灭火不成功。经分析，此次火灾是瓦斯扩散燃烧火灾，中断其氧气供给即可灭火。后来，停止了下部车场掘进工作面供风的风机，灭火成功。

二、矿井火灾

火灾是指在时间或空间上失去控制的燃烧。例如：气焊或烧火做饭时，将周围的可燃物质（油棉丝、汽油、木材等）引燃，进而烧毁设备、家具和建筑物，烧伤人员等，这就超出了气焊和做饭的有效范围，构成了火灾。发生在矿井或煤田范围内威胁安全生产、造成一定资源和经济损失或人员伤亡的燃烧事故，称为矿井火灾。

（一）分类

1. 按发生地点分类

根据火灾发生地点不同，矿井火灾可分为地面火灾和井下火灾。

1）地面火灾

发生在矿井工业广场范围内地面上的火灾称为地面火灾。地面火灾可能发生在行政办公楼、福利楼、井口楼等地面建筑物以及坑木场、贮煤场、矸石山等地点。地面火灾外部征兆明显，空气供给充分，燃烧完全，有毒气体易于扩散，较井下火灾易于处置。

2）井下火灾

发生在井下的以及发生在井口附近且威胁到井下人员安全和生产的火灾统称为井下火灾。井下火灾可以发生在井口房、井筒、井底车场、机电硐室、火药库、进回风大巷、采区变电硐室、掘进和回采工作面以及采空区、煤柱等地点。井下火灾处于煤层之中，巷道纵横相连，即使发生也很难及时被发现。井下空气供给有限，难以完全燃烧，有毒有害烟雾大量产生，随风流到处扩散，毒化矿井空气、威胁工人的生命安全。在有瓦斯和煤尘爆炸危险的矿井中，还可能引起爆炸，酿成重大恶性事故。

2. 按发生地点及对矿井通风系统的影响分类

井下火灾按其发生地点及对矿井通风系统的影响又可分为上行风流火灾、下行风流火灾和进风流火灾3类。

1）上行风流火灾

上行风流是指沿倾斜或垂直井巷、采煤工作面自下而上流动的风流，即风流由标高的低点向高点流动。发生在这种风流中的火灾，称为上行风流火灾。发生上行风流火灾时，因热力作用而产生的火风压，其作用方向与风流方向一致，亦即与矿井主要通风机风压作用方向一致。在这种情况下，它对矿井通风系统影响的主要特征：主干风路（从进风井流经火源到回风井）的风流方向一般是稳定的，即具有与原风流相同的方向，烟随风流排出；而所有其他与主干风路并联或者在主干风路火源后部汇入的旁侧支路风流，其方向不稳定，甚至可能发生逆转，形成风流紊乱事故。因此，所采取的防火措施应力求避免发生旁侧支路风流逆转。

2）下行风流火灾

下行风流是指沿倾斜或垂直井巷、采煤工作面自上而下流动的风流，即风流由标高的高点向低点流动。发生在这种风流中的火灾，称为下行风流火灾。发生下行风流火灾时，火风压的作用方向与矿井主要通风机风压的作用方向相反。因此，随火势的发展，主干风路中的风流很难保持其正常的原有流向。当火风压增大到一定程度，主干风路的风流将会反向，烟流随之逆退，造成风流紊乱。

发生下行风流火灾时，通风系统的风流由于火风压作用所造成的风流状态变化，要比发生上行风流火灾时复杂得多，因此，其危害性更大，且防治技术难度大。

3）进风流火灾

进风流火灾是指发生在进风井、进风大巷或采区进风风路内的火灾。之所以要区别出此类别的火灾，主要是由于其发展的特征、对井下职工的危害以及需要采取的灭火技术措施不同于上、下行风流火灾。发生在进风风流内的煤自燃火灾，一般不易早期发现，而发生后又因供氧充足，发展迅猛，不易控制。井下采掘人员又大都处于下风流中，极易遭受高温火烟的危害，造成伤亡事故。对于这种火灾，除根据发火风路的结构特性（上行或下行）使用相应的控制技术措施外，更应根据进风流的特点，使用适应这种火灾防治的技术措施，如全矿、区域性或局部反风等。

3. 按燃烧环境（富氧、富燃料）、燃烧生成物组分分类

矿井火灾根据燃烧环境（氧气与燃料）、燃烧生成物组分和浓度分为富燃料燃烧火灾与富氧燃烧火灾。

1）富燃料燃烧火灾

火源燃烧时，因火势大或风量小，氧气相对供应不足，则火源产生大量炽热挥发性气体，并预热下风侧可燃物，使其产生大量挥发性气体；同时，燃烧位置的火焰通过热对流和热辐射加热近邻的可燃物，使下风侧可燃物温度升高达到燃点，也会产生大量挥发性气体。因无足够的氧气参与燃烧，下风侧烟流中多为高温预混可燃气体，剩余氧气浓度低于2%。火灾蔓延受限于氧气供给，故又称为受限火灾。下风侧高温预混可燃气体遇新鲜空气后，易形成新的火源点，这种形成多个再生火源的现象称为火源发展的“跳蛙”现象，即多个间断火源点就像青蛙跳跃落脚点一样。再生火源的出现增大了预混气体引起爆炸的概率，并加快了火灾蔓延的速度。

富燃料燃烧取决于可燃物的类型、数量及供氧量。可燃物越容易引燃，燃料数量越大，供氧量相对于燃料量不足（如停风、减风、巷道垮塌等），空气预热温度越高，则发生富燃料类火灾的可能性越大。富燃料燃烧还取决于巷道断面大小、下风侧可燃物种类、数量和分布形式。巷道周长和断面积之比愈小，愈容易发生富燃料类火灾，所以木支架巷道的火灾易发展为富燃料类火灾。

2）富氧燃烧火灾

具有与地面火灾相似的燃烧和蔓延机理，称为非受限燃烧。火源燃烧产生的挥发性气体在燃烧中已基本耗尽，无多余炽热挥发性气体与主风流汇合并预热下风侧更大范围内的可燃物。燃烧产生的火焰以热对流和辐射的形式加热邻近可燃物至燃点，保持燃烧的持续和发展。其火灾范围小，火势强度小，蔓延速度低，耗氧量少，致使相当数量的氧剩余，下风侧氧浓度一般保持在15%以上，故称为富氧燃烧。

富氧燃烧火灾与富燃料燃烧火灾的基本特性及特点对比见表1－1。

表1-1　富氧燃烧火灾与富燃料燃烧火灾的基本特性及特点对比表

分　类	富氧燃烧（非受限火灾）	富燃料燃烧（受限火灾）
基本特征	燃料不足、供氧多	燃料多、供氧不足
特点	火源范围小，火势小，蔓延慢	火源范围大，火势大，蔓延快
	耗氧少，剩余氧多（15%左右）	耗氧多，剩余氧少（2%左右）
	可燃挥发物基本耗尽	剩余大量可燃挥发物
	不易引起再生火源和爆炸	易引起再生火源和爆炸
	危险性稍小	危险性大

矿井火灾事故中，煤类燃烧为主的火灾一般为富氧燃烧火灾，坑木类燃烧为主的火灾存在两种（富氧、富燃料）火灾的可能。在矿井火灾已发展成富燃料类火灾时，再控制富燃料类火灾是危险和困难的。最好的手段是防止出现富燃料类火灾或避免富氧类火灾转变为富燃料类火灾。

矿井发生火灾时，在火源下风侧，氧气浓度均低于新鲜风流中的氧气浓度（不低于20%），富燃料燃烧剩余氧气浓度低于2%，燃烧产物可以用来窒息火区；富氧燃烧一般保持在15%以上，但燃烧产物中挥发性气体在燃烧中已基本耗尽，无可燃成分，重复进入火区，或在火区中积聚，通过不断燃烧以消耗其中氧气，最后也可以达到窒息火区的目的。矿山救援队所配备的DQ系列惰气发生装置灭火原理就是用煤油燃烧来消耗空气中的氧气，将燃烧产物送入火区灭火。

（二）特点

井下火灾一般发生在有限的空间内，尤其是煤炭自燃往往发生在采空区和煤柱里，其燃煤过程比较缓慢，没有较大的火焰，外部征兆不十分明显，火灾初期人们难以察觉，同时灭火工作也较困难。由于煤矿生产的特殊性，矿井火灾表现出以下特点。

（1）井下空间狭小，火灾一旦发生，人员躲避及灭火工作较为困难。

（2）井下火灾往往伴有大量的CO等有毒有害气体产生，并随风蔓延，受灾面积大，伤亡人员多。

（3）发火地点很难接近，灭火时间长，特别是自燃火灾，面积大，隐蔽性强，氧化过程又比较缓慢，发火后长时间不易扑灭，有的火区存在长达几十年。

（4）井下火灾不仅烧毁大量的煤炭资源和设备，同时为了灭火，往往还要留设大量的隔离煤柱封闭火区。

(5) 在有瓦斯和煤尘爆炸危险的矿井中，火灾产生的高温和明火容易引起爆炸事故。

(三) 危害

1. 产生高温和火焰

矿井火灾发生后，产生光和强烈的热辐射及高温，出现大量高浓度的烟雾。随着火灾的发展，温度越来越高，火源附近温度往往超过1000 ℃，而高温烟流在离火源很远的地点也达到100 ℃以上，直接造成人员伤亡。高温导致的人员伤亡主要发生在火源附近及紧邻区域。

2. 产生烟流

矿井火灾发生后，由燃烧反应生成的极其细小的粉尘颗粒分散到空气中形成烟，随着火灾的发展，火烟将越来越浓。火烟影响人员视线，降低能见度。但烟流的特征与流动方向可以用来识别燃烧物质的种类，判断火源位置和火势蔓延方向。

3. 产生大量的有毒有害气体

矿井火灾发生后，不同的可燃物燃烧会产生不同的气体，这些气体大都是有害的，有些气体毒性较大。这是矿井火灾造成人员伤亡的主要原因。

煤炭燃烧会产生 CO_2、CO、SO_2 等。坑木、橡胶、聚氯乙烯等燃烧会产生CO、醇类、醛类以及其他复杂的有机化合物。这些有毒有害气体中，CO对矿工的危害最为严重。CO是无色、无味、无臭的气体，比重为0.968，具有可燃性和爆炸性，其爆炸界限为13%～75%。CO极毒，当其进入人体内后，CO与Hb（血红蛋白）的亲和力比 O_2 与Hb的亲和力大300倍，形成的碳氧血红蛋白（HbCO）解离比氧合血红蛋白（HbO_2）慢3600倍，且HbCO抑制 HbO_2 的解离，阻碍 O_2 释放和传递，造成低氧血症致组织缺氧。CO系细胞原浆毒物，对全身组织均有毒性作用。当空气中CO浓度达0.016%时，无征兆或仅有轻微征兆，数小时后稍微不舒服；达0.048%，1 h内轻微中毒，耳鸣，头痛，头晕与心跳；达0.128%时，0.5～1 h严重中毒，肌肉疼痛，四肢无力，呕吐，感觉迟钝，丧失行动能力；达0.4%时，短时间内丧失知觉，痉挛，呼吸停顿，假死；当达到1%时，呼吸3～5口气迅速死亡。

4. 引起矿井风紊乱

火源及火灾高温气流蔓延产生的火风压，引起矿井风流紊乱，甚至使有毒有害气流进入进风区，扩大受灾范围，造成人员和财产的进一步损失。

矿井火灾对遇险人员的主要威胁是产生的高温和火焰灼烧造成人员伤亡，产生大量CO等有毒有害气体造成遇险人员中毒伤亡；对矿山救援人员的主要威胁是高温、烟流、有毒有害气体以及火灾引发爆炸的危险。矿山救援队在处理矿井火灾事故中易出现问题，在救援过程中特别是封闭有爆炸危险火区时，容易发生瓦斯爆炸次生事故，造成救援人员自身伤亡。

第二节　矿井火灾事故的处置程序

当矿井发生火灾事故时，矿井要立即发出警报，迅速查明火灾原因并组织撤出灾区和受威胁区域的人员；在判断受威胁区域时，要充分考虑矿井外因火灾发展迅速、火烟蔓延速度快的特点，要估计到火势失去控制后可能造成的危害。严格执行入井、升井制度，安排专人清点升井人数，确认未升井人数。通知矿山救援队出动救援，通知矿井主要负责人、技术负责人及各有关部门相关人员开展救援。

一、保障被困人员安全

矿井火灾事故发生后，如有被困人员，必须首先实施保障被困人员安全的措施，确保在矿山救援队搜寻到被困人员并引导至安全区域前被困人员的人身安全。

（1）查明火灾性质、原因、发火地点、火势大小、火灾蔓延的方向和速度，分析判定遇险人员可能被困位置及生存条件、状况。

（2）谨慎实施风流调控，保持主要通风机正常运行，维护通风系统稳定，防止风流紊乱，防止火区、火烟及有毒有害气体向被困人员的位置，特别是向临时避险人员位置蔓延。

（3）维持被困人员生存的供风条件。如通过调整风流，使被困人员由原来所处的险区转变为安全区域，使被困人员从被困地点撤离时的路线由原来的险区转变为安全区域；保证压风机的正常运转，使压风源源不断输送至被困人员位置，供呼吸之用。

（4）如与被困人员有通信联系，应提供心理支持及自救指导。安抚被困人员情绪，通报救援进度，增强被困人员获救信心，指导被困人员静坐保持体力，不要盲目行动。

二、矿山救援队进入灾区搜寻被困人员

发生矿井火灾事故有人员被困时，被困人员无法自行安全脱离险区，需要矿山救援队进入灾区，对人员可能被困地点进行探察，以搜寻、营救被困人员。

矿井火灾事故产生高温和火焰、烟流及大量的有毒有害气体，给矿山救援队穿过灾区到达人员被困位置及在灾区中探察、搜寻被困人员带来安全威胁。矿山救援队应注意以下问题。

（1）矿山救援队需加强氧气呼吸器保养，保证氧气呼吸器100%合格。在进入灾区前必须按规定做战前检查，确定氧气呼吸器无故障时才能进入，以避免有毒有害气体的伤害。

（2）在不危及被困人员安全及在不造成瓦斯积聚、不使积聚的瓦斯流向火区引发瓦斯爆炸的前提下，通过风流调控措施，降低矿山救援队进入灾区巷道火烟浓度及空气温度。

（3）矿山救援队平时训练，应强化对烟雾的适应及高温的习服。

（4）矿山救援队做好日常体能训练与心理训练，提升身体与心理素质，以沉着应对高温、浓烟及有毒有害气体等安全威胁，适应矿井火灾时期各种恶劣环境。

三、被困人员的搜寻与施救

矿井火灾事故发生后，矿山救援队要全力搜寻遇险的被困人员，搜寻到被困人员或到达人员被困位置，对已中毒或烧伤者应立即展开救治。

（1）搜寻所有被困人员，做到火灾威胁区域内有巷必查。

（2）对处于不安全区域的被困人员，立即保护其呼吸器官，如为其佩用上自救器或两小时呼吸器，防止继续吸入有毒有害气体。

（3）对于有烧伤的被困人员，在保护其呼吸器官的同时，要迅速使伤员脱离热源，如立即脱去着火的衣服，带伤员逃离火区。

（4）对于能行动的被困人员，指导其使用应急救助仪器，如矿山救援队提供的自救器、两小时呼吸器、防烟眼镜，引导被困人员撤离险区，到达安全地带。

（5）遵守伦理道德，尊重被困人员，并全过程为他们提供心理支持；尊重遇难者遗体，妥当处置。

四、实施灭火

矿井火灾事故发生后，在所有被困人员全部撤离到达安全地带后，就可以采取合适方法实施灭火。

概括矿井火灾事故处置程序：保障被困人员安全、矿山救援队进入灾区以搜寻被困人员或到达被困人员被困地点、对被困人员施救及灭火，简称为“一保、二进、三救、四灭”。对矿井火灾事故处置的要求是：保得住被困人员；矿山救援队能进得去灾区；对被困人员正确、迅速施救，并引导其安全脱离险区；快速、安全扑灭火灾。

矿山救援队是处置矿山生产安全事故的专业应急救援队伍。矿井火灾事故处置程序中的每一步，均需矿山救援队参加。《煤矿安全规程》规定，煤矿发生险情或者事故后，煤矿应当通知应急指挥人员、矿山救援队和医疗救护人员等到现场救援，并上报事故信息。煤矿发生火灾事故后，不及时召请矿山救援队，最后导致事故扩大，此类案例有很多，损失惨重，教训深刻。例如，1998 年 8 月 10 日 22 时 30 分，内蒙古扎赉诺尔某煤矿 11 号井两条输送带交接处着火。23 时 55 分，瓦斯检查员报告井口调度，井口调度立即报告井口值班党支部书记刘某。11 日 2 时，刘某明确批示不向矿报告，不同意召请救援队，自己调井口参加劳动的 5 名干部和 3 名掘进工人去灭火，火势依然控制不住。3 时 50 分，刘某又通知 11 人到井下火区去灭火，后来火势实在控制不住，才在 4 时 50 分向矿调度室报告。5 时 10 分，矿务局救护队出发。6 时 20 分，救护队第一次进入火区救灾，经 1.5 h 抢救，火灾处理完毕。但因拖延了时间，最终包括刘某在内共死亡 23 人。2002 年 5 月 23 日，黑龙江双鸭山某矿发生火灾事故，矿主不向上级汇报，不找矿山救援队救灾，而找公安消防队灭火，耽误了 4 个多小时，结果使井下 17 人全部死亡。

第二章　被困人员安全保障

矿井火灾事故发生后，未能及时撤出至安全地点而后升井的被困人员，有的直接处于火烟流经的巷道中，有的躲进相对安全的地点避险但撤退路线被堵不能自行安全撤出，如避难硐室、暂时不受火烟侵害的巷道，需及时采取远程措施，保障这些被困人员被救出前的人身安全。

第一节　被困人员生存情况分析

矿井火灾事故发生后，由于火势迅猛，或没及时发现火灾，通知不及时，撤离不迅速，或因所携带自救器故障、不能熟练使用等原因，火灾波及区域作业人员未能脱离险区而被困。分析被困人员可能被困位置及生存情况，为下一步矿山救援队进入灾区施救提供目标、导向与先后顺序。

一、被困位置

依据矿井火灾特点，分析在矿井火灾事故中遇险矿工情况。人员被困时状态主要有以下几种。

（1）处于火烟蔓延的巷道或采面中，承受着有毒有害气体、高温的毒害，因中毒无法行动或行动缓慢，有的卧或俯于巷道底板上，有的靠巷帮瘫坐着。

（2）躲进附近永久避难硐室，等候救援。

（3）被困于绞车房、水泵房等机电硐室或火药库中，等候救援。

（4）利用老巷密闭墙与巷口的空间，建立临时避难所（图2－1），在巷口用衣物、风筒布、木料等搭建一临时挡风帘，阻止巷口外火灾气体的侵入，在临时避难所等候救援。

（5）在通风正常的独头掘进工作面中，但因掘进工作面巷道出口处于火灾气体污染区而无法脱离，等候救援。

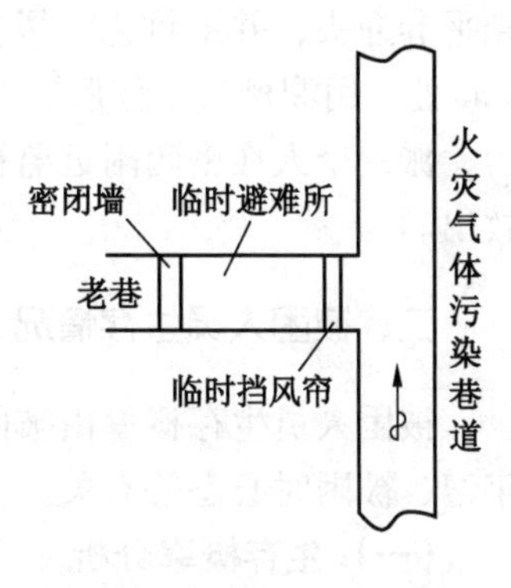

图2－1　临时避难所示意图

1997年7月15日，鹤壁煤业公司某矿23031工作面下顺槽在掘进到118 m位置时，因爆破殉爆引起火灾，火烟弥漫整个岩石回风上山，在上顺槽工作的12名工人中，有2人于火灾初期顶烟冲过上、下顺槽之间的岩石回风上山而脱险，其余10人被困于23031工作面上顺槽（图2-2），后被救。

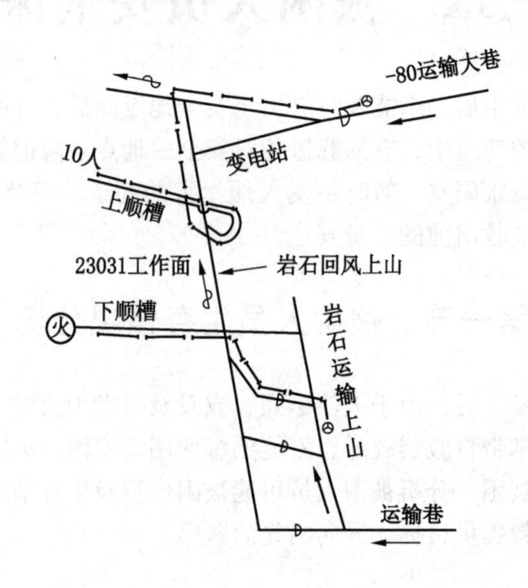

图2-2　某矿23031工作面火灾事故示意图

（6）掘进工作面迎头外巷道发火，在迎头掘进施工的作业人员被堵，无法安全出去，等候救援。1983年1月23日，某煤矿掘进巷道发生火灾后，除3名工人及时冲出火源脱离危险外，还有23名工人被堵在灾区里面，他们迅速撤退到平巷迎头，并用竹笆、风筒等物很快建造了一道临时密闭，又在这个密闭内8 m处，用溜槽、工作服、竹笆、风筒等物建造了更严密的第二道临时密闭，然后，派一个人在密闭附近监视，其他人员躺下休息，静候救援。5 h后由救援队救出。

二、被困人员生存情况

被困人员生存概率由被困位置、所处气体环境及被困时间长短决定，并与其年纪、被困时心态等有关。

（一）生存概率分析

处于火烟蔓延的巷道或采面中的被困人员，受有毒有害气体的毒害，如果气体中各成分在下列条件下，O_2 浓度≥10%，CO_2 浓度≤10%，CO 浓度≤0.04%，H_2S 浓度<0.02%，NO_2 浓度<0.01%，SO_2 浓度<0.02%，被困人员则有生存的可能。

（1）躲进永久避难硐室的被困人员，因避难硐室中储存有饮用水，有专门的压风或氧气瓶供氧，生存可能性大，且能坚持的时间长。

（2）在临时避难所的被困人员，随着漏入有毒有害气体增多，且有限空间内 O_2 浓度下降、CO_2 浓度上升，如不能及时被发现、救出，会有生命危险。

（3）发生大面积火灾时，被困于机电硐室或火药库等有限空间内的人员，如能及时关闭防火门或修筑临时密闭，阻止外界污染空气进入，则能维持长时间生存。随着被困时间的延续，因人体呼吸，O_2 浓度下降、CO_2 浓度上升，生命安全也会受到威胁。

（4）被堵在通风正常的独头掘进工作面人员，只要维持通风正常，生存概率大，但随着火势发展，风筒如被烧断，不能正常向内送风，此后与在临时避难所的被困人员生存概率大致相当。

（二）被困人员生存极限时间

矿井火灾事故发生后，若避难地点没有或有很少的低浓度有毒有害气体，往往按 O_2 浓度降到 10% 和 CO_2 浓度增加到 10% 所需的时间（取两者中较小值）来估算人员能生存的最长时间。估算时按避难地点中原有 O_2 浓度为 20%，CO_2 浓度为 1%，平卧不动时每人耗氧量为 0.237 L/min、呼出 CO_2 量为 0.197 L/min 计算；若避难人员年轻、性情急躁，不能安静平卧待救，则每人耗氧量按 0.3～0.4 L/min 计算。在平卧情况下，避难人员能生存的最长时间计算如下。

（1）按 O_2 浓度降到 10% 时，人员能生存的最长时间 T_1 的计算公式为

$$T_1=(20\%-10\%)\times1000V/(0.237\times60n)=7.0V/n$$

（2）按 CO_2 浓度增加到 10% 时，人员能生存的最长时间 T_2 的计算公式为

$$T_2=(10\%-1\%)\times1000V/(0.197\times60n)=7.6V/n$$

式中　n——同一地点的避难人数，人；

V——避难地点体积，m^3；

T_1——O_2 浓度降到 10% 时，人员能生存的最长时间，h；

T_2——CO_2 浓度增加到 10% 时，人员能生存的最长时间，h。

被困人员生存极限时间取 T_1、T_2 中较小值。

在实际救灾过程中，即使有毒有害气体超过人类生存极限值，O_2 浓度消耗、CO_2 浓度积累超过人类生存极限时间，也不要轻易认定被困人员已无存活可能性而放弃救援。人的潜能是无限的，奇迹也时有发生。如 2002 年 6 月 3 日，与鹤

壁煤业公司二矿进风大巷相连通的杨家庄煤矿着火，火灾气体侵入二矿，致井底车场中央泵房水泵司机3人中毒。经查，中央泵房CO浓度为0.09%，O_2浓度为19%，鹤壁煤业公司矿山救护大队将3人救至新鲜风流区，经初步检查，3人均无心跳、脉搏及呼吸，瞳孔扩散放大，无光反射，运至地面交120急救医生，医生检查后宣布3人死亡。因120急救车只能容下二具尸体，协商后由矿山救护队负责拉一尸体送往医院太平间。运输途中，矿山救护车上带队中队长安排执行运送任务的一名新队员对尸体进行苏生训练，并强调要尊重尸体，严格按开启口腔、清理呼吸道等程序进行。安装好苏生器后，自动肺正常跳动，即向尸体肺部压入纯氧，抽出废气，频率为14次/min，副中队长、小队长对新队员操作过程进行点评，车行至五矿（距事发地二矿约3 km），自动肺跳动不规律起来，说明“尸体”有自主呼吸了，人活了。副队长立即将自动肺频率下调，至8次/min时换成呼吸阀，对伤员进行氧吸入，并火速送往医院急救室急救，后此人获救。

在矿山事故处理中，必须坚持“以人为本、生命至上”理念，尊重我国“活要见人、死要见尸”的文化传统，积极、迅速开展有效救援，只要有1%的希望，就付出100%的努力，不能轻言放弃。

第二节 被困人员安全保障措施

矿井火灾事故发生后，在矿山救援队搜寻到被困人员或到达被困人员位置、对被困人员施救并引导至安全区域前，需采取措施，保障被困人员的人身安全，维持被困人员的生存。

一、慎重选择矿井火灾时期的通风方法

实践证明，发生火灾时风流调度正确与否，对灭火救灾的效果起着决定性的作用。因此，在弄清火灾性质、发火位置、火势大小、火灾蔓延方向和速度、遇险人员的分布及其伤亡情况、灾区风流（风量大小及其流向）及瓦斯等情况后，要正确地选择通风方法。

（一）选取控风方法时必须遵循的基本要求

（1）以人为本，保证灾区和受火灾威胁区域内人员的安全撤退。

（2）有利于限制烟流在井巷中发生非控制性蔓延，防止火灾范围扩大，有利于压制火势，创造接近火源、直接灭火的条件。

（3）不得使火源附近瓦斯聚积到爆炸浓度，不使流过火源的风流中瓦斯达到爆炸浓度或火源蔓延到有瓦斯爆炸可能的地区。

（4）防止再生火源的出现。

（5）防止火风压造成风流逆转。

（二）矿井火灾事故时风流控制的一般原则

（1）在火情不明时，应维持矿井的正常通风，稳定风流方向，切忌随意调控风流。

（2）发生火灾的分支，在确保可燃气体、瓦斯和煤尘不发生爆炸的前提下，应尽可能减少供风，以减弱火势和利于灭火及封闭火区。

（3）处于火源下风侧，并连接着工作地点或进风系统的角联分支，应保证其风向与烟流相反，以防烟流蔓延范围扩大。

（4）处于烟流路线上，直接与总回风相连的风量调节分支，应打开其调节风门使风流短路，直接将烟流导入总回风中。

（5）在矿井主进风系统中发生火灾时，应进行全矿性反风。这时通风网络中的调节设施应根据反风后的实际系统状况而定。

（6）在高瓦斯矿井和具有煤尘爆炸危险性的矿井，应保证烟流流经的路线上具有足够的风量，避免形成爆炸条件。

（7）在选择风流控制措施时，应主要考虑打开和设置风门、风窗和密闭墙等，并且一般不宜设在高温烟流流经的井巷内；必要时也可以停开或调节矿井主要通风机，但必须十分慎重。

（8）对采取各种风流控制措施后可能出现的各种后果要全面考虑。

（三）处理火灾时的控风方法

处理火灾时的控风方法有正常通风、减少风量、增加风量、火烟短路、反风、停止通风机运转。

1. 正常通风

当火灾发生在比较复杂的通风网络中，救灾人员难以摸清火区的具体情况，或者矿井火灾发生在回风大巷中，改变通风方法可能会造成风流紊乱，增加人员撤退的困难，也可能出现瓦斯积聚等后果，此时应正常通风，即保持原有的通风系统、保持原有的风向及风量，稳定风流，否则会出现意想不到的后果。

除此之外，在以下几种情况下都应保持正常通风。

（1）当火源的下风侧有被困人员或不能确定被困人员是否已牺牲时。出现火灾后，单从灭火的角度看，减少向火区的供风可以起到抑制火势的作用，但从救人的角度看是不可取的。因为火灾发展有一个变化过程，在此过程中，火源点下风侧的一氧化碳浓度会逐渐增大，烟雾浓度逐渐提高，氧含量逐渐下降，处于火源点下风侧的人员还有生存的可能，所以在这种情况下，应至少保持正常通风，以确保在一定时间内火源点下风侧的温度、有害气体、氧气浓度能够使人员得以生存，以便能够自行撤出，或者救援人员能够从入风侧进入火区进行抢救。

（2）当采煤工作面发生火灾，并且实施直接灭火时。矿井火灾必然产生一些有毒有害气体，矿井内还会涌出瓦斯，特别是在用水直接灭火时还会产生高温的水蒸气，所以此时不能减少风量，至少应正常通风，使一些有毒有害气体顺利排出，气温下降，为直接灭火创造一个安全的工作环境。

（3）火源位于独头掘进巷道内，不应停止局部通风机，但应减少向火源供风，抑制火势发展。但应注意的是：减少风量不能引起瓦斯爆炸；若火源下风侧有被困人员，则不能减风。

2. 减少风量

处理矿井火灾事故时，一般不轻易减少火区的供风量。但当采用其他控风方法会使火势扩大时，在不引起瓦斯聚积、浓度达到爆炸界限，不威胁被困人员人身安全时，并采取了相应的安全措施后，可减少风量，以控制火势的发展与蔓延。

3. 增加风量

在以下情况下应考虑增加风量。

（1）火区内或其他回风流中瓦斯浓度升高。

（2）火区内出现火风压，呈现风流可能发生逆转现象。

4. 火烟短路

火烟短路就是利用通风设施进行风流调节，把火烟和一氧化碳直接引入回风，减少人员伤亡。火烟短路也是处理火灾事故常用的方法，当事故发生在进风侧时，在有害气体、烟流流经巷道的前方寻找与矿井总回风道、采区回风巷或工作面回风巷相连接的联络巷，将其风门或密闭打开，使大部分烟流短路，直接流入回风流，减少流入采区、工作面烟流，以利人员避难和救援队进行救援。

河南省某煤矿北翼六采区胶带下山发生明火火灾，滚滚浓烟随着风流涌向采掘工作面，威胁着65名工人生命安全。这一情况被检查人员发现后，冒着烟雾打开正、副下山之间的4道风门，让烟雾直接进入回风，使采掘人员安全脱险。

5. 反风

当井下发生火灾时，利用反风设备和设施改变火灾烟流的方向，以使火源下风侧的人员，处于火源“上风侧”新鲜风流中。按反风影响范围可分为全矿反风、区域反风和局部反风3种。

（1）全矿反风。通过主要通风机及其附属设施实现，一般适用于当矿井进风井口、井筒、井底车场、中央石门等地点，或者距矿井入风井口较近的地区出现火灾时。

（2）区域性反风。在多进、多回的矿井中，某一通风系统的进风大巷中发火时，调节一个或几个主要通风机的反风设施，实现矿井部分地区风流反向的反风方式，称为区域性反风。

（3）局部反风。当采区内发生火灾时，主要通风机保持正常运行，调整采区内预设的风门开关状态，实现采区内部局部风流反向，这种反风方式称为局部反风。

6. 停止通风机运转

停止主要通风机运转的方法不能轻易采用，要慎之又慎，否则，很可能使灾害事故扩大。

（1）火源位于进风井口或进风井筒时，不能进行反风，也不能使火灾气体短路进入回风时，可停止主要通风机运转，并打开回风井口防爆盖（门），以减少风量，使风流在火风压作用下自动反风。

（2）当主要通风机已成为通风阻力时，应停止主要通风机；在停止主要通风机时应同时打开回风井的防爆门或防爆井盖，依靠火风压和自然风压排烟。

（3）独头掘进工作面发生火灾已有较长的时间，瓦斯浓度已超过爆炸上限，这时不能再送风，应停止局部通风机。

二、保障被困人员生存的环境条件

矿井火灾事故发生后，被困人员生存的环境条件主要是氧气浓度条件、有毒有害气体浓度条件及呼吸空气温度条件。在矿山救援队进入灾区搜寻到被困人员或到达被困人员位置、对被困人员施救并引导至安全区域前，需采取远程风流调控措施，提供生存条件，努力将被困人员所处的险区转变为安全区域、撤离路线由原来的险区转变为安全区域，或使被困人员生命在被困地点得到维持。

1. 维持正常通风

如果火灾事故发生在比较复杂的通风网络中，不能准确判定人员被困具体位置，或被困人员分散，有处于火源上风侧、有处于下风侧时，要维持正常通风，不得随意停风，防止造成事故扩大。

1993 年 8 月 9 日，遵义某煤矿进风斜井井底车场变电所发生火灾并引燃进风斜井的木支架，当班回风侧 27 人中仅 2 人撤出脱险，25 人遇险，在救灾过程中因误停主要通风机引起风流逆转，不但没有救出遇险的 25 人，还使 23 名救灾人员牺牲，其中包括 3 名消防队员、1 名矿山救援人员和矿总工程师、安全科长。该矿具有反风条件，也能实现火烟的短路，但矿领导错误地下达停止主要通风机运转的命令，致使灾情扩大，造成累计牺牲48人的恶性事故。

又如某矿 -150 m 水平采区上山下部放煤眼的下口 F 处，因电缆着火引起火灾（图2-3）。当时在 W_1 工作面中正在回采的工人迅速经轨道上山和 D_1 风门撤到 -150 m 进风巷。W_2、W_3 为备用工作面，当时无人工作。W_4 掘进工作面有8名工人被困，当时井下共有60多人。事故发生后，有4名矿领导到轨道上山上部车场 D_2 调节风门处探查情况，同时研究抢救措施，因对抢救方案存在分歧仍在讨论，此时有人通知停运主要通风机，主要通风机停运后约15 min，在火风压作用下，烟气逆转反向到14-17-16-15-5-2，经石门而向 -150 m 进风大巷2-3扩散，也扩散至 W_1 工作面，此时，烟气弥漫到全部井下巷道。15 min 后恢复通风，并在3-4风路中建 C_1 密闭，8-9中建 C_2 密闭，14-17中建 C_3 密闭，11-13中建 C_4 密闭，控制了火势，井下60多人得救，但4名矿领导在 D_2 风门附近，因长时间处于逆转反向的有毒烟流中而牺牲。

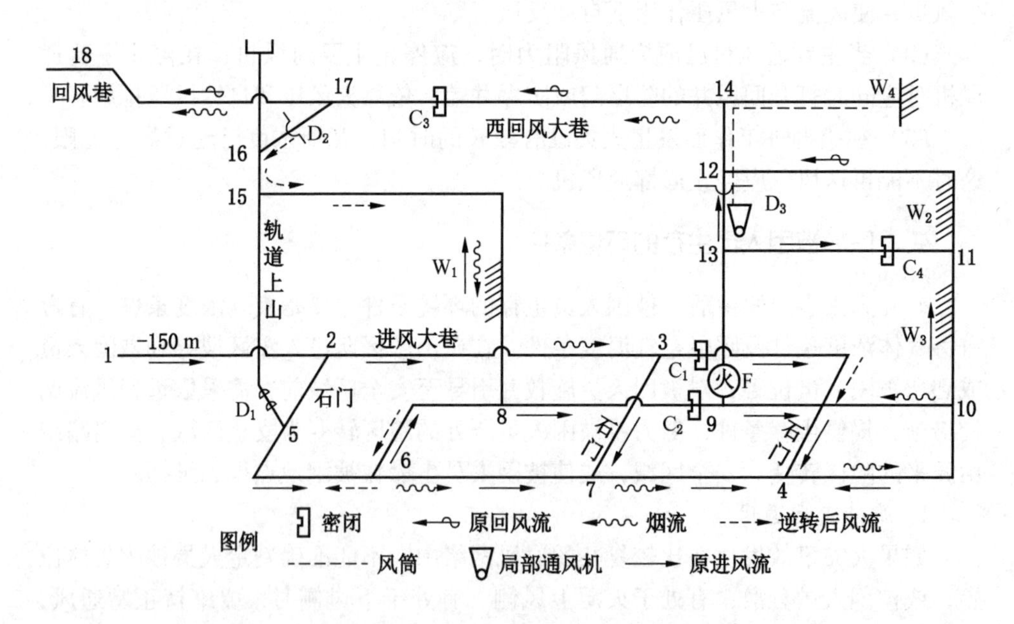

图2-3 某矿 -150 m 水平采区上山下部放煤眼火灾示意图

2. 减少风量、反风、火烟短路

处于火烟蔓延的巷道或采面中有被困人员，如在火源下风侧，可减少风量以控制火势发展；反风会使被困人员所处位置由灾区转变为安全区域；火烟短路可以减少流经被困人员位置处烟流。

1）减少风量控制火势发展，为被困人员赢得更长的生存时间

2006年5月10日，内蒙古平庄煤业公司某矿一井采煤队运输巷道2号带式输送机机尾处顶板着火冒落，将采煤工作面入风道堵塞，一氧化碳和浓烟进入采煤工作面，如图2－4所示。冒落时，机尾处正处理顶板的2人顺着浓烟，强行由工作面联络巷撤离，最终逃生，但在采煤工作面作业的25人被困，其中采煤队副班长1人处于六煤四片运输巷（后遇难），另外在工作面附近的24人在采煤队副队长的带领下，试图由六煤四片回风巷向外撤离，但由于浓烟太大，能见度极低，副队长只好安排23名工人趴在回风巷距工作面联络巷约50 m处待援，自己孤身一人强行从回风巷突围成功并向上汇报了井下情况。

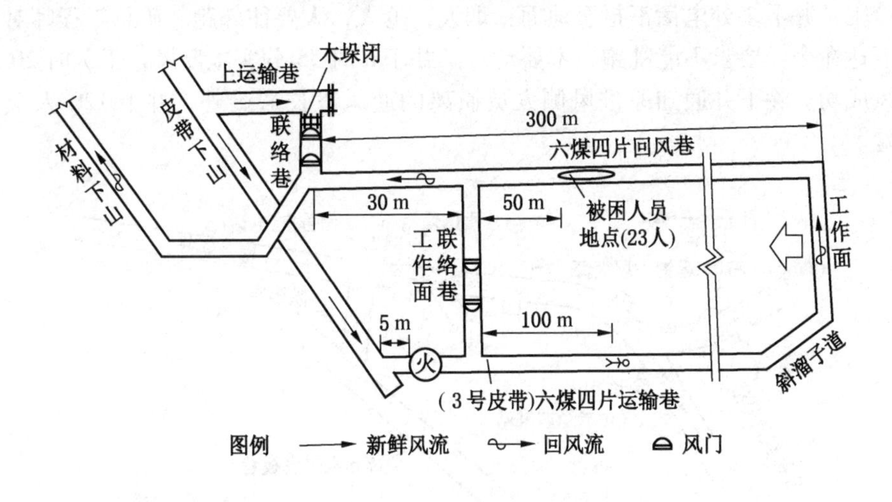

图2－4 某矿一井“5·10”火灾事故示意图

矿山救援队到达上运输巷后，打开了联络巷木垛闭，打开联络巷的两道风门，使风流短路，减少火源地点供风量，之后先后多次进入回风巷，将被困的23名救出。在营救运输巷被困的采煤队副班长时，矿山救援队试图打开工作面联络巷风门，使火烟短路，但是，矿山救援队到达联络回风侧第一道风门外时，温度高，能见度为零，将温度计从风门缝隙伸进去测量温度时温度表立即爆裂（超过100 ℃），也无法打开风门。后在火源上风侧、皮带下山靠近火源处建临时密闭，在上运输巷安装局部通风机，向工作面联络巷、运输巷接风筒，将被困于运输巷的采煤队副班长救出，已遇难。

分析此起事故的处置，打开了联络巷木垛闭，打开联络巷的两道风门，使风流短路，减少风量；该矿属低瓦斯矿井，减少风量不会引起瓦斯聚积，达到抑制

火势发展的目的，但不属火烟短路。如果事故初期能及时打开工作面联络巷的两道风门，火灾气体与火烟则由工作面联络巷、回风巷外段直接进入材料下山，则是火烟短路，运输巷、回风巷被困人员生存概率更大。

2）反风使被困人员所处位置由灾区转变为安全区域

1982 年 3 月 19 日早班，北京矿务局某矿主斜井井底车场运销小屋，因乱拉信号电源线和用照明灯光取暖，引燃木板房，造成外因火灾事故（图 2－5）。19 日 6 时 30 分左右，+7 m 水平调度站附近的电车司机发现 +7 m 西一石门上角烟大，经查，为运销小屋着火，因火势大，现场又无灭火器材、工具，无法直接灭火，于是上报井上。此时，早班井下出勤已进入工作面和井下各固定岗点有 120 人被困，井下多处电话汇报至地面：烟大，呛人，人要往外跑。矿总工程师对井下下达命令，要求不能乱跑，不要动。矿井于 6 时 55 分实施反风，于 7 时 20 分反风成功。除下井通知原进风侧人员撤离的通风段长遇难外，井下 120 人全部脱险。

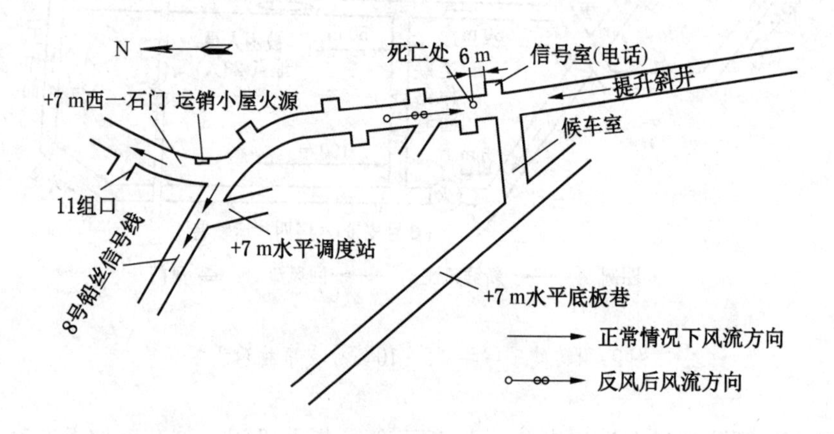

图 2－5　某矿主斜井“3·19”火灾事故示意图

3）火烟短路，减少流经被困人员位置处烟流

某低瓦斯矿井 N_1、N_2、N_3 为进、回风下山，采区变电所为木支架硐室，因电气着火，引起变电所内支架燃烧，火灾的烟雾流向 4 个工作面（W_1、W_2、W_3、W_4）和 4 个掘出头（C_1、C_2、C_3、C_4），使 30 名工作人员受到烟雾侵害（图 2－6）。这时，W_1、W_2 工作面人员在火灾初起发现薄烟时迅速撤退，通过风门 D_1 撤至 N_1、N_2 下山进风侧，W_1 工作面个别人员因撤退迟缓，被熏倒在 W_1 工作面回风巷 B 处，W_3、W_4 工作面和 4 个掘进头工作人员当发现烟雾往

N_1、N_2、N_3 下山附近撤退时，但为时已晚，加之因浓烟视线不清，全部在 3 个下山附近被困。

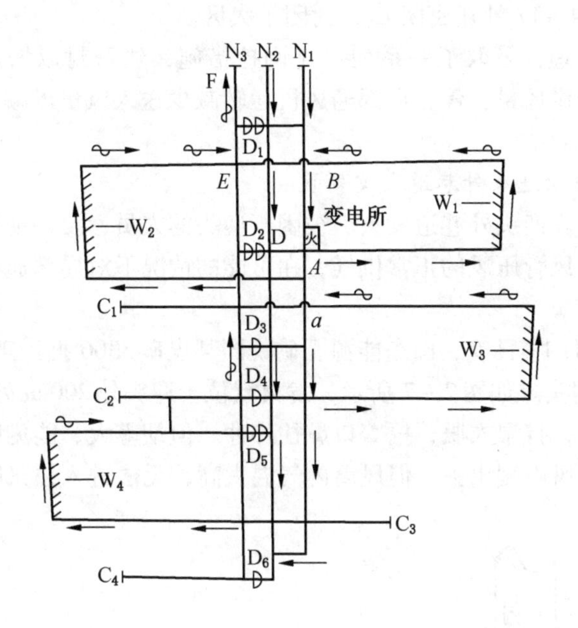

图 2－6　某矿采区变电所火灾事故示意图

救援队到达现场后，一方面用直接方法灭火，同时将 D_2 两道风门打开，浓烟风流由原来的流动方向改变为 A→D→E→F 路线流入回风巷，其他区域仅是薄烟状态。救援队经过 90 min 的紧张抢救，除火源下部（N_1 下山 a 处）3 名工人因中毒严重遇难外，灾区内其余人员全部脱险救出。

3. 增加风量

处于与火源发生地相并联的火烟蔓延巷道或采面中有被困人员，可以增加被困人员处风量，以冲淡有毒有害气体，降低环境温度，供给充足的 O_2 供被困人员呼吸；同时，减少火源处供风量，控制火势发展。

图 2－3 中，某矿 －150 m 水平采区上山下部放煤眼的下口 F 处，因电缆着火引起火灾，主要通风机停运后，在火风压作用下，风流紊乱，烟气弥漫到全部井下巷道，井下 60 多人被困，恢复通风后，首先在 3－4 风路中建 C_1 密闭，8－9 中建 C_2 密闭，11－13 中建 C_4 密闭，使得 W_1 工作面供风增加，保护了其内被困人员，减少火源处风量，控制火势发展，降低了有毒有害气体扩散速度。停止

W_4 掘进工作面局部通风机后，其中被困的 8 人，带自救器，由 14→17→D_2→16→15→D_1→5→2 及 14→12→11→10→4→7→6→5→2 路线撤出。待被困人员全部撤离，于 14 - 17 处建密闭 C_3，封闭了火区。

此起事故处理，采取了一系列风流调控措施，建密封以增加 W_1 工作面风量；减少火源处供风量；停止局部通风机运转减少送入风量以减少送入的有毒有害气体及火烟。

4. 掘进工作面迎头外巷道火灾处置

因掘进工作面迎头外巷道发火，被困于迎头的人员，要保证局部通风机的正常供风，保证压风管压风的正常供气，在可能的情况下对局部通风机送入的风流实施降温。

2019 年 11 月 19 日晚，山东能源肥矿集团某煤矿 3306 掘进工作面发生火灾，11 人井下被困迎头。如图 2 - 7 所示，发火点位于迎头外 200 m 处，被困的 11 名矿工，尝试自救，打湿衣服，捂着口鼻往外冲。但烟雾大、能见度低，只能无奈退回。又想顺着风筒爬出去，但风筒内气温太高，无法进入，只能原地待援。

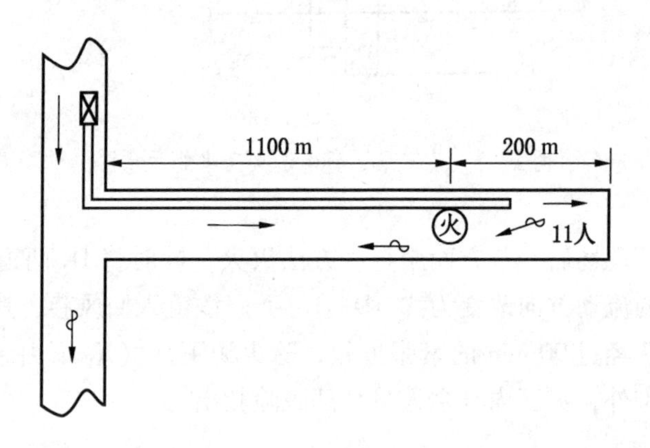

图 2 - 7　某煤矿“11·19”火灾事故示意图

矿山救援队到达后，进入灾区巷道，因烟雾大，能见度低，摸着输送带的架子，摸着地面铁轨前进。行进 1000 m，因火区附近高温，最高达 78 ℃，一氧化碳浓度达 8000 ppm，无法接近火源直接灭火。依据灾区实际情况，指挥部制定了灭火、降温、通风同步施策的抢险思路：采取一切可能方式灭火；尽最大努力降低矿工被困空间温度；保持通风管道畅通，采取输、抽并用通风方式形成局部空气循环。

（1）降温，主要采用输送冷风、洒水降温、冰块覆盖等方式。冷风输送，办法是将冰块放在风机的吸风口，让送向矿工被困区域的风凉下来。洒水降温，就是给原有风筒洒水、覆冰降温。加强维护掘进工作面原有的供水管路，保证正常供水，供被困人员饮用及降温。

（2）加强维护、看管掘进工作面原有的高压风管，保证正常供气，以供被困人员呼吸；加强看护原有的压入式局部通风机及风筒，保证正常运行。

（3）由灾区外新接一趟风筒进入掘进工作面巷道，靠通风、喷水降温及通风排除火区涌出的烟雾及有毒有害气体，一节一节向巷道火源点推进。

21 日 7 时许，被困 30 多个小时后，被困人员发现风筒出口凉风吹来，温度明显下降，于是钻进风筒，安全撤出。

期间，指挥部亦有下列计划。

（1）在井下 3060 回风巷布置水平钻机，顺着煤层绕过着火点，定向打通至被困人员位置，为被困人员送风、食物和通信设备。

（2）在地面布置两台钻机从地面开凿，地面施救与井下救援同时进行，加快救援进度。

（3）在 3306 掘进工作面原有压入式通风的基础上，增加一套抽出式局部通风机及抽出式风筒，将火区排出来的浓烟及有毒有害气体，通过风筒由局部通风机抽出，以保持火区以外巷道处于相对安全环境，便于矿山救援队处置火区。

因被困人员脱困，这些计划没有实施。通过邻近巷道或地面打钻为火灾事故中被困人员送风、食物和通信设备；在原来压入式通风的基础上，新增一抽出式风机，专门用来抽取火源排出的烟雾，由风筒直接送至回风巷，为救援人员提供安全的救援环境，此 3 项计划为以后火灾事故处置提供了新的思路指引，具有一定借鉴意义。

5. 临时避难所的被困人员

对被困于临时避难所的人员，在实施风流调控时，不得使临时避难所出口外火烟流经巷道风压升高，以免火烟压入避难所；不得使临时避难所出口外巷道火烟浓度升高，以免火烟扩散入避难所。

（1）如在火源下风侧，可减少风量以控制火势发展，减少临时避难所出口外巷道流经火烟浓度；火烟短路，以减少流经临时避难所出口外巷道的烟流；反风，使临时避难所出口外巷道由灾区转变为安全区域。

（2）处于与火源发生地相并联的临时避难所，可以增加流经临时避难所出口外巷道处风量，以冲淡有毒有害气体。

6. 永久避难硐室的被困人员

永久避难硐室有较长和较好的生存条件，风流调控以不扩大火灾事故为基准，尽量采取有利于矿山救援队能迅速、安全抵达永久避难硐室的调风措施，同时，保障永久避难硐室的压气正常供给。

三、防止风流紊乱造成危害

矿井火灾能造成矿井通风系统紊乱，导致正常风流发生较难控制的逆转，不仅严重威胁被困人员安全，同时也严重威胁进入灾区搜寻被困人员及实施灭火的矿山救援人员的人身安全。例如，1993 年 8 月 9 日 8 时 30 分，贵州某矿一号井水平井底车场变电所变压器低压输出电缆爆炸火花引燃变电所变压器漏油，造成变电所支护木棚及主斜井木棚燃烧，发生重大火灾事故。当班在回风侧工作的 27 人，除 2 人快速撤离外，25 人遇险。在抢救过程，由于风流逆转，又有多人遇难。这次事故共死亡 48 人，其中有 3 名消防队员和 1 名救援队员，矿总工程师、安全科长也在事故抢救过程中遇难。1990 年 5 月 8 日，黑龙江鸡西某矿进风斜井中输送带着火后，正在值班的矿总工程师组织救灾工作，为了急于抢救井下 1477 人，没有考虑火风压造成风流逆转的问题，错误地指挥 9 名救援队员由着火的输送机斜井进风方向靠近火源灭火，因风流逆转，9 名救援队员及矿总工程师本人都牺牲了。所以，在采取措施保障被困人员安全、创造有利条件使矿山救援队进入灾区及实施灭火工作时，均须防止风流紊乱造成危害。

矿井火灾发生时，风流状态的影响（即火风压的影响）表现为“节流效应”和“浮力效应”。由于火灾生成的燃烧产物和水蒸气加入引起的风流质量和体积流量的增加，以及气流温度变化引起的风流体积流量的进一步增加而出现的风流流动、阻力增加的现象，称节流效应。节流力即热阻力，由于其方向始终与风流方向相反，所以增大了风流流动阻力。火灾引起风流温度的增加，空气密度减小，使风流自行上浮流动的现象，称为浮力效应。浮力效应作用于有高差的巷道中。节流效应和浮力效应共同作用，形成火风压。火风压是火灾所造成的热力风压，也叫火负压或热负压。

（一）火风压近似计算

1. 节流效应近似计算

风流流经某巷道因节流效应产生的压力降 Δh_L，计算式为

$$\Delta h_L = h_{La}\left(F^2\frac{T_m}{T_a}-1\right)$$

式中 h_{La}——火灾发生前风流流动产生的压力降，Pa；

T_m——火灾发生后巷道风流的平均绝对温度，K；

T_a——火灾发生前巷道风流的平均绝对温度，K；

F——火灾发生后风流质量的增加系数。

2. 浮力效应近似计算

风流流经巷道因浮力效应产生的压力降 h_N，计算式为

$$h_N = g\rho_a\left(1 - \frac{T_a}{T_m}\right)L\sin\beta$$

式中 ρ_a——火灾发生前风流密度，kg/m³；

L——巷道长度，m；

β——巷道倾角，原风流方向上行为正，下行为负。

3. 火风压近似计算

浮力效应与节流效应对该巷道风流压降变化的综合影响，即火风压 h_T 为

$$h_T = h_N - \Delta h_L = g\rho_a\left(1 - \frac{T_a}{T_m}\right)L\sin\beta - h_{La}\left(F^2\frac{T_m}{T_a} - 1\right)$$

h_T 值为正，趋于增加风量；h_T 值为负，趋于减少风量。

（1）$\left(1 - \frac{T_a}{T_m}\right)$项的数值一般为$\left(F^2\frac{T_m}{T_a} - 1\right)$的 1 ~ 1/5，两者处于同一数量级，而 $g\rho_a L\sin\beta$ 往往是 h_{La}数值的 100 倍以上，所以浮力效应远大于节流效应的影响。巷道倾角越大，两种效应影响差别越大。节流效应作用方向总是与风流流动方向相反，浮力效应作用方向则视烟流方向、环境条件而定。

（2）在上行风巷，浮力效应与通风机风压作用方向相同，与节流效应作用方向相反，总趋势是增加风量。

（3）在平巷，浮力效应对风流流动压降的影响可以忽略，只存在节流效应。

（4）在下行风巷，节流效应与浮力效应共同作用，反抗通风机风压的影响，其作用趋势是减少风量。

（5）随着 T_m 增加，$\left(1 - \frac{T_a}{T_m}\right)$和$\left(F^2\frac{T_m}{T_a} - 1\right)$均增加，但后者增加更快。所以，随着 T_m 增加，节流效应和浮力效应之间差别略有减小。

（二）火风压的危害

矿井火灾产生的浮力效应和节流效应，引起矿井风流状态的紊乱变化。该变化可分为风流（烟流）逆转、烟流逆退和烟流滚退。

1. 风流（烟流）逆转

在浮力效应和节流效应共同作用下，反抗机械风压的影响，致使矿井某些巷道风流方向发生变化，称为风流逆转。逆转主要发生在其反向热风压大于正向机

械风压的旁侧支路（主干风路是指从入风井经火源到回风井的通路，旁侧支路是指除主干风路外的其余支路）。

风流逆转引起风流流动状态的紊乱，可能给人员撤退和救灾工作造成更大的困难，带来更大的危险。

（1）逆转风流携带大量有毒有害气体，蔓延至更大区域，甚至污染进风区域，扩大受灾范围，威胁整个矿井。

（2）风流逆转经历减风—停风—反风的过程。在减风和停风阶段，因风量剧减，风流中瓦斯浓度相对升高；风速减小，为瓦斯形成局部聚集创造了条件。

（3）风流逆转使火源下风侧富含挥发物的风流或局部瓦斯聚集带的污风再次进入着火带的可能性增大，从而增加了爆炸的可能性。

2. 烟流逆退

在浮力效应或节流效应分别作用下（取决于巷道倾角），加上巷道纵、横断面方向温度、压力梯度的影响，在着火巷道火源上风侧，新鲜风流继续沿巷道底部供风的同时，烟流沿巷道顶部逆向流出。烟流逆退可能发生在着火巷及其相连接的主干风路上。

烟流逆退对火源上风侧直接灭火人员造成直接威胁。由于烟流与进风混合再次进入火源，在一定条件下，可能诱发瓦斯爆炸。烟流逆退致使烟流进入其他巷道，可能造成与风流逆转相似的结果。

3. 烟流滚退

在火源下风侧节流效应和巷道断面温度、压力梯度影响下，在新鲜风流沿巷道底部按原风向流入火源的同时，火源产生的烟流沿上风侧巷道顶部逆向回退并翻卷流向火源。在一定条件下，这种现象也可能发生在下风侧。

滚退现象导致火源上风侧烟流与新鲜风流掺混后，再逆流回火源，在一定条件下，可能诱发瓦斯爆炸。烟流滚退对火源上风侧的灭火人员也构成直接威胁。

逆转以同种流体单向流动为主；逆退是不同流体（烟流与新鲜风流）异向流动；滚退是在同一断面上，既有新鲜风流和烟流的异向流动，又有烟流翻卷引起的同种流体异向流动。滚退是逆退和逆转发生的先兆。

（三）风流逆转的预防

发生在水平巷道的火灾，一般认为，只存在节流作用，无浮力效应的影响，节流作用增大风流流动的阻力，其结果导致着火巷道风量减少，减少量可达 30%。

发生在上行通风巷道的火灾产生浮力和节流两种效应。由于浮力效应的增风作用大于节流效应的减风影响，使上山风量增加。若燃料足够，风量增加将提高供氧量，增强火势，使热风压的作用更强。因此，上山火灾风向一般不会发生逆转，伴随着上山风量的增加，相邻并联巷风量减小。若相邻并联巷原有风压小，则可能出现相邻上山风流停滞或逆转现象。若需保持相邻并联巷风流稳定，需在发火巷的进风侧加大风阻，用以减少着火带的供氧量和控制火势；或者增大并联巷通风压力，如增大通风机风压或减小与并联巷串联的进回风巷压力，从而增加通风机风压分配到并联巷的数量。

下行通风巷道火灾产生的节流效应和浮力效应与原有通风压力作用风向相反，趋于减小该巷风量，甚至出现风流反向、烟流逆退现象。在风量减少情况下，供氧量减少，火势减弱，从而削弱火灾产生的节流和上浮效应，又出现增加风量的趋势。在风流反向情况下，下行风流变为上行风流。反向时期，风量一般远小于正常下行风量，因为这时的上行风流与正常的上行风巷情况不同，其浮力效应须克服通风机在该巷作用的风压和节流效应的影响。反向风量小，导致火势减小，使其产生的浮力效应不足以克服通风机风压和节流效应的影响，从而引起风流再次反向下行。这种风流流量和流向的频繁变化，在下行通风的巷道着火时时有发生，除非下行通风巷道标高差小，或燃料不足，或该巷道风压很大，否则，这种现象是很显著的，常造成风流流量甚至流向的剧烈波动。因此，下山发生火灾，风向很可能逆转，而且可能出现风向频繁变化的情况，这是救灾时需特别注意的。

巷道中风流是否发生逆转，主要取决于火风压的大小以及回风巷和支干风路风阻的大小。总结风流逆转的规律为：凡是风机和火风压的作用方向一致时，主干风流方向不变，旁侧风流可能逆转；如果风机和火风压作用方向不一致时，旁侧风流有固定的方向，主干风流可能发生逆转。

风流紊乱的预防措施如下。

（1）积极控制火势，尽量减小火风压。在火源进风侧修筑临时防火密闭，适当控制进风量，减少火烟生成，但要防止瓦斯积聚而引起瓦斯爆炸。

（2）保持主要通风机正常运转，稳定风流。火灾发生在分支风流中应保持主要通风机原来工作状况，特别是在救人和灭火阶段，不能采取主要通风机停风或减风的措施。必要时（如在下行风流中发生火灾时）还可以暂时加大火区供风量稳定风流，便于抢救遇险人员。

（3）主要通风机停风或反风。当火灾发生在总进风或总回风流中时，应考虑停风与反风，但首先注意瓦斯的情况。

（4）采用局部反风，变下行风流火灾为上行风流火灾。

（5）加大旁侧风路的风阻，尽量减小火灾所在巷道回风段的风阻。

（6）尽可能利用火源附近的巷道，将烟气直接导入总回风道排至地面。

对于火烟回流的现象，除采取上面的有关措施之外，最实用的措施是在火源进风侧建立半截风障，堵住巷道断面的下半部，使风流集中在上部，顶住回退的火烟流并逐渐带走，随着烟雾的消失将半截风障靠近火源前移，直到火烟回流全部消失，如图2-8所示。另外，也可临时封闭火源上风侧的风流支路，以增强发生火烟回流巷道的通风，从而带走火烟的回流。

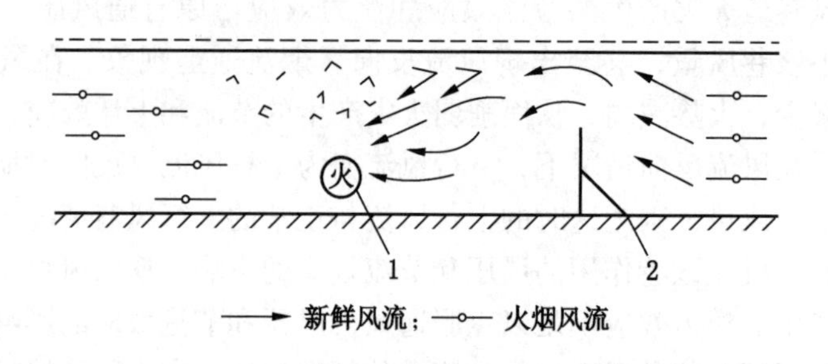

1—火源；2—半截风障

图2-8　半截风障清除火烟回流示意图

四、提供心理支持及自救指导

煤矿火灾事故发生后，被困人员刚刚经历了一场灾难，劫后余生，原有的平静心情被打破，在生理本能需要的驱使下，必然会产生高度惊恐与焦虑不安的心理状态，有的甚至导致急性应激障碍（ASD）。如与被困人员有通信联系，为其提供心理支持及自救指导，会使被困人员得到安慰，拥有一个积极的心态，则能增强其机体的免疫力、抵抗力，并配合救灾，随时汇报被困地点实情，有利于被困人员生存，有利于救援工作顺利开展。

（一）心理支持

（1）确保安全感。对刚刚经历了煤矿火灾事故、绝处逢生的被困人员来说，安全感是第一位的，可告知被困人员，正全方位组织力量进行全力营救，并通报进度情况，特别是救援力量大小、上级领导的重视等。说话要平稳，语调要坚定，处处表现出来沉着，一切尽在掌握之中，给被困人员以信心与心理上的依赖。无论灾情及处置进度如何，都应提供事故的正面信息。

（2）稳定情绪。被困人员各种各样的不良情绪在事故后都有可能出现，要想尽办法使被困人员恢复平静。可教其用深呼吸、肌肉放松等简单方法，使之心

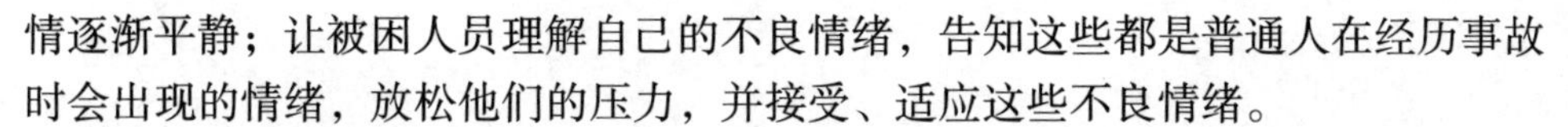

情逐渐平静；让被困人员理解自己的不良情绪，告知这些都是普通人在经历事故时会出现的情绪，放松他们的压力，并接受、适应这些不良情绪。

（二）自救指导

（1）静坐或静卧，保持平静呼吸，以降低耗氧量，延长生存时间。

（2）相互帮助，不要单独行动，不要盲动，静候待援。

（3）若有压风管，设法打开管路，以便供给新鲜空气。

（4）如处于险区，脸向下趴在巷道地板上，并用湿毛巾捂住口鼻。

（5）指导使用自救器。

第三章　矿山救援队搜寻被困人员

煤矿发生矿井火灾事故后有人员被困，需要矿山救援队进入灾区，对人员可能被困地点进行探察，以搜寻、营救被困人员。矿井火灾产生大量有毒有害气体，随风流到处扩散，火势发展快，随时威胁被困人员安全，需及时救出。使用大直径救援钻机打钻救人，安装、施工时间长，在矿井火灾事故救援中尚无先例。目前，全国各矿山救援队均配备了正压氧气呼吸器，只要正压氧气呼吸器合格无故障，在进入灾区时严格遵守有关规定，矿井火灾产生的有毒有害气体对矿山救援人员不构成威胁，对矿山救援队构成威胁的是高温、浓烟及火灾引发的爆炸。矿山救援队进入灾区时，必须采取相应措施，保证自身安全，及时搜寻、营救被困人员。

第一节　矿山救援队进入灾区的一般规定与要求

为了保障矿山救援队自身安全，在处置矿井火灾事故时，必须严格遵守相关规定，不得违规作业，防止矿山救援队自身伤亡事故的发生，防止贻误战机，影响被困人员安全。

一、火灾事故时矿山救援队进入灾区的一般规定

（一）进入灾区的人数和携带装备的规定

进入灾区探察或作业的小队人员不得少于 6 人。入井前，应检查氧气呼吸器是否完好。小队必须携带备用全面罩正压氧气呼吸器 1 台和压力不低于 18 MPa 的备用氧气瓶 2 个。在进入灾区拯救遇险人员时，要携带隔离式自救器。

（二）佩戴氧气呼吸器的规定

如果不能确认井筒、井底车场或者巷道内有无有毒有害气体，应急救援人员应当在入井前或者进入巷道前佩用氧气呼吸器。在任何情况下，禁止不佩戴氧气呼吸器的救援小队下井。

应急救援人员在井下待命或者休息时，应当选择在井下基地或者具有新鲜风流的安全地点。如需脱下氧气呼吸器，必须经现场带队指挥员同意，并就近置于

安全地点，确保有突发情况时能够及时佩用。

（三）在灾区内行动的原则

（1）矿山救援队在致人窒息或者有毒有害气体积存的灾区执行任务时，应急救援人员必须在彼此可见或者可听到信号的范围内行动，严禁单独行动；如果该灾区地点距离新鲜风流处较近，并且救援小队全体人员在该地点无法同时开展救援，现场带队指挥员可派不少于 2 名队员进入该地点作业，并保持联系。

（2）小队长每间隔不超过 20 min 组织应急救援人员检查并报告 1 次氧气呼吸器氧气压力，根据最低的氧气压力确定返回时间。

（3）小队重新返入灾区的规定：应急救援人员在灾区工作 1 个氧气呼吸器班后，应当至少休息 8 h；只有在后续矿山救援队未到达且急需抢救人员时，方可根据体质情况，在氧气呼吸器补充氧气、更换药品和降温冷却材料并校验合格后重新投入工作。

（4）抢救遇险人员的规定：抢救事故灾害遇险人员是矿山救援队的首要任务。矿山救援队在致人窒息或者有毒有害气体积存的灾区抢救遇险人员应当做到：①引导或者运送遇险人员时，为遇险人员佩用全面罩正压氧气呼吸器或者自救器；②对受伤、窒息或者中毒人员进行必要急救处理，并送至安全地点；③处理和搬运伤员时，防止伤员拉扯氧气呼吸器软管或者面罩；④抢救长时间被困遇险人员，请专业医护人员配合，运送时采取护目措施，避免灯光和井口外光线直射遇险人员眼睛；⑤有多名遇险人员待救的，按照“先重后轻、先易后难”的顺序抢救；无法一次全部救出的，为待救遇险人员佩用全面罩正压氧气呼吸器或者自救器。

（5）氧气呼吸器氧气消耗量的规定：应急救援人员应当注意观察氧气呼吸器的氧气压力，在返回到井下基地时应当至少保留 5 MPa 压力的氧气余量。在倾角小于 15°的巷道行进时，应当将允许消耗氧气量的二分之一用于前进途中、二分之一用于返回途中；在倾角大于或者等于 15°的巷道中行进时，应当将允许消耗氧气量的三分之二用于上行途中、三分之一用于下行途中。

（6）撤出时携带技术装备的规定：在灾区发现有队员身体不适或氧气呼吸器发生故障难以排除时，救援小队全体人员应当立即撤到安全地点。矿山救援队撤出灾区时，应将所携带的救援装备带出灾区。

二、火灾事故时矿山救援队进入灾区探察时的安全措施与规定

矿井火灾事故发生后，进入灾区时都会面对未知的状态，都会遇到特有的问题，在探察过程中既要灵活，又要遵循一定的规律。

（1）定时进行休息和检查。救援队第一次进入事故区域进行探察工作，队员的心理压力较大，身体消耗也较大，因此带队指挥员要定时（最好间隔15～20 min）示意小队进行短暂的休息，以稳定队员的情绪，保持队员的体力，要检查呼吸器的氧气压力和完好状态，确定所处的位置，并明确下一步的探察方向。

（2）做好通信工作。随着正压氧气呼吸器的使用，建立与基地的通信变得越来越容易，同时也变得越来越重要。在有可能的情况下，探察小队应用灾区电话直接与待机小队或基地联系，汇报所处的位置、灾区的巷道情况和气体浓度；当无法直接进行通话时，要用通信系统或缆线与基地人员约定前进、停止、后退以及求助信号；在短距离的探察或铺设通信线路有困难时，要与待机小队约定进入接应的时间。

（3）保持小队的行进顺序。进入灾区探察的小队进入时要求小队长在队前，副小队长在队后；退出时，副小队长在队前，小队长在队后。小队长要比其他队员先进入未勘察区域，检查顶板和巷道情况。副小队长要在后面观察行进中所有队员的情况，发现有问题，可以马上命令队伍停下。

（4）控制探察小队的行进速度。小队长要根据探察巷道的障碍物情况、巷道的倾角和巷道的视线，合理调整行进的速度，保持队员的体力，以确保安全返回和应对突发情况。

（5）进入烟雾区或视线不清时，要用探险棍探测前进，队员之间要用联络绳联结。在烟雾中行进可以将安全帽上的矿灯拿在手中，降低灯光的位置，提高可视性。也可将矿灯接近巷道底板，直接照着钢轨、底板，队伍依此前进。

（6）进入灾区前应考虑退路被堵时需采取的措施。探察小队理应按原路返回，如果不按原路返回，需经布置探察任务的指挥员同意后另行择路返回。

（7）探察小队在经过巷道岔口时，要挂灾区指路器、放置冷光管或设置其他明显的标记，也可以用粉笔画出表示前进方向的箭头，防止返回时走错巷道，发生意外。

（8）探察人员要有明确的分工，小队长要指定专人记录好气体的浓度、温度、烟雾及巷道的支护情况。对发现的遇难人员要进行检查，确定死亡后，要记清遇难者的具体位置、倒向及表面特征，以便为日后分析事故提供依据，并在遇难者地点，用粉笔或其他物品做好标记。

（9）探察人员对到过的地点，要用粉笔在支架上或巷帮上写下此处的气体含量、温度、探察时间和小队的名称，以免浪费救援力量进行重复探察。特别是寻找遇险人员时，要在划定区域内，做到有巷必到，详细查找有生存条件的地方。

（10）在远距离和复杂巷道中探察时，可组织几个小队分区段进行探察。在探察中发现遇险人员要积极抢救，并将他们护送到进风巷道或井下基地，然后根据自身身体状况和呼吸器的氧气压力，继续完成探察任务。

（11）在高温、浓烟、塌冒、爆炸和水淹等灾区，无须抢救人员的，矿山救援队不得进入；因抢救人员需要进入时，应当采取安全保障措施。

（12）探察结束后，带队指挥员要立即向布置探察任务的指挥员汇报探察结果。

（13）井下应设待机小队，在需要待机小队抢救人员时，调派其他小队作为待机小队。在基地待机的人员，要精力集中，氧气呼吸器佩戴整齐，做好抢救工作的准备，随时增援探察小队。

违反上述规定，易造成事故扩大或矿山救援队自身伤亡事故。如江西省某矿救援队在完成救援任务退出时，由于小队组织不严密，不是副小队长在前，小队长在后，队员顺序行进，而是把2名队员丢在灾区。这2名队员发现情况后，精神紧张，慌忙往外跑，结果吐掉口具，中毒而死；1981年10月2日，铜川矿务局救护队驻某矿区中队在启封未熄灭的火区时，井下基地没有待机小队，也没有保持与高温区联系的通信设备，进入高温区工作的小队未带备用的呼吸器，没有测定有害气体浓度和气温，未带保险绳（联络绳），在巷道交叉口未设明显标志。在完成任务后出来时走错了方向，6人走散了，结果5名队员在窒息区内中毒牺牲。经医院鉴定，5人死亡的原因是集体急性中暑而晕倒，口具脱落后CO中毒死亡。

三、火灾事故时高温及浓烟下的救援工作规定

（1）井下巷道内温度超过30 ℃的，控制佩用氧气呼吸器持续作业时间；温度超过40 ℃的，不得佩用氧气呼吸器作业，抢救人员时严格限制持续作业时间（表3－1）。

表3－1　应急救援人员在高温巷道持续作业限制时间表

巷道内温度/℃	40	45	50	55	60
持续作业时间/min	25	20	15	10	5

（2）采取降温措施，改善工作环境，井下基地配备含0.75%食盐的温开水。

（3）高温巷道内空气升温梯度达到每分钟0.5～1 ℃时，小队返回井下基

地，并及时报告基地指挥员。

（4）严禁进入烟雾弥漫至能见度小于1 m的巷道。

（5）发现应急救援人员身体异常的，小队返回井下基地并通知待机小队。

四、火灾事故时井下基地的选定要求

在处理矿井火灾事故时，必须设立井下救援基地。井下救援基地是指用于井下救灾指挥、通信联络、存放救灾物资、待机小队停留和急救医务人员值班等需要而设立的工作场所，应选在井下靠近灾区、通风良好、运输方便、不易受灾害事故直接影响的安全地点。井下救援基地是前线救灾的指挥所，是救灾人员与物资的集中地，是救援人员进入灾区的出发点，也是遇险人员的临时救援站，因此正确地选择井下救援基地关系着救灾工作的成败。

（一）井下基地的选定要求

井下救援基地的选择应根据灾区位置、范围、类别，以及通风、运输条件等予以确定，必须满足以下要求。

（1）井下救援基地应设在不受灾区威胁或不因灾情进一步扩大而波及的地区，但距灾区要尽可能的近，以便救援人员进出灾区执行任务。

（2）井下救援基地应设在风流稳定的进风侧。

（3）要有一定的空间与面积，以保证救灾活动和救灾器材的储备。

（4）井下救援基地要设在方便运输、通风与照明良好的地点。

（5）井下救援基地不要选择在与灾区毫无联系的主要运输大巷、角联通风支路以及风速过大的巷道内。

（6）井下救援基地不要求自始至终地固定在一个地点，需视灾情的变化向灾区推移，也可以退离灾区，要多考虑几个备用基地以便选择。

（7）井下救援基地应有矿山救援队指挥员、待机小队和急救医生值班，并设有通往地面救灾基地和灾区的电话，备有必要的救援装备和器材，同时设有明显的灯光标志。

（8）在井下救援基地负责的指挥员应经常同地面救灾指挥部和正在灾区工作的救援小队保持联系，注意基地通风和有害气体情况；与救灾无关的人员，一律不得进入基地。

（9）在处理火灾事故过程中，根据需要在有害气体积聚的巷道与新鲜风流交叉的新鲜风流中设立安全岗哨，站岗队员的派遣和撤销由地面指挥部决定。同一岗位至少由两名救援人员组成。站岗队员除有最低限度的救援装备外，还应配有各种气体检查仪器。其主要任务是阻止未佩戴氧气呼吸器或非救灾人员进入灾区；将遇险人员引入新风区，必要时进行救治。

井下基地选择不当或不按规定设置井下基地，造成事故扩大、救援队自身伤亡事故的教训很多。1977 年 4 月 14 日，抚顺矿务局老虎台矿 507 采区发生火灾，指挥部未下令撤出灾区人员，只派救援队直接灭火，而且将井下救援基地设在邻近灾区的回风侧。8 时 47 分发生火灾，10 时 50 分发生第 1 次瓦斯爆炸，造成井下救援基地中的 4 名矿级干部等人被 CO 熏倒，失去上传下达作用。由于救灾措施不当，结果发生 5 次瓦斯爆炸，灾区被封闭，死亡 83 人、重伤 7 人、轻伤 28 人。1995 年 9 月 16 日，贵州盘江老屋基矿 11128 采煤工作面上部采空区发生瓦斯燃烧，该矿务局救护大队直属中队在没有建立救援基地、无待机小队、无灾区电话的情况下，仅带 4 个干粉灭火器到采煤工作面灭火。在灭火过程中发生瓦斯爆炸，5 名救援人员遇难，其中包括 1 名大队长。1994 年 7 月 12 日，义马矿务局救护大队直属中队在处理千秋矿 14022 工作面火灾事故时，基地选择不妥，只考虑到距灾区近，而忽视了基地本身 CO 浓度达到了 0.006%，基地没设专人把口，致使待机的副小队长王某未戴用呼吸器私自 2 次进入灾区察看情况，工作时王某多次通过口具讲话，又因用力过猛，碰歪口具，吸入高浓度 CO 气体，致其中毒，后经及时抢救，化险为夷，幸免于难。

（二）井下基地的前移

矿井火灾事故发生以后，由于对事故现场的情况不清楚，需要救援人员下井探察，搜寻遇险人员。为保证探察行动的安全，一般采取由外向里逐步推进，即由大闭合回路向小闭合回路探察。在新鲜风流的安全地点建立基地后，探察小队向前探察预定的一段距离，一旦对井下基地前方的区域进行勘探后并重新通风，基地就要向灾区方向前移。这样可以缩短基地与灾区工作小队之间的距离，尽可能近距离地指挥救灾行动和为灾区工作的救援小队提供安全保障。总之，保证基地始终处在安全地点，并不断靠近事故中心。井下基地前移，必须经指挥部同意，符合基地选择的条件，且必须遵守以下原则。

（1）在下井探察前，必须绘制灾区通风系统示意图，初步确定事故发生的地点，并标清探察的预计行动路线，制定应急措施。

（2）在灾区不能长距离盲目探察，在保证安全的情况下，设置第一基地。在向深部进发时，可根据现场情况有步骤地向前移动基地位置。

（3）每一处基地必须处在新鲜风流的安全地点，并保证处在与事故地点巷道闭合的网路以外，避免爆炸冲击波冲击和有害风流的袭击。

（4）新基地的位置必须能保证基地人员有前往支援的有效时间。

（5）每一次基地前移，必须保证前移的范围内探察的内容全面彻底，不存在未知的情况，防止发生突变截断后路。

(6) 每一次基地前移，都意味着距井口越来越远，但必须保证与地面指挥部的联系，必须征得指挥部的同意。

(7) 每一次基地前移，必须在图纸上进行详细地标注，并随时检查记录队员的氧气消耗量，计算应返回的时间。

五、灾区内氧气呼吸器故障现场紧急处置

氧气呼吸器是救援人员的第二生命，平时要加强维护保养，保证时刻处于完好状态。在灾区万一发生故障，佩用者要沉着冷静，快而不乱，有条不紊地进行处置，方能化险为夷，才能有效地保护自己的生命安全。

与负压呼吸器相比，正压氧气呼吸器内部压力始终大于外界大气压，因而更具安全性、可靠性，但由于使用、维护保养及仪器本身加工工艺上的原因，受灾区复杂、恶劣环境条件的影响，同样也会在灾区佩用过程中发生故障。2001 年 2 月 10 日，在处理鹤壁煤业公司六矿 2202a 工作面下顺槽自燃火灾事故中，一小队进入下顺槽探察，能见度不及 0.5 m，温度太高（脸部、喉部发烫，难以忍受，估计温度至少大于 50 ℃），探察完 260 m 灾区返回时，距基地约 130 m 处，一名队员突然感觉呼吸困难，按手动补气阀仍感觉无气，立即换上 2 h 呼吸器，安全退出灾区。后封存检查该呼吸器，无任何故障，经多次佩戴验证，系因灾区条件恶劣，队员体力消耗大，呼吸量大，气囊大幅度起伏时，气囊限制链随其沿立杆上下快速滑动时，拉弯立杆，卡住气囊，导致呼吸困难。

实际使用过程中，正压氧气呼吸器出现故障的主要反应有吸气困难、呼气困难、氧气下降过快、佩用中发生头疼、眼花、耳鸣等。

(一) 吸气困难的原因及处置

当呼吸器供氧不足时会造成佩用者吸气困难。

(1) 吸气软管被压而过气不畅，可拉动一下吸气软管。

(2) 吸气阀因老化、变形、贴死阀门或黏住而活动不灵敏，可急促呼吸几次，处理不了时换备用呼吸器全队退出。

(3) 自动补气量小或不补气。如补气阀本身出问题不补气，可定期按动手动补气全队退出。对于机械式自动补气阀，有时因气囊或气舱跑偏而不能触发自动补气的，可用短促呼吸、手动处理气囊跑偏和晃动、轻击气舱处理气舱跑偏。

(4) 正压弹簧脱离原来正确安装位置或失效。对于气囊式正压呼吸器的正压弹簧脱离原来安装位置，可以打开后盖，重新将弹簧复位（重庆安全仪器配件厂的 HY4Z 及 HY2Z 正压氧气呼吸器采用拉伸弹簧，其弹簧固定于气囊内部，

如弹簧出现故障，需退出），而舱式呼吸器则需要定期按动手动补气，全队退出灾区。如因弹簧失效造成呼吸器吸气困难，佩用气囊式及舱式呼吸器的，全队均需退出灾区。

（二）呼气困难的原因及处置

（1）呼气软管被压而过气不畅，可拉动一下呼气软管。

（2）呼气阀因老化、变形、贴死阀门或黏住而活动不灵敏，可急促呼吸几次，处理不了时换备用呼吸器全队退出。

（3）自动排气阀不排气。正压氧气呼吸器有时因气囊或气舱跑偏而不能触发自动排气，可用短促呼吸、手动处理气囊跑偏和晃动、轻击气舱处理气舱跑偏。仍不排气的，有手动排水阀的呼吸器（如山西虹安科技有限公司 HY4 呼吸器，抚顺市新科安全装备制造有限公司 HYZ4G 呼吸器及河南方圆安全装备有限公司 PB240 呼吸器），可在呼气时按动排水阀排气，或在呼气时在脸部将手指小心伸进面罩里进行排气，换备用呼吸器，全队退出灾区。

（4）清净罐药品阻力过大。换备用呼吸器，全队退出灾区。

（5）手动补气阀失控。有控制手动补气一路开关的呼吸器（如河南方圆安全装备有限公司 PB240 呼吸器），迅速关闭开关，切断手动补气供气，如无控制开关，换备用呼吸器或定期开关氧气瓶，全队退出灾区。

（6）自动补气阀失控。有时气囊或气舱跑偏卡住不动、一直压着补气触头而致自动补气阀失控的，可先处理跑偏，仍不能恢复正常的，可定期开关氧气瓶或换备用呼吸器全队退出灾区。

（三）氧气下降过快的原因及处置

（1）气压表开焊或通往气压表的高压管断裂，没有设置自动关闭阀的，迅速手动关闭开关以切断该路供氧。有自动关闭阀但不自动关闭的，换备用呼吸器全队退出灾区。

（2）高压接头漏气，将接头上紧。

（3）其他高压管断裂，换备用呼吸器全队退出灾区。

（4）面罩漏气或其他低压接头漏气，拉紧面罩，上紧接头。

（5）排气过早。大部分的正压氧气呼吸器（如 HYZ4、PB240、PB4、BIOPAK240）自动排气开启压力不可调节，对于抚顺市新科安全装备制造有限公司 HYZ4G 呼吸器，可将自排触头及压簧螺母向下调；重庆煤矿安全仪器配件厂 HY4Z 呼吸器，可将自动排气阀杆向下调。

（6）自动补气过早。灾区中，正压氧气呼吸器自动补气开启压力不可调，可初步估计耗氧速度，准备好氧气瓶备用。

（7）手动补气、自动补气失控。按呼气困难的（5）、（6）方法处理。

（8）机械报警器不正常报警耗氧。对于利用高压气压力与中压气压力、弹簧力3个力的平衡来决定其报警与否的报警器，如HYZ4、BIOPAK240等呼吸器，将哨子出气口调到最小，定期开关氧气瓶，全队退出灾区；而对于利用高压气压力与弹簧力二力对比来决定其报警与否的报警器，如PB240呼吸器，手动关闭高压氧气供给即可，关闭不了的，定期开关氧气瓶，全队退出灾区。

（四）佩用中发生头疼、眼花、耳鸣等现象的原因及处置

（1）氢氧化钙失效。多用手动补气或换备用呼吸器退出灾区。

（2）呼、吸阀贴死、动作不灵活、打乱氧气循环。用短促呼吸冲击呼、吸两阀，使其灵活。

（3）灾区工作时间长，氮气超限。可按手动补气阀，定期使呼吸器自动排气，将其中氮气排出呼吸系统，保证系统中氧气浓度符合规定。

（五）其他故障及处置

（1）报警器工作不正常。一是应该报时没报，即开、关瓶时及达到余压报警值时不报警，与减压器压力及报警器中弹簧有关，对于电子式报警器，是报警器本身出现故障，但不影响呼吸器的正常使用。二是不应该报警时报了，与减压器压力及报警器中的密封垫圈受损有关，处理方法同“机械报警器不正常报警耗氧”处理方法。

（2）吸气温度高，人感觉不适。装机前冷却剂冷冻时间短，未达到规定。在氧气贮量充足的情况下，可定期按动手动补气阀以排去气囊或气舱中的高温气体。

（3）面罩视线不清。佩用前未涂防雾剂或面罩内湿度大，对于面罩设计有除雾刷的呼吸器，如PB240呼吸器，可转动除雾刷除雾。设计有手动排水装置的，可按动按钮排去低压系统中积水。

第二节　高温及浓烟对应急救援人员的影响分析

当应急救援人员面对高温及浓烟环境时，因能见度低、视线不清，使得应急救援人员不能准确、全面掌握灾区情况，影响应急救援人员动作的协调性与操作的准确性，同时，对应急救援人员心理也带来一系列不良影响，不能有效保障应急救援人员的自身安全，严重影响救援工作绩效。2019年11月19日山东能源肥矿集团某能源公司井下3306掘进工作面发生火灾事故，11名矿工被困工作面附近，以外1100 m的回风巷道浓烟弥漫，能见度极低，又加上火区附近温度最高达 78 ℃，致使矿山救援队尝试各种方案均未到达被困人员地点，救援任务失败（后被困人员通过风筒自行成功逃生）。2023 年 5 月 9 日河南大有能源股份有限公司某煤矿发生一起较大火灾事故，造成 5 人死亡，该事故救援中矿山救援队曾多次尝试进入 13 采区回风下山与 13120 工作面上巷两个地区搜救被困人员，均因搜救通道温度高、能见度低未能完成搜救任务。

一、浓烟对应急救援人员的影响

物品燃烧时形成极其细小的粉尘颗粒分散到空气中形成烟，光线在烟尘颗粒上发生散射，使得光线沿多个方向传播，形成散射光，这会导致浓烟中的光线呈现出模糊不清的效果。光线在撞击浓烟颗粒时可能会改变其传播方向，这种散射会导致光线在烟雾中弯曲和反射，使得在烟雾中看到的物体位置似乎有所偏移或发生了畸变。同时，浓烟中的颗粒对光线有吸收作用，特别是对蓝色和紫色光线的吸收更强，这使得烟雾中的光线看起来更倾向于红色，造成物体在烟雾中会变得更加模糊和混浊。浓烟还能刺激应急救援人员的感觉器官，特别是刺激眼睛，造成流泪、眼花、头昏，甚至失去活动能力。但浓烟对佩用呼吸器的矿山救援人员最主要的影响，是造成视线不清，影响视觉功能，进而造成一系列不良后果。

（1）视线不清，影响对灾区环境信息的获取。视觉是人的各种感觉中最重要的一种，是人类获取信息的主要渠道，有研究表明，个体从外界获得的信息有 80% 来自视觉。在浓烟环境中，通过视觉获取信息的渠道受到阻挠，不能及时、全面、准确把握灾区情况。一是影响救灾工作的绩效，二是造成救援人员恐惧。人只有全面了解周围的环境，并确信对自己的安全不构成威胁时，心中才有安全感，才不会害怕。浓烟环境中应急救援人员不能全面了解周围的环境，因而感到恐惧不安。

（2）视觉在统整其他感知觉工作中有着重要的作用。有研究认为，普通个体通过视觉获得的表象的量是最多的，而且可以将零碎的东西统整。在浓烟的灾区环境中，视觉功能受浓烟干扰不能发挥正常作用，将会影响其他知觉所获取信息的组织、消化，因此，身体的协调性变差，平衡能力变弱，操作动作的准确性下降，行动迟缓，检测气体或操作设备不稳、不准，且效率不高。

（3）无法准确分辨物体形状，包括巷道情况、设备或遇险人员状况。应急救援人员在浓烟环境中，无法通过空气透视、线条透视、运动视差等形成形状知觉。

（4）无法形成立体视。受浓烟影响，视线不清，不能分辨物体远近，没有了空间的深度感，也就无法实现将物像从平面向立体转变，导致应急救援人员在灾区行走时容易走错路线，返回时也易迷路。

(5) 视觉会影响其他知觉。应急救援人员在浓烟环境中，视线不清时，对听觉影响最大。如正常的行进声音，可能被认为是突出的煤炮声；仪器的晃动声音，可能会误以为爆炸声音，对心理造成极大的恐慌。

(6) 视线不清，造成感觉剥夺，可能会出现视错觉、视幻觉，听错觉、听幻觉，对外界刺激过于敏感，情绪不稳定，紧张焦虑；思维迟钝，暗示性增高。

以上种种，会影响应急救援人员自身安全，迟滞救援进度，降低事故救援效率。

二、高温对应急救援人员的影响

人体有一套复杂的温度调节系统，以维持体温在 (37±2)℃间波动，如果人体细胞温度超过45 ℃，就会发生蛋白质凝固；如果温度接近0 ℃，细胞内水结晶会胀破细胞。人体温度调节系统必须保证皮肤温度低于40 ℃以防过热，高于0 ℃以防过冷。如果人体深部温度变动超过6 ℃，将会有致命的危险。

(一) 生理影响

发生矿井火灾事故时，应急救援人员在高温环境中救灾时，高温环境会对机体的热平衡、体液平衡、电解质平衡、能量代谢等产生影响，并会对机体的各系统、器官的正常运行产生不利影响。例如，通常情况下人体想要保持热交换平衡，则需要保证机体产热、散热平衡，以确保机体可以正常进行新陈代谢和完成各项生理功能。通常机体产热和散热的平衡是通过热交换来保持的，当机体与环境之间的温差较大时有助于代谢热的散发，但随着体温与环境之间的温差变小，散热能力减弱，就会存储更多的代谢热，因此体温升高。热交换的形式主要包括传导、辐射、蒸发和对流4种，如果机体处于高温环境中，则主要通过汗液蒸发方式来散热，当空气湿度加大时不利于排汗。研究表明，人体如果在热环境中丢失的水分达到体重的2%，则会大大降低机体的有氧能力，影响救灾行动效率。此外，还有研究指出，高温环境可对机体的心脑血管系统、消化系统、神经内分泌系统等也会产生不利影响。

1. 高温对人体生理基本影响

1) 对人体体温的影响

人类是恒温动物，只有保持恒定的体温，即产热与散热处于动态平衡的状态，人体代谢和生理功能才能正常实现。因此，人体产热与散热之间的动态平衡是维持热平衡的关键。散热的主要形式为传导散热、辐射散热、对流散热和蒸发散热。当机体在高温环境中长时间作业时，辐射散热和对流散热减弱，多靠汗液蒸发（热传递）来散热。产热增加，散热降低，产热大于散热，人体维持热平衡的能力降低，核心温度升高；而在极端的情况下，伴随时间的增加，人体会因为蒸发散热受阻，蓄热无法散发，一旦超过人体自身的承受范围，热平衡便会被打破，热不适症状就会体现。Raimundo A. M. 等指出：人的正常核心温度为37 ℃左右，1~2 ℃的升高，会带来口渴、疲惫、恶心等症状；当核心温度达到40 ℃，会对作业人员造成生命危险。

2）对水盐代谢的影响

高温作业中，人体可通过散热来维持热平衡，汗液蒸发是散热的主要途径，在极端环境下甚至是唯一途径。人在正常情况下，夏季每天的出汗量为1 L左右，而高温作业人员的排汗量会大大增加，达到3.0~5.0 L。健康的男性劳动者在30~35 ℃环境下工作时，平均出汗量为0.1~1.0 L；而高温作业（环境WBGT指数30~43 ℃）工人的出汗量为1.5~5.0 L，平均出汗量为3.1 L。大量出汗会导致人体水分、盐分以及人体所需微量元素的丢失，引起体内水盐代谢紊乱，流失严重会造成昏迷、抽搐甚至死亡。

3）对血液循环系统的影响

高温作业会引起大量出汗以及体内热量积蓄，为排除积蓄的热量，机体新陈代谢调节机制使得肌肉和皮肤血流量增加，这导致皮肤血管迅速扩张，内脏血管逐渐收缩，血流量进行重新分配，流经内脏器官的血流量减少。人体的反应是心跳加速，心脏起搏单次输血量减少，心脏负担加重，血压升高。崔玉娟指出，高温环境中高强度作业会导致人员心脏等器官受到损伤。高温高强度作业中出现不适症状时将表现出心电图改变、心律失常、心肌损伤等现象。

4）对神经系统的影响

在高温热诱导作用下，中枢神经系统会出现先兴奋后抑制的现象，其具体过程为：高温使中枢神经系统反应的兴奋程度增加，神经内分泌系统反应随之加强，致使血液中肾上腺素、血管紧张素Ⅱ、抗利尿激素和醛固酮等激素浓度发生显著变化，机体的耗氧量、产热量迅速升高，人体体温升高，中枢神经系统受到抑制。如果抑制作用较强，会出现神经肌肉兴奋性下降，人体注意力、反应力、肌肉的活动能力、动作的准确性和协调性都会降低，给意外事故的发生埋下了极大隐患。

5）其他影响

高温作业还会对机体的消化系统、免疫系统、泌尿系统等造成伤害：造成肠胃消化机能相应减退及其他肠胃疾病；降低肾脏对毒物质的耐受度，使机体免疫力降低，抗病能力下降；造成泌尿系统有害物质浓缩，肾脏负担加重，由此会导致肾功能不全，甚至出现血尿等症状。

2. 热应激

应急救援人员在高温环境中救灾时，机体内积蓄热量增多，会引起机体一系列热应激。热应激是机体对热环境发生全身性的、综合性的生理反应，是高温环境中救灾行动效率下降和过早疲劳的主要原因。众多研究指出，热应激涉及心血管、肌肉、中枢神经等之间的复杂相互作用，就高温作用下的基本生理表现而言，热应激的生理表现包括核心温度和皮肤温度升高、皮肤血液流动增加、汗液流失增加3个主要方面。

1）核心、皮肤温度升高

核心温度是指人体胸腔、腹腔和中枢神经的温度，也就是身体内部的温度，较皮肤温度高。随着人体代谢率的提高，核心温度也会一定程度的升高，其主要取决于劳动强度，如步行和跑步中人体的代谢率会不同，对应的核心温度提高程度也不同。多项研究支持核心温度升高会导致耐热性或工作能力下降，其中在核心温度为40 ℃时可发生热应激疲劳。因此，核心温度达到40 ℃可能是预防轻度中暑和重度中暑的制动器或至少标志着劳动能力逐渐下降。核心温度和皮肤温度被认为高温环境中劳动能力下降的主要因素，并且随着核心温度和皮肤温度的趋同，热疲劳会发生，从而缩小了与环境进行热交换的温度梯度。

2）皮肤血液流动增加

在凉爽的环境中运动时，自主神经系统会收缩皮肤中的血管，同时将血液重新分配到活动的骨骼肌。然而，当在温热的环境中开展高强度救灾行动时，皮肤血管停止收缩，并发生血管舒张，通常伴随出汗反应。血管舒张会减少脉搏输出量和心排血量，虽然在温热的环境中进行一定量的运动时，较高的心率可以部分补偿，但是增加的心率通常不足以使皮肤散发热量，同时保持血液流向工作的肌肉组织而不降低血压。因此，与在凉爽的环境中劳动相比，在温热环境中劳动除皮肤温度升高外，皮肤血液流动也会增加，且由于皮肤与骨骼肌竞争下的血液重新分配，导致最大摄氧量减少。相关研究也证实，高温对短时高强度劳动无不利影响，但对最大摄氧量有明显影响，从而影响耐力表现，导致应急救援人员不能坚持救灾行动。

3）汗液流失增加

汗液流失增加是机体在高温环境中劳动的又一基本生理表现形式，是救灾行动效率下降的主要诱因，尤其是汗液流失过多导致的脱水症状。汗液流失增加不仅会导致机体内水的丢失，而且伴随着电解质、微量元素的流失。其中，电解质可以维持机体体液的酸碱、渗透压平衡，以及维持机体神经、肌肉的应激性和细胞正常的物质代谢。微量元素，如钾、钠等离子是细胞兴奋及神经传导的重要离子基础，钙离子与细胞信息传递及心脏、骨骼肌的收缩有关，镁与ATP的代谢有关，而铁则与运动中氧的供应有关。这些物质的流失在救灾行动中或救灾行动后会对人体机能造成严重损伤。

3. 热伤害

持续的高温环境，引发机体长时间的热应激反应，主要有脑温、肌温和脱水。①脑温：脑组织对温度变化及缺血有特殊的敏感性，在大多数情况下热应激最先导致脑细胞工作能力的下降；②肌温：过度的温度使肌细胞酶活性降低，能量代谢受阻，功能蛋白变性，这些变化会直接影响肌肉工作能力；③脱水：长时间的运动热应激会导致机体脱水并引起一系列的生理反应，损害运动能力，可造成包括脱水（体液丢失）、热痉挛（骨骼肌的不随意挛缩）、热衰竭（由于循环血量不能满足皮肤血管的舒张而引起的低血压和虚弱）和中暑（下丘脑体温调节功能不足）等热伤害的发生。

1）脱水

脱水是指体液的丢失，又称失水。水丢失时大多伴有电解质的丢失尤其是钠离子的丢失。失水量占体重的2%～3%，称为轻度脱水，失水量占体重的3%～6%，为中度脱水，失水量占体重的6%以上，为重度脱水。轻度脱水可影响运动能力，中度脱水时便可出现脱水综合征，表现为烦躁不安、精神不集中、软弱无力、皮肤黏膜干燥、尿量减少、心率加快；重度脱水除了有体力和智力减退外，还可出现精神症状，严重者神志不清以致昏迷。

2）热痉挛

在高温环境下救灾，由于体内的矿物质丢失和大量出汗伴随的脱水所引起的肢体骨骼肌疼痛和痉挛，称为热痉挛或中暑性痉挛。热环境中负荷较重的肢体肌肉容易发生痉挛。

3）热衰竭

热衰竭是高温环境下长时间劳动或运动所出现的血液循环机能衰竭，表现为血压下降，脉搏和呼吸加快、大量出汗、皮肤变凉、血浆和细胞间液量减少、晕眩、虚脱等症状。一般发病迅速，先有头晕、头痛、心悸、恶心、呕吐、大汗、皮肤湿冷、体温不高、血压下降、面色苍白，继而出现晕厥，通常昏厥片刻即清醒。

4）中暑

中暑是指高温引起的人体体温调节功能失调，体内热量过度积蓄，从而引发神经细胞受损。其典型症状为：体内温度超过40 ℃，停止出汗，皮肤干涸，脉搏和呼吸加快，血压升高，意识混乱或丧失，如得不到及时治疗，可能会进一步发展为昏迷甚至死亡。

环境温度过高，大脑皮层体温调节中枢的兴奋性增高，因负诱导而致中枢神经运动区受抑制，出现肌肉的收缩能力下降，动作的准确性和协调性差，反应速度和注意力降低，认知判断能力下降，嗜睡和共济失调（在肌力没有减退的情况下，肢体运动的协调动作失调）等现象。高温也可引起视觉反应时延长。高温对人的情绪产生负面影响主要表现为：情绪低落，对事物缺乏兴趣，对人缺乏热情，心烦气躁，易激动。

（二）心理影响

高温作业不仅会对人体的生理机能造成影响，还会对作业人员的心理及行为造成不良影响。高温作业会影响机体的情绪调节中枢，造成“心理中暑”，主要表现为：情绪烦躁、易于发怒和激动等。情绪波动容易使人产生心理疲劳和认知行为紊乱，对自身安全造成伤害。高温环境对人的生理及心理造成的影响，直接表现在作业人员注意力不集中、热疲劳以及误操作等现象。

温度影响心理健康比较有代表性的理论是气象情绪效应。除此之外，研究者大多从两个角度来解释其影响机制：第一个角度是生理角度，代表性理论主要有棕色脂肪组织理论和血清素理论等；第二个角度是行为角度，认为气温通过影响人们的健康保持行为来影响其心理健康。

1. 气象情绪效应理论

气象情绪效应是指一个人的情绪状态可以受到气象条件的影响。气象条件是组成人类生活环境的重要因素，气象条件及其变化不仅影响人的生理健康，对人的心理情绪的影响也非常明显。有利的气象条件可使人们情绪高涨、心情舒畅，生活质量和工作效率提高，而不利的气象条件则使人情绪低落、心胸憋闷、懒惰无力，甚至会导致心理及精神病态和行为异常。

2. 棕色脂肪组织理论

棕色脂肪组织，是哺乳动物体内非寒颤产热的主要来源，对于维持动物的体温和能量平衡起到重要作用。高温压力会过度激活棕色脂肪组织，进而损害人体的耐热性，这种损害会改变棕色脂肪组织投射到脑区的神经活动，使人产生异常的情绪或行为，影响个体心理健康。研究者推测这可能是高温损害心理健康的一种合理的机制。

3. 血清素理论

血清素理论认为，血清素（即5－羟色胺，简称为5－HT）作为一种神经递质，会影响到人的情绪状态，进而影响人的心理健康。生物实验已经证明，血清素作用广泛，对情绪调节、感觉传输和认知行为等都有重要调节作用，在调节焦虑和抑郁情绪及行为中发挥着关键性的作用。在低温环境下，人体内的血清素受体的活动水平较低，但是随着温度的升高，血清素受体的活动水平会逐渐增高，人的情绪状态会受此影响，可能产生焦虑、抑郁情绪，进而导致情绪的稳定性降低，引发冲动和攻击行为，严重者甚至引发自伤、自杀行为。

4. 健康保持行为观点

有研究者认为，极端的温度，如异常的高温（热浪等）和异常的低温（暴雪等）会使人们的“健康保持行为”减少甚至完全消失，进而影响人们的心理健康。这里的健康保持行为主要是指锻炼和良好的睡眠，这些行为对于人们保持良好的身心状态是必不可少的。参加体育活动与更好的心理健康水平呈正相关，与自然环境接触也有益于增加积极情绪，减少压力和消极情绪，而高低温显然成为户外活动的障碍。

在高温及浓烟环境下，应急救援人员难以保证自身安全，更不可能开展有效救援，《矿山救援规程》规定：矿山救援队在高温、浓烟下开展救援工作，应采取降温措施，改善工作环境；严禁进入烟雾弥漫至能见度小于1 m的巷道。

第三节　高温及浓烟环境的调节

矿井火灾事故发生后，为了营救被困人员，在不危及被困人员安全及不造成瓦斯积聚、不使积聚的瓦斯流向火区引发瓦斯爆炸等造成事故扩大的前提下，通过风流调控等措施，降低矿山救援队进入灾区巷道的火烟浓度及空气温度。同时，在救出被困人员后，实施灭火过程中，为保障矿山救援队自身安全，也需对高温及浓烟环境进行调节。高温及浓烟环境的调节，包括防止高温及浓烟的产生和高温及浓烟的降低。

一、防止高温及浓烟的产生

（1）直接灭火时，应从进风侧进行，防止火烟流经应急救援人员所处位置。

（2）用水灭火时，水流不得对准火焰中心，随着燃烧物温度的降低，逐步逼向火源中心。灭火时应有足够的风量，使水蒸气直接排入回风道。

（3）进风的下山巷道着火时，火灾中产生的热效应可以改变火灾巷道的风向和风量，导致矿井通风系统发生紊乱，给火灾巷道火源上风侧的灭火工作和人员救援工作带来很大困难。应采取防止火风压造成风流紊乱和风流逆转的措施，如加强通风弱流区的供风来预防火灾引起有毒有害气体逆退现象的发生。如有发生风流逆转的危险时，可将下行通风改为上行通风，从下山下端向上灭火，以避免火烟流经应急救援人员所处位置。

（4）按规定佩用氧气呼吸器，并保持100%合格，特别是正压性能必须符合规定，并拉紧面罩，防止漏气，避免外界烟气进入面罩内。

二、高温及浓烟的降低

通过风流调控，降低矿山救援队进入灾区救人所经巷道温度及烟雾浓度，是为了保证应急救援人员安全，便于应急救援人员顺利进入灾区搜救被困人员，与保障被困人员安全所采取的风流调控方法类似，但目的不同，调控的区域也不尽相同。有的风流调控方法，既保障了被困人员安全，又保障了矿山救援队安全，有的则只达到其中之一的目的。

1. 停止局部通风机运转

通过停止局部通风机运转，停止发火地点供风，以减少火势，降低产烟量及涌出烟量。

1997年7月15日，鹤壁煤业公司某矿23031工作面下顺槽在掘进时因爆破引起火灾，火烟弥漫整个岩石回风上山，在上顺槽工作的12名工人中，有2人于火灾初期顶烟冲过上、下顺槽之间的岩石回风上山而脱险，其余10人被困。矿山救护队2个小队分别从运输巷、-80 m运输大巷进入，试图越过浓烟进入23031上顺槽营救被困人员，均因能见度极低（不足1 m）而退出。后经分析下顺槽火灾前的瓦斯情况，停止了为其供风的局部通风机（图3-1），减少供风以减少浓烟生成与涌出，又打开风门A，增加岩石回风上山风量，以冲淡浓烟，救护队进入上顺槽，并成功将被困人员引导至运输巷。

2. 减少风量

在不造成瓦斯积聚、浓度达到爆炸界限的前提下，适量减少火区供风，保障稀释瓦斯最低所需风量，以减小火势，从而减少浓烟生成或降低浓烟的排出量。

某矿上山盘区变电所由于电气短路引燃上山输送带，危及下风侧工作面W_1、W_2和掘进面W_3的人员安全。

当时采用了短路风流的措施：打开进回风侧的主要风门D_1和4-10间的风门D_2，使上山盘区处于减风状态（图3-2）。由于减少供风量，减弱火势，降低了温度与烟（雾），救护队得以接近火源，进入火区救人灭火，达到了预期目的。这种风流短路措施，必须时时监测瓦斯浓度，分析研究瓦斯增加与灭火时间关系，以免引起瓦斯爆炸，扩大事故范围和人员伤亡。

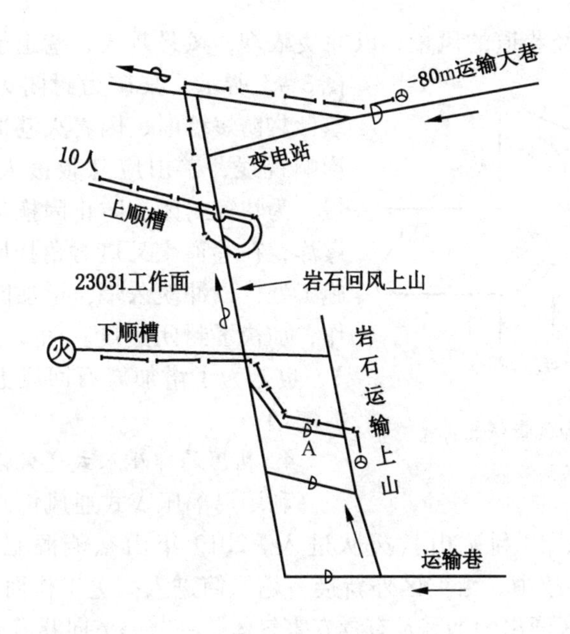

图3-1　某矿掘进火灾停风降低高温及浓烟示意图

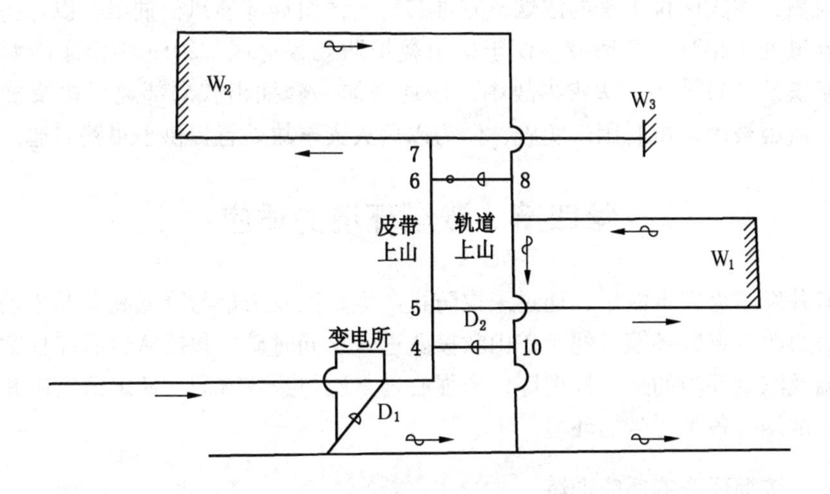

图3-2　某矿变电所火灾减风降低高温及浓烟示意图

3. 增加风量

增加浓烟流经巷道的风量，以冲淡浓烟，风量越大，巷道能见度越高。如图3-3所示，某矿为封闭火区在巷道中构筑沙袋防爆墙时，因着火巷道涌出来的浓烟影响视线，矿山应急救援人员施工进度缓慢，为快速封闭、防止因拖延时间引发瓦斯爆炸，在巷道交叉口对角挂风帐，引风流于施工处，以冲淡浓烟，增加能见度，方便操作，加快了封闭速度。图3-1中打开风门A，也是为了增加岩石回风上山风量，以冲淡浓烟。

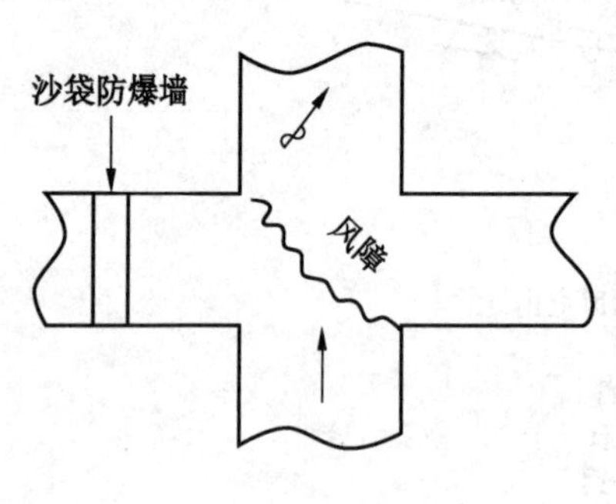

图3-3　增加风量降低高温及浓烟示意图

4. 利用局部压入式通风排放高温浓烟

利用局部压入式通风机，接风筒排放灾区内高温及浓烟，以利矿山救援队进入。2019年山东能源肥矿集团某煤矿“11·19”火灾事故中，由灾区外新接一趟风筒进入掘进工作面巷道，靠通风、喷水降温排除火区涌出的烟雾及有毒有害气体，一节一节向巷道火源点推进。

5. 利用局部抽出式通风排放高温浓烟

在火灾巷道中，在原有压入式通风的基础上增加一套抽出式局部通风机及抽出式风筒，将火区排出来的浓烟及有毒有害气体由局部通风机抽出，以保持火区以外巷道处于相对安全环境，便于矿山救护队处置火区。2019年山东能源肥矿集团某煤矿“11·19”火灾事故中，计划增加一套抽出式局部通风机及抽出式风筒，后因被困人员脱困未实施，但为以后火灾事故处置提供了思路启迪。

第四节　浓烟环境的适应

矿井发生火灾事故后，通过采取防止产生高温及浓烟与降低高温及浓烟的措施，努力改善灾区环境，便于矿山救援队进入，同时矿山救援队也需在日常加强对高温及浓烟环境的适应性训练，增强心理素质与身体素质，使之适应矿井灾区高温、浓烟等各种恶劣的环境。

一、浓烟环境的适应训练

针对浓烟影响视线造成的种种不良后果，矿山救援队在日常训练中可闭眼或遮挡部分视线进行各种训练及模拟巷道实战演练，以提升应急救援人员身体协调

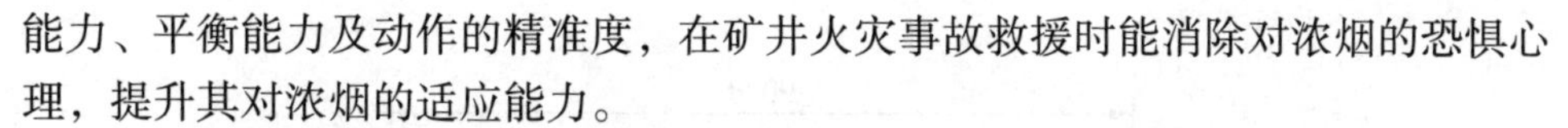

能力、平衡能力及动作的精准度，在矿井火灾事故救援时能消除对浓烟的恐惧心理，提升其对浓烟的适应能力。

（一）训练方案

1. 闭眼单脚站立

闭眼单脚站立是人体在没有任何可视参照物的情况下，仅依靠大脑前庭器官的平衡感受器和全身肌肉的协调运动，来维持身体重心在单脚支撑面上，并保持平稳。其时间长短，反映平衡能力的强弱。训练时，训练者蒙上双眼，单脚站在地面上，双手叉腰，另一只脚提起不能接触地面也不能停靠在支撑腿上，支撑脚不得移位。尽量控制重心，保持平衡。应急救援人员经常进行闭眼单脚站立训练，以适应浓烟环境视力缺失对平衡能力的影响。

2. 闭眼原地踏步

闭眼原地踏步训练可提升人体动态平衡能力。动态平衡能力是指在运动状态下对人体重心与姿势的调整和控制能力，主要由人体各种感觉器官、运动控制系统的能力来决定动态平衡能力。蒙上眼睛，两脚自然站立在直径为 38 cm 的圆中间，跟着发出的节奏做原地踏步运动，踏步时单脚抬起离地面不低于 10 cm，双臂自然摆动，从开始抬脚的那一刻开始计时，当脚触线或踏出线外停止计时。

3. 闭眼直线行走

在地面画一条 10 m 长的直线，训练者蒙眼站在起始位（直线的一端），沿直线慢步向前走至 10 m 线终点，测量训练者靠近 10 m 线的足部（左侧或右侧）距离中线的距离。经常训练闭眼直线行走，可提升方向感，减弱视线受阻时的心理恐惧。

4. 闭眼探察巷道

在地面，用金属管子搭建模拟巷道，辅以帐布或金属网，制成隔栏，高 0.5 m 以上，作为模拟巷道两帮，围成如图 3－4 所示采煤工作面上、下顺槽、切眼、联络巷及掘进工作面，在模拟巷道中放置活动立杆若干。

以矿山救援小队为单位，所有人员全部蒙眼，携带火灾事故处理装备，佩用氧气呼吸器，可用探险棍探索前进，按指令由上顺槽或下顺槽进入，并按指定路线探察，探察时，遇到临时放置的立杆时，即汇报立杆至入口处的距离。考察小队完成探察所用时间及汇报的距离与实际距离的偏差。

矿山救援队开展闭眼探察巷道训练，接近实战，可以消除视力受阻时的恐惧感，提升应急救援人员身体素质及心理素质水平，增强身体的协调性、平衡能力及对外界事物的感知能力，提升浓烟环境下的行动速度，补偿因视线消失而丧失的空间深度感。

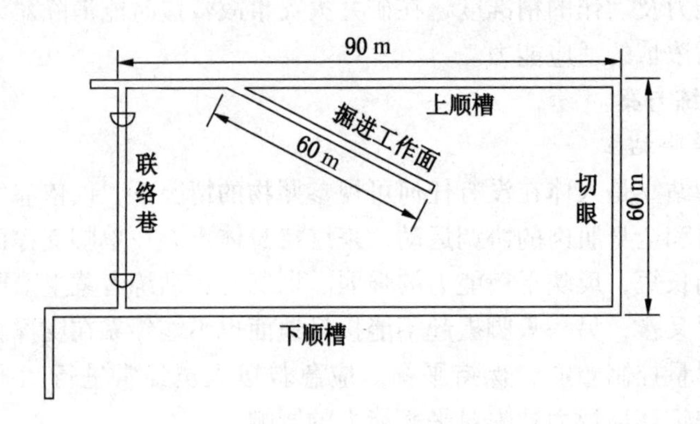

图 3－4　闭眼探察巷道示意图

5. 闭眼跳跃

经常进行闭眼跳跃训练，可以提升身体协调性、平衡能力，提高方向感及空间距离感知能力。

训练者蒙眼，第一跳由起跳踏板起跳，跳至中间踏板，第二跳由中间踏板跳到半径为 0.4 m 的圆圈之中（图 3－5）。落脚点超出中间踏板或圆圈边界线即为失败。

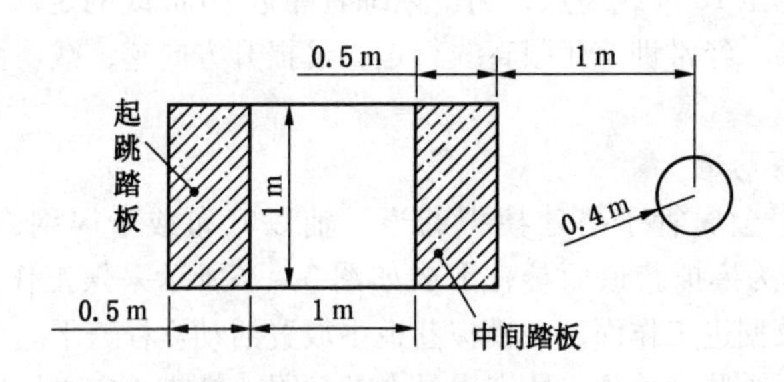

图 3－5　闭眼跳跃示意图

6. 闭眼互换氧气瓶

应急救援人员在浓烟下进行救援时，当出现个别救援人员氧气瓶压力不足的现象时，应在最短的时间内更换上备用氧气瓶，确保救援人员安全，保证下一步工作正常进行。为提升应急救援人员在视线受阻时操作的稳定性、可靠性及动作的准确性，为强化浓烟环境下应急救援人员的安全感，日常可进行闭眼互换氧气瓶训练。

两名训练者均蒙上眼睛，操作程序如下。

（1）由操作者手摸被换者 4 h 呼吸器仪器外壳卡扣，取下呼吸器外壳，去掉抗震带，解开氧气瓶固定带。

（2）按手动补给阀使气囊充满，关闭氧气瓶；按手动补给阀泄压，取下被更换的氧气瓶。

（3）卸掉更换氧气瓶的防尘帽，快速开闭氧气瓶开关吹掉灰尘，将氧气瓶安装好，打开氧气瓶，按手动补给阀充满气囊。

（4）用固定带将氧气瓶固定，安装好抗震带，盖好外壳。

计时时间：以操作者手摸被换者仪器外壳卡扣开始计时，直到备用氧气瓶安装好并按手动补给阀使气囊充满停止计时。

7. 闭眼 4 h 正压氧气呼吸器换 2 h 正压氧气呼吸器

在浓烟下开展救援时，矿山救援小队中如有队员 4 h 正压氧气呼吸器突然发生故障，须立即换上 2 h 正压氧气呼吸器，全小队撤出灾区。日常训练中，进行闭眼 4 h 正压氧气呼吸器换 2 h 正压氧气呼吸器，以提升操作熟练程度、动作准确度，确保在 30 s 内完成，以保障应急救援人员自身安全。

此项训练由 3 名队员佩用 4 h 正压氧气呼吸器、蒙眼完成，其中 1、2 号队员为操作者，3 号队员为被更换者。

（1）1 号队员将 2 h 正压氧气呼吸器放置在 3 号队员身前，下外壳着地，呼吸器上部朝向 3 号队员两腿间，将面罩向内翻转，手摸索着使面罩镜片向下，将头带、肩背带调整到合适长度。

（2）2 号队员站立于 3 号队员仪器后面，将安全帽和矿灯摘下，按手动补气阀，关闭 4 h 正压氧气呼吸器氧气瓶。

（3）1 号队员打开 2 h 正压氧气呼吸器氧气瓶，2 号队员迅速取下 3 号队员面罩，紧接着 1 号队员将面罩自下而上给 3 号队员戴上并压紧，按手动补气阀。

（4）2 号队员迅速将 3 号队员面罩调整好并拉紧头带，并将 3 号队员 4 h 正压氧气呼吸器脱下。

（5）1 号队员将 2 h 正压氧气呼吸器从 3 号队员头部上方翻转到背部，调整背带、扣好腰带（胸带）。

（6）2 号队员给 3 号队员戴好安全帽及矿灯，操作完毕。

8. 闭眼佩戴 2 h 正压氧气呼吸器

矿山救援队在灾区发现遇险者时，要立即为其佩戴 2 h 正压氧气呼吸器，防止吸入有毒有害气体。佩戴时要求动作准确、行动迅速。开展闭眼训练，可以减弱浓烟的影响。

此项操作由 3 名队员完成，其中 1、2 号队员为操作者，佩用 4 h 正压氧气呼吸器、蒙眼完成，3 号队员为遇险者。

（1）1 号队员将 2 h 正压氧气呼吸器放置在 3 号队员身前，下外壳着地，呼吸器上部朝向 3 号队员两腿间，将头带、肩背带调整到合适长度。

（2）2 号队员将 3 号队员安全帽和矿灯摘下，用一腿顶住 3 号队员背部并用手托住 3 号队员颈后使其成坐姿状态保持稳定。

（3）1 号队员打开 2 h 正压氧气呼吸器氧气瓶，迅速将面罩给 3 号队员戴上并压紧，按手动补气阀。

（4）2 号队员迅速将 3 号队员面罩调整好并拉紧头带。

（5）1 号队员将 2 h 正压氧气呼吸器移至 3 号队员身体一侧腋下或正靠胸前固定。

（6）2 号队员给 3 号队员戴好安全帽及矿灯，操作完毕。

9. 遮挡部分视线建风障

在处置矿井火灾事故时，为了临时隔断风流、防止高温浓烟对应急救援人员或被困人员的伤害，需要建造风障。建造风障时以实用性为主，要迅速、准确，且要少漏风。

以矿山救援小队为单位，每人均佩用呼吸器，面罩外贴上遮挡片 2 张［用晨光抽杆夹（规格为 ADM94520）中的透明文件夹裁剪而成］，使能见度为 0.5 ~ 1 m，以模拟矿井火灾时期的浓烟环境。

（1）如图 3 - 6 所示，用 4 根方木做出梯形框架（上宽 1.8 m，下宽 2.7 m，高 1.92 m），在框架中间用方木打一立柱，架腿和立柱必须座在底梁上，中间立柱上下垂直，边柱紧靠两帮。

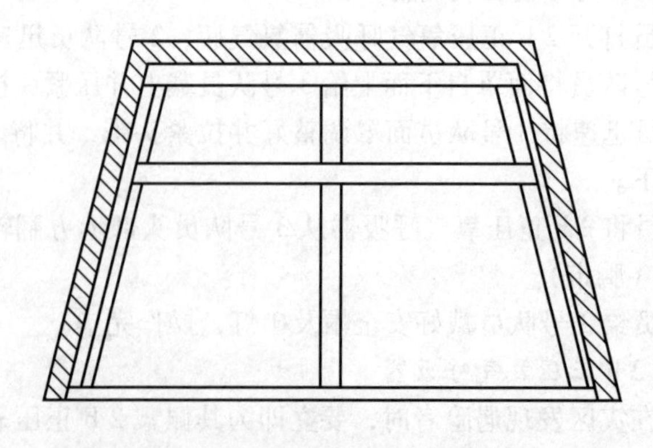

图 3 - 6　风障框架结构示意图

（2）风障四周用压条压紧，钉严在骨架上，中间立柱处竖压一板条。

（3）打一戗柱，确保风障抗压。在立柱的上1/3处加一横梁，两端钉到架腿上，中间钉到立柱上，如图3－7所示，戗柱上端顶在横梁正中、事先所钉一小板下沿，然后用钉子钉牢，下端顶到底板柱窝中或加木楔固定牢靠。迎风打风障时，可在挂上风障后加戗柱；顺风打风障时，需在挂风障前到框架内侧加上戗柱后，再挂上风障。

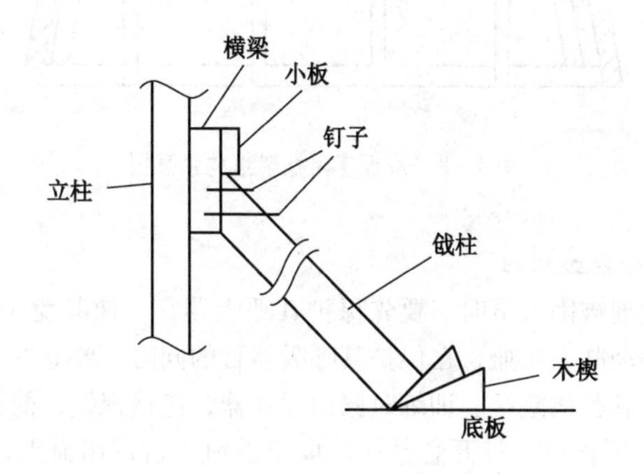

图3－7　戗柱示意图

（4）风障结构牢固，四周严密，但不要求平整。

10. 遮挡部分视线建板墙

板墙（木板密闭）的主要作用与风障相同，也是为了阻止高温浓烟气体侵害应急救援人员或被困人员，但须更牢固，作用更持久。

以矿山救援小队为单位，每人均佩用呼吸器，遮挡视线，能见度0.5～1 m。

（1）如图3－8所示，先用3根方木架设一梯形框架（上宽1.8 m，下宽2.7 m，高1.92 m），再用1根方木，紧靠巷道底板，钉在框架两腿上。

（2）在框架顶梁和紧靠底板的横木上钉上4根立柱。

（3）顺风建板墙，可穿过立柱至内侧，在中间两根立柱的上1/3处加一横梁，两端钉到立柱上，戗柱上端顶在横梁正中，下端顶到底板上。

（4）钉木板，采用搭接方式，下板压上板。全部钉好板后，如迎风建板墙，在木板外加上戗柱。

在矿井事故处置中，板墙整体建好后，可视漏入烟流情况再补上小板及托泥板、抹泥封堵，或直接外铺风筒布堵漏。

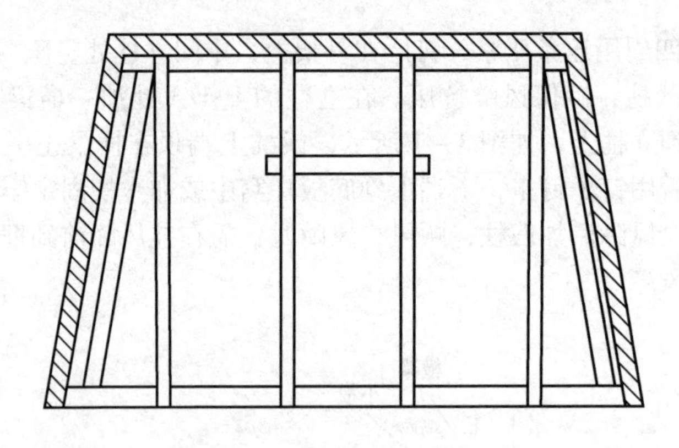

图3-8　木板密闭框架结构示意图

11. 遮挡部分视线止血

在灾区中发现被困人员时，要先保护其呼吸器官，使其免于继续受到毒害，如有危及生命的动脉大出血，在保护其呼吸器官的同时，要立即采取措施临时止血，然后迅速带其脱离险区。训练时佩用呼吸器，遮挡视线，能见度0.5~1 m。

（1）手掌加压止血。打开急救箱，取出敷料，盖住出血点，全手掌按压在敷料上止血，随同被抬出的遇险人员保持同步运动，手掌须一直按压出血点。

（2）橡胶管止血带止血。打开急救箱，取出敷料及橡胶管止血带，在伤口的近心端上方用止血带缠绕肢体（上臂）两圈、打结，不要求打结的样式，能施压止血、不脱落即可。训练时佩用呼吸器，遮挡视线，能见度0.5~1 m。

12. 遮挡部分视线帮助被困人员佩用自救器

在灾区搜寻到被困人员时，对于中毒重者，可为其佩用上2 h呼吸器；较轻者，可为其佩用上压缩氧自救器。训练时佩用呼吸器,遮挡视线,能见度0.5~1 m。

（1）由应急救援人员打开自救器上盖，拉出气囊及鼻夹。

（2）打开氧气瓶开关，拔掉口具塞，将口具送入被困人员口中，置于唇与牙齿之间，并要求被困人员咬住牙垫，闭紧嘴唇。

（3）用鼻夹夹住被困人员鼻子，嘱其用嘴呼吸，并按手动补给按钮1~2 s。

（4）将背带套到被困人员颈上，并调整背带长度。

13. 井下模拟巷道实战演练

鹤煤救护大队院内设有井下模拟巷道，如图3-9所示。为模拟煤矿井下浓烟实情，在演练时，于点火池中点火产烟，并辅以烟雾罐释放黑烟，使能见度小于1 m，应急救援人员佩用呼吸器在巷道中探察，爬高为1 m的小巷10趟；在体能训练室中训练验力器、举重等，在仪器训练室训练互换氧气瓶、4 h 正压氧气呼吸器换 2 h 正压氧气呼吸器、佩戴 2 h 正压氧气呼吸器、橡胶管止血带止血及帮助被困人员佩用自救器；在巷道中训练建风障及建板墙。

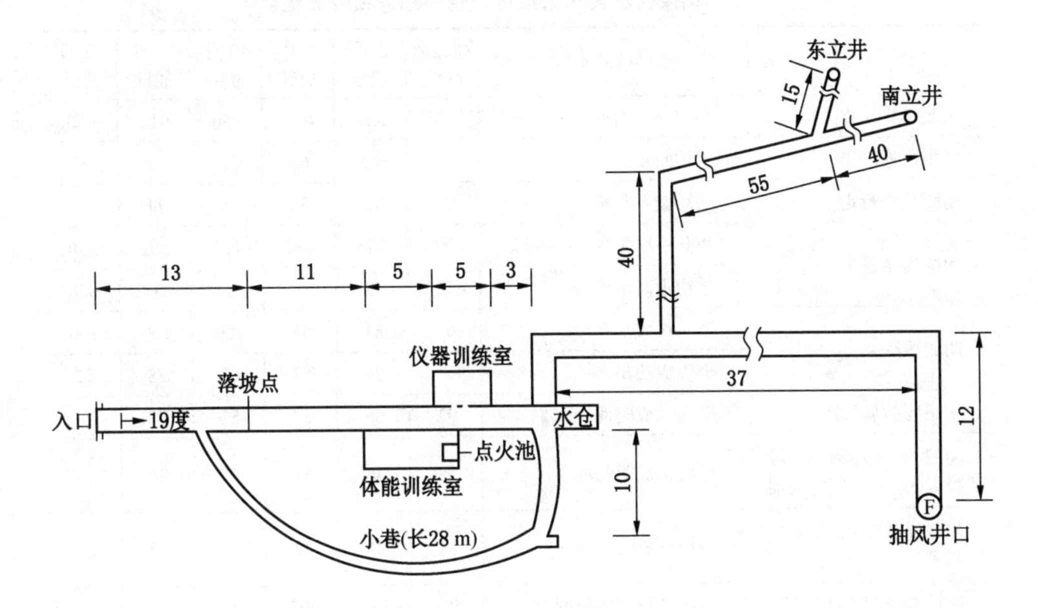

图 3-9 鹤煤救护大队演习巷道示意图

（二）效果检验

鹤煤救护大队有 3 个中队，共有应急救援人员 82 人，于 2023 年 6 月开始进行浓烟环境下适应性训练，在 8—12 月进行了考核。

1. 闭眼或遮挡部分视线训练项目考核

由各中队自行组织训练，月底自行考核，上报成绩。

2. 井下模拟巷道训练考核

每月底由大队组织统一考核，以小队为单位，从进入演习巷道入口开始计时，应急救援人员佩用呼吸器探察完所有模拟巷道（包括小巷、体能训练室及仪器训练室，能见度小于 1 m），签字留名，在巷道中建风障及板墙各 1 道，并在仪器训练室进行互换氧气瓶、4 h 正压氧气呼吸器换 2 h 正压氧气呼吸器、佩戴 2 h 正压氧气呼吸器、橡胶管止血带止血及帮助被困人员佩用自救器各 1 次，然后将 1 名佩戴上 2 h 正压氧气呼吸器的模拟伤员上担架抬出，将 1 名佩戴压缩氧自救器的模拟伤员引领出，全小队撤至演习巷道入口时止表。

鹤煤救护大队浓烟适应性训练考核情况统计见表3－2，考核成绩曲线如图3－10～图3－18所示。

表3－2　鹤煤救护大队浓烟适应性训练考核情况统计表

项　目	效果检验指标	训练前成绩	8月成绩	9月成绩	10月成绩	11月成绩	12月成绩
闭眼单脚站立	平均站立时间/s	13	324	652	856	912	920
闭眼原地踏步	平均踏步时间/s	6	49	63	85	92	97
闭眼直线行走	平均偏差距离/cm	121	73	36	19	11	8
闭眼探察巷道	小队平均探察所用时间/s	786	582	487	412	362	350
	平均距离偏差/m	16	11	5	3	1	0.8
闭眼跳跃	第一跳成功率/%	62	81	95	100	100	100
	全程成功率/%	2	29	53	69	78	82
闭眼互换氧气瓶	平均完成时间/s	92	65	57	51	49	47
闭眼4 h正压氧气呼吸器换2 h正压氧气呼吸器	平均完成时间/s	58	45	31	26	24	24
闭眼佩戴2 h正压氧气呼吸器	平均完成时间/s	52	43	32	25	22	21
遮挡部分视线建风障	小队平均完成时间/s	585	541	497	356	261	230
遮挡部分视线建板墙	小队平均完成时间/s	951	876	799	632	507	470
遮挡部分视线橡胶管止血带止血	平均完成时间/s	35	25	18	11	9	8
遮挡部分视线帮助被困人员佩用自救器	平均完成时间/s	58	48	33	27	25	22
模拟巷道实战演练	互换氧气瓶/s	91	62	56	49	47	46
	4 h正压氧气呼吸器换2 h正压氧气呼吸器/s	62	43	32	27	22	20
	佩戴2 h正压氧气呼吸器/s	51	40	31	23	21	21
	建风障/s	603	562	512	401	280	241
	建板墙/s	980	901	814	655	513	481
	橡胶管止血带止血/s	36	24	17	10	9	8
	帮助被困人员佩用自救器/s	59	47	34	28	24	23
	总时间/min	85	79	72	66	62	59

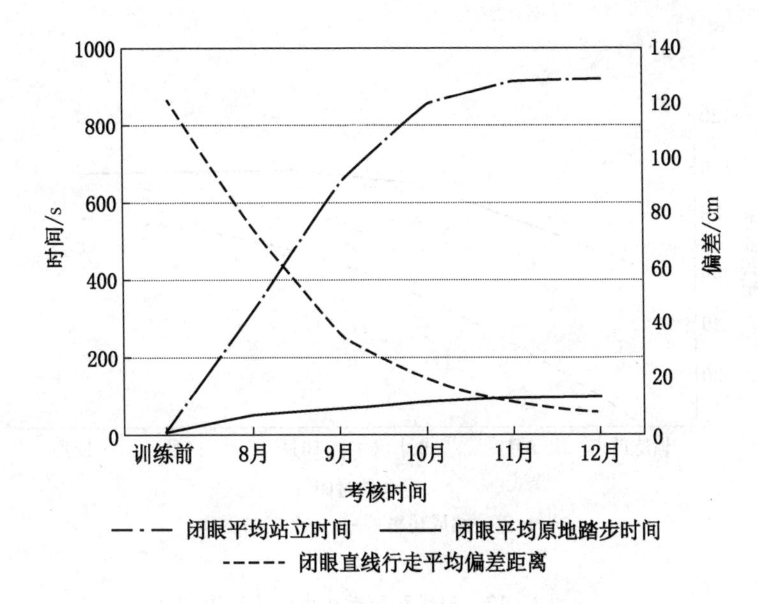

图3-10　闭眼平均单脚站立、原地踏步
及直线行走考核成绩曲线图

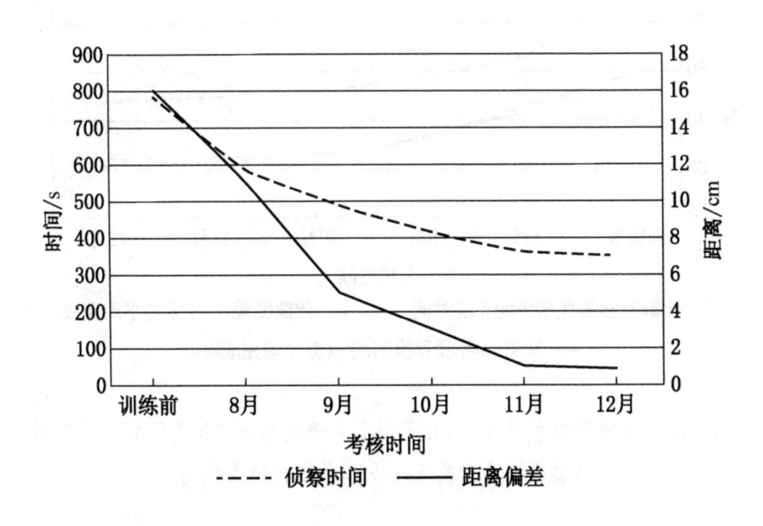

图3-11　闭眼探察巷道考核成绩曲线图

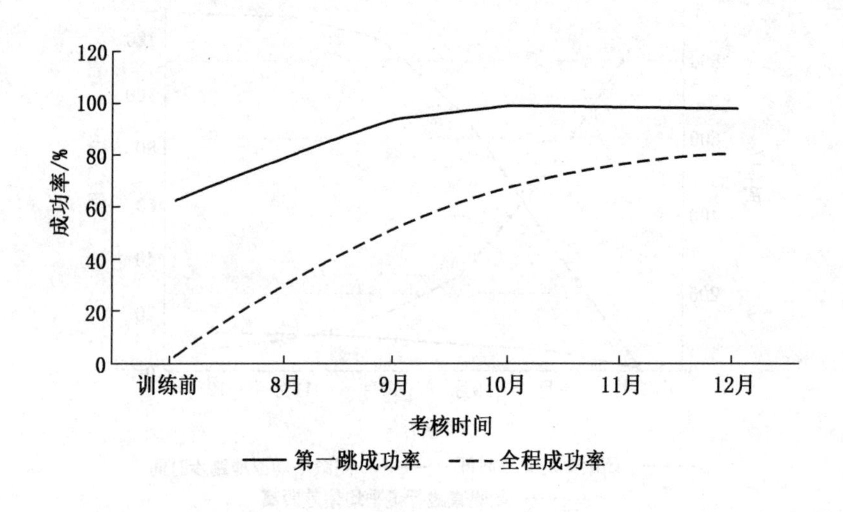

图 3－12　闭眼跳跃考核成绩曲线图

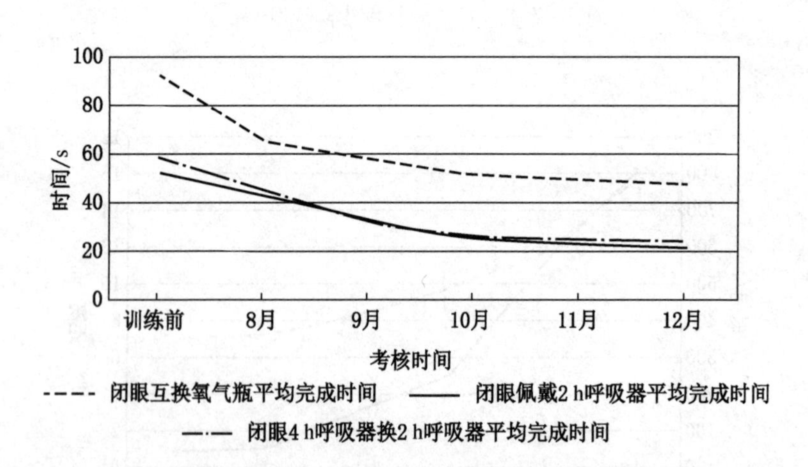

图 3－13　闭眼互换氧气瓶、4 h 正压氧气呼吸器换 2 h 正压氧气呼吸器、佩戴 2 h 正压氧气呼吸器考核成绩曲线图

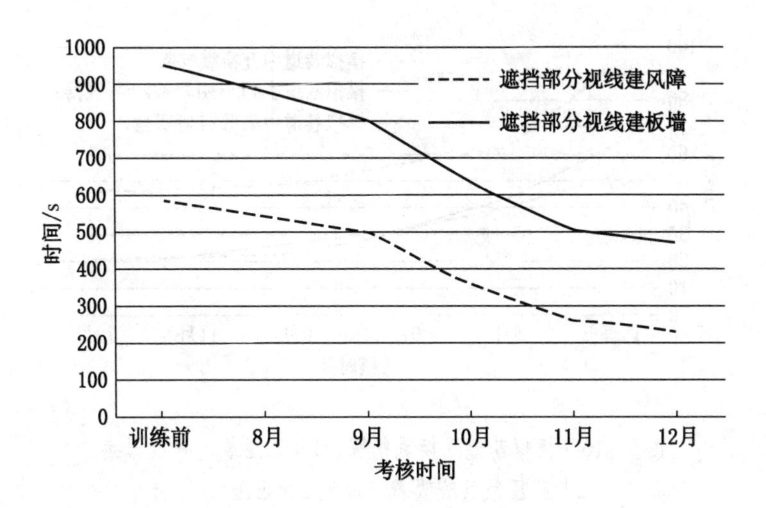

图 3-14 遮挡部分视线建风障、建板墙考核成绩曲线图

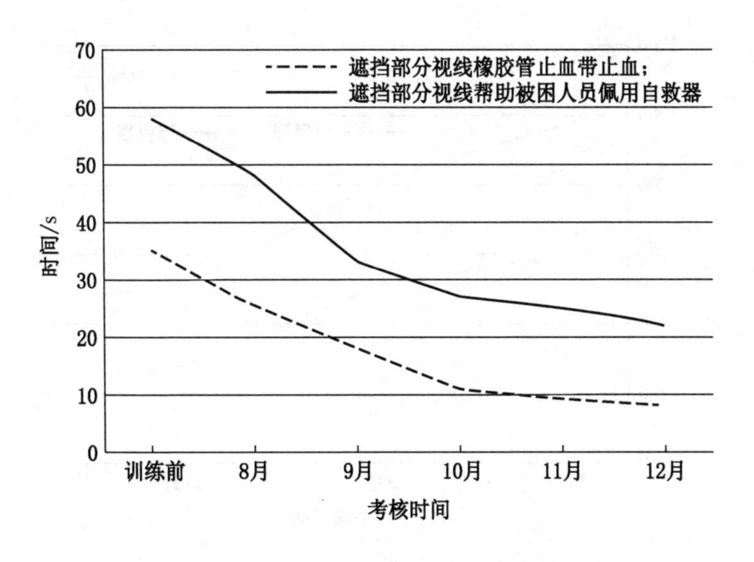

图 3-15 遮挡部分视线止血及帮助被困人员
佩用自救器考核成绩曲线图

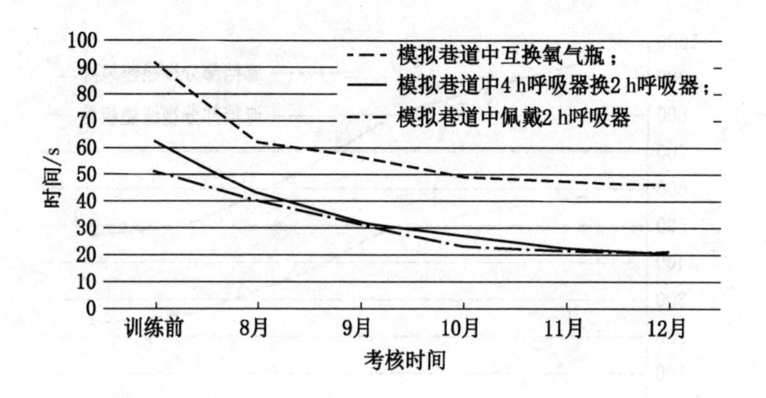

图3－16　模拟巷道互换氧气瓶、4 h 正压氧气呼吸器换 2 h 正压氧气呼吸器、佩戴 2 h 正压氧气呼吸器考核成绩曲线图

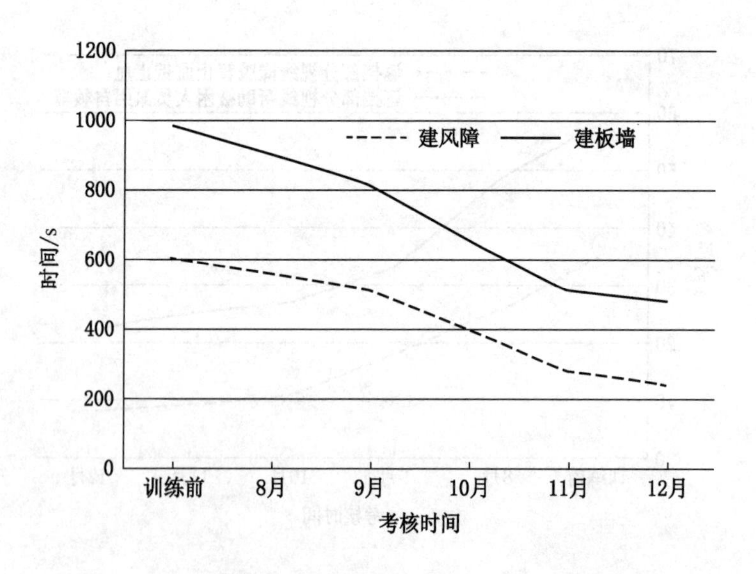

图3－17　模拟巷道建风障、建板墙考核成绩曲线图

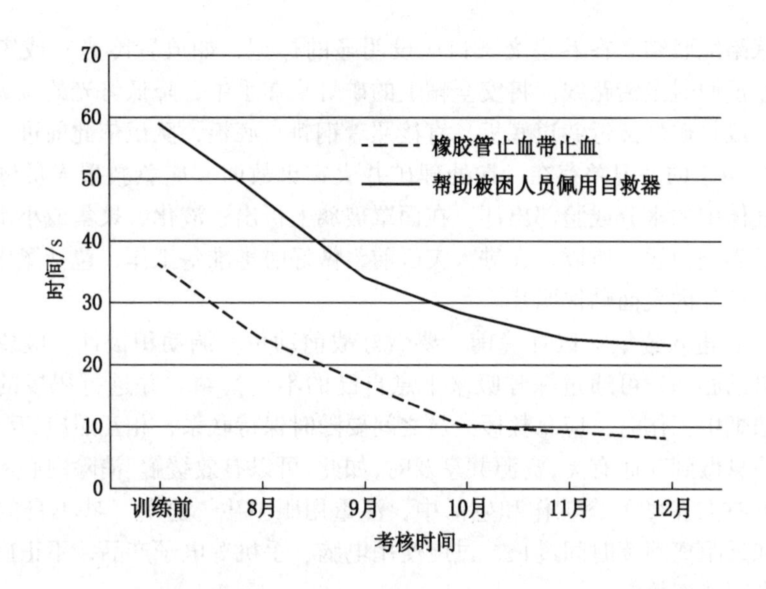

图 3－18　模拟巷道橡胶管止血带止血及帮助被困人员佩用自救器考核成绩曲线图

3. 效果分析

由表 3－2 及图 3－10～图 3－18 可以看出，经过训练，应急救援人员对浓烟的适应性逐渐得到提升。

(1) 应急救援人员闭眼单脚站立、原地踏步时间逐步加长，直线行走偏差缩小，闭眼探察巷道用时缩短，估算距离越来越准确，闭眼跳跃成功率增加。

(2) 遮挡部分视线建风障、建板墙、橡胶管止血带止血及帮助被困人员佩用自救器完成时间逐渐缩短，速度加快。

(3) 井下模拟巷道实战演练中，在浓烟环境下，互换氧气瓶、4 h 正压氧气呼吸器换 2 h 正压氧气呼吸器、佩戴 2 h 正压氧气呼吸器及建风障、建板墙、橡胶管止血带止血、帮助被困人员佩用自救器用时缩短，完成实战总时间由 85 min 缩减到 59 min，表明应急救援人员对浓烟环境的适应性加强。

二、浓烟环境视线的补偿

浓烟环境下救灾，能见度低，可采取视线补偿措施，如使用探险棍、冷光管，做好战前动员以使救援人员保持良好心态等，辅助视觉功能。

(1) 在灾区，因浓烟导致视线不清时，可用探险棍探查前进，救援人员之间要用联络绳联结。在巷道交叉口应设明显的标记，如放置冷光管或灾区强光灯，防止返回时走错路线。将安全帽上的矿灯拿在手中，降低灯光的位置，提高可视性，或将矿灯接近巷道底板，直接照着钢轨、底板，队伍依此前进。

（2）由于内外温差存在，在处理矿井火灾事故时，应急救援人员佩用呼吸器呼出气体中的水分或脸部出汗，在面罩玻璃上析出、液化，聚集成小水珠，就成了雾，影响视线。所以，在进入灾区前，做好防雾准备工作，包括佩用前涂防雾剂、在镜片内表面贴保明片。

（3）在进入浓烟灾区环境前，要做好战前动员，调动积极性。应急救援人员调整自己心态，可通过深呼吸来平息自己的不良情绪，并进行积极的自我暗示。在浓烟中工作时，应急救援人员之间要随时保持联系，相互照应，互相支持，对灾区信息做到互通有无，资源共享及时，如此，可以有效缓解、消除内心的恐惧。

（4）在日常学习、工作和生活中，注重用眼卫生，避免一些不良的用眼习惯，比如近距离阅读时间过长，过度使用电脑、手机等电子产品，不正确的阅读距离或者阅读姿势等。

（5）加强眼部肌肉训练，强化视能力。

① 交替注视。眼球观测 5 m 外的固定距离，再缓慢移动注视 0.3 m 距离的固定点，这种交替远、近注视，可以锻炼睫状肌。

光的穿透性和矿灯光源

② 眼球作上、下、左、右注视，或者做顺时针与逆时针转动锻炼。每次 10 min，可以使眼外肌参与调节，改善眼睛前部供血。

③ 使劲抬起眉毛，抬上去后保持几秒，然后缓慢放下来，休息 2 s，就这样反复抬眉毛，每天坚持。

④ 不停地眨眼睛，持续 30 s，一天可以多眨几次，这样不仅锻炼了眼部肌肉，还可以通过眨眼使角膜保持湿润。

（6）开发浓烟穿透力强的专用矿灯。矿山救援队在浓烟环境中行进或作业时，烟尘中的悬浮颗粒对矿灯光线的散射作用造成光的穿透力的下降，直接导致照明强度的下降，使能见度下降，影响救灾，需使用或开发对浓烟穿透力强的专用矿灯。

第五节　高温环境的适应

矿井火灾救援中，高温是主要威胁之一。矿山救援队需要在日常加强对高温适应性训练，获得热习服；在事故处置时，采取预降温、穿着隔热服及呼吸器安

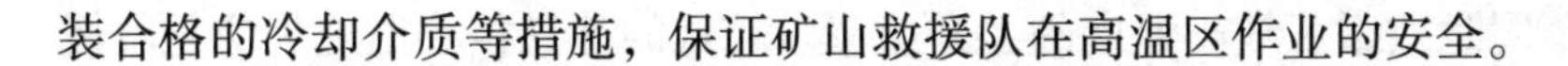

装合格的冷却介质等措施，保证矿山救援队在高温区作业的安全。

一、热习服

热适应也称热习服，即机体在长期反复的热作用下出现一系列适应性反应，表现为机体对热的反射性调节功能逐步完善，各种生理功能达到一个新的水平。通常，可在热环境下进行体能训练来获得热习服。

（一）热习服机制

人体具有强大的自我调节能力，反复的热应激会诱导一系列生理指标的适应性变化，包括血浆容量、皮肤血流量和出汗率的增加，核心温度、皮肤温度、心率和代谢率的降低，以及心血管稳定性的改善等。由于中枢神经系统的变化，出汗发生得更早，核心温度维持得更加稳定。这些适应能力的获得有助于增强耐热性，提高运动表现，维持高温环境下救灾行动能力。

1. 血浆容量和皮肤血流量

在初次急性热暴露时，由于皮肤散热和骨骼肌做功，血浆容量在体内各部位的配给将发生变化，并由于水分大量丢失而呈下降趋势。此时，骨骼肌的血液供应受到限制，运动表现将受到制约。随着热暴露的持续，中心血容量降低，肾血流量减少和血浆渗透压增大等因素将促进醛固酮和抗利尿激素的分泌，并上调液体滞留机制，引起口渴感，以便于恢复血容量。随着热习服的持续进行，血浆容量实现超量恢复，热舒适性随之增强。有研究表明，在短短两天的热习服实验中就观察到了血浆容量的增大。更大的血容量可以同时促进骨骼肌和皮肤循环的血液供应，从而减轻心血管负担，进而增加心血管储备，以支持更高强度和更长时间的高温活动。在安全范围内适当的脱水能够促进血浆容量的增加，从而提高热习服效率，但存在一定的风险。

随着血浆容量的增加，皮肤血管的血流量同时增加。血液流动将热能转移到皮肤上，血流量增大可以加大皮肤与空气的热量交换，同时也会促进汗液的蒸发，有助于提高散热率，维持身体正常体温。

2. 出汗率

低渗液体由遍布整个体表的巨大的外泌汗腺网络分泌，进而通过蒸发实现大量的热量丢失，出汗是机体散热的主要途径。热习服使出汗的核心温度阈值降低，汗腺敏感度升高，皮肤血流量增加，从而促进了机体的出汗反应。同时，汗液电解质含量减少，表现为钠浓度和渗透压降低，这有助于防止低钠血症。

3. 核心温度、皮肤温度和心率

核心温度是衡量中暑风险的重要生理指标，热习服能降低静息核心温度，提

高散热效率，同时减缓了核心温度的上升速率。较低的静息核心温度为应急救援人员提供了更多的时间和空间以适应环境和工作强度，增强了散热能力。核心温度上升速率的减缓表明机体的调节适应能力更强，更能抵御中暑的风险。当核心温度随着热习服降低时，皮肤温度也随之降低，以保持躯干核心到皮肤表层的温度梯度，确保热量由中心向外围顺畅快速的传递。皮肤温度的变化有助于激发行为性体温调节，感知和生理能力的增强有助于延长任务时间，预防中暑。核心温度和皮肤温度的升高都会提高心率，以增加皮肤血流量。在热习服期间，在保证心排血量的同时，核心和皮肤温度获得适应性下降，因而心率减慢。心率降低表明心脏储备量增加，每搏输出量增大，心血管压力减小，这是热习服效益的直观体现。

（二）热习服训练

众多研究和实践证明，在高温环境中定期开展体育训练可以提高机体的热习服能力，以延长其在高温环境中的运动能力。热习服训练包括热忍耐极限标准的确定，热习服训练方法、周期、时长及具体方案的制定、实施及效果评价等过程。

1. 热忍耐极限标准

如何评价在高温环境中人体是否达到忍耐极限，国内评价人体热耐受极限的指标，主要有人体达到热忍耐极限时的主观感觉、失水率、心率、核心温度、肛温、口腔温度、皮肤温度等。在热习服训练时，当达到或超过热忍耐极限标准指标时，要立即停止训练，暂时休息，否则会对人体造成危害或损伤。

（1）主观感觉。应急救援人员在热习服训练时，当有人汇报自己达到忍耐极限，不能继续训练下去时，此时不论其他热忍耐极限值的大小，必须中止热习服训练。在所有热忍耐极限标准中，须以主观感觉为基准。

（2）热忍耐失水率极限值。在高温环境下工作时，人体主要通过蒸发散热，这样就需要不断补水来维持身体水分平衡。这种环境下，热适应的个体一个工作日的出汗量可能达到6～8L。当失水量超过体重的1.5%～2%时，人体的耐热力也开始下降，心律和体温开始上升，工作能力降低，通常将2%的失水量作为安全底线；当失水量超过5%时，将可能导致热病和热危害。因此，在高温、高湿环境下工作时应及时补水。

（3）热忍耐心率极限值。在高温高湿环境下工作时，身体通过加快心律，加速血液循环，将身体各组织中的热量带到皮肤，再利用皮肤与空气的蒸发、对流、辐射作用移除多余的热量。在这个移除热量的过程中心律加速，心脏承受负荷增大，工作能力下降。因此，在高温高湿环境下工作时必须将心律控制在一个安全范围内，确保人体的工作能力，防止因心律过快对人体健康造成危害。对于重体力劳动的人员，无论热忍耐极限时口腔温度是多少，心率应保持在140～160次/min，即热忍耐心率极限值为160次/min。

（4）热忍耐核心温度极限值。核心温度是人体内部的温度，可直接判断人体热平衡状况是否受到破坏。核心温度受人体代谢率的影响，代谢率越高，核心温度就越高。核心温度相对皮肤温度较稳定，在一定范围内保持恒定。人体的核心温度常以口腔温度、耳膜温度、直肠温度、胃温表示，根据实际操作的难易程度及其反映真实核心温度的程度，选取不同方式测量核心温度。当人体进行全身运动时，直肠温度与血液温度近似，因此也可用直肠温度表示核心温度；口腔温度与核心温度的关系为核心温度 $T_{core} = T_{口腔} + 0.3$ ℃，故也可测量口腔温度来表达核心温度。

目前，对核心温度极限值没有共识，世界卫生组织（WHO）建议工作状态下人体口腔温度不能超过37.5 ℃。有研究表明，在热环境中工作，若口腔温度维持在38 ℃以下，人体不会有任何不良反应；也有研究者认为，人体在热环境下，劳动者核心体温的生理上限为38.5 ℃、安全上限为38.9 ℃、耐受上限为39.4 ℃；有试验统计分析，核心温度极限值为38.2 ℃。

2. *热习服对环境的要求*

热习服的环境温度应高于30 ℃。根据相关文献，热习服的最适宜温度为35～40 ℃，相对湿度20%～60%。推荐方法为：温热气候时，可在日间炎热环境中进行热习服训练；温和气候时，可在房间里穿着汗衫进行热习服训练；春秋季节环境温度相对差距较大时，穿着毛衣、绒衣裤，使体表微环境达到湿热标准。无论什么气候条件训练，都要求体感与湿热环境相同才能达到热习服训练对环境的要求。湿度分级：高湿度环境（相对湿度70%～100%），中等湿度环境（相对湿度40%～69%），干热环境（相对湿度为0～39%），热习服训练可以在干热或者中等湿度情况下训练。

3. *训练方法*

热习服训练的方法主要分为特异性热习服训练和非特异性热习服训练。前者是在热环境的反复作用或热环境与体力负荷的共同作用下产生的热习服。热环境可以是自然气候条件下的热环境，也可以是人工（高温浓烟演习巷道）热环境；非特异性热习服训练是通过常温下的体力负荷训练，使体温有一定程度升高，心肺功能有一定程度增强，以此提高机体整体耐热能力而获得的热习服。特异性热习服训练效果可通过主动和被动方法实现，主动热习服训练是在高温环境中进行一定强度的体力负荷训练，被动热习服训练是只在高温环境中暴露但不进行体力负荷训练。主动热习服训练方法常用方法包括体温调节训练、恒定负荷训练和自主调节训练。体温调节训练主要调控人体核心体温，要求训练使核心体温升高到一定幅度，并持续维持一定时间，以达到热习服的目的；恒定负荷训练主要控制训练强度，要求在高温环境下以恒定的训练强度进行训练，从而达到热习服的目的；自主调节训练是训练者自主选择热暴露时间、训练强度和训练时间的方法。

4. 训练周期

热习服训练是指在一定的环境中提高个体对热的耐受性，这个过程是逐步完成的。训练须连续进行 14 d 左右。初步热习服阶段 1 ~ 3 d，主要完成初步热适应，一般以娱乐性训练项目为主，且强度要求不严格，可根据自身耐受性情况随时终止；基本热习服阶段 4 ~ 10 d，要求完成热环境下中等强度训练不发生中暑；完全热习服 10 ~ 14 d，要达到完成高强度训练，且不发生中暑。

当脱离了热环境或停止运动超过 7 d，回到热环境时会再次出现对热的适应能力下降，此现象称为脱习服。热习服作用可维持 1 周，每周应维持 2 ~ 3 次的巩固性训练。脱习服后，重新训练获得热习服，需要的时间明显缩短（7 d 左右）。

如遇需短期内热习服的情况，快速获取热习服可采取高湿热环境下跑 2 km，时间 $<$ 14 min，持续 2 d，第 3 日始在此基础上增加 20 ~ 40 min 体能训练加长跑，7 d 可获得热习服。

5. 训练时长

热习服需要一定时间才能完成，生理反应最早完成的是心血管系统功能改变，7 d 内可见到心率改善及血液容积增加。体温调节能力的增强，出汗量的显著增加，汗液中 Na^+ 含量的减低，通常要 10 d 后才能完善。因此习服训练需反复热刺激，且须一定时间才能完成。一个训练周期（14 d）的气候条件达标时间要在 8 d 以上，不达标时间过多会影响热习服训练效果。要求的训练时长为 1.5 ~ 2.0 h/d，运动时间自短到长，可分次达到，但每次训练时间不能低于 50 min。

6. 训练标准

参照国际通用的运动强度标准，通常以训练时心率水平评估训练强度：心率 120 次/min 以下的运动量为轻度运动量；心率 120 ~ 150 次/min 的运动量为中等运动量；心率 150 ~ 180 次/min 或超过 180 次/min 的为高强度运动。高温高湿环境训练时，会出现散热障碍，导致体内蓄积的热量散出困难，核心体温增高，热习服获得前机体对热打击的耐受性差，会出现组织器官功能损害，因此热习服过程中核心体温超过 38.5 ℃时，暂停训练，待体温恢复后继续训练。训练期间心率及核心体温监测十分重要，要随时监测，发现异常情况及时终止训练，避免发生中暑。

7. 热习服期间的休息与膳食

睡眠是最佳体力恢复方法，热习服训练期间要保持充足睡眠。最佳就寝时间为22:00～23:00时，最佳起床时间为5:30～6:30。睡眠时注意不要躺在空调的出风口和电风扇下，以免患上空调病和热伤风。

当自感口渴时体内已缺水，因此热习服期间应主动饮水。热习服期间需水量明显增加。①饮水：淡盐水（1000 mL 水 +2～4 g 食盐）或榨菜 + 矿泉水；②膳食：增加饮食的含盐量有助于热习服，在此期间确保正常三餐进食，错过正常进餐时间时，应及时补充。

8. 效果评价

机体在热习服后会发生一系列生理改变，包括：增强心血管耐力，增加体温调节能力，运动时皮肤血流量增加，出汗量增加，汗中含盐浓度下降，减低基础代谢率，血液的容积增加，增加热环境自觉舒适度等，这些改变可防止中暑的发生。热习服评价的指标包括生理指标、心理指标和生化指标等。生理指标包含个人口温、心率和核心体温等；心理指标包含热感觉、热舒适性、热应变评分指数和主观体力感觉等级等；生化指标主要是对汗液和血液成分的分析结果。

有些生理改变必须使用特殊设备才能检测得到，国际认可的热耐受性测定：封闭的空间中，温度 40 ℃，相对湿度 40%，做踏车运动 2 h，踏车速度 5 km/h，在此过程中如果核心温度超过 38.5 ℃，心率超过 150 次/min，并持续 3 min 以上，即为热耐受性不良。热耐受性测定用于热习服效果评估及筛查热耐受性差的人群。有研究表明，相同温度及湿度情况下热习服前后核心温度可下降 0.2～0.4 ℃，心率可减少 5～10 次/min。

评估热习服训练效果的金标准是做热耐力检测，即评估热习服训练受训者的热耐力是否达标。可通过对比热习服训练前后早晨清醒后受试者心率是否降低，体温是否降低来评估热习服效果。检测生理应激指数（physiological strain index，PSI）的方法也可用于测定热耐受性，计算方法为：如设定核心温度和心率分别为 39.5 ℃和 180 次/min，则 $PSI_{39.5/180}=5(TC_t-TC_0)/(39.5-TC_0)+5(HR_t-HR_0)/(180-HR_0)$，其中 TC_0 和 HR_0 为运动前的核心温度及心率，TC_t 和 HR_t 为运动时的最高核心温度及最快心率。通常根据运动强度及年龄设定 PSI 标准，经计算得到 PSI 值超过最高标准 PSI 时，即为热耐受性不良。

目前，热习服训练效果评估的简单方法：①情绪稳定，感觉舒适，精神状态好，无食欲减退、失眠、疲乏等不适症状；②在热环境中运动后体力是否恢复快，心率在训练后 10～15 min 是否接近训练前水平；③体温升高幅度下降。

（三）应急救援人员热习服

矿山救援队一般均配备有训练场地与训练设施，有高温浓烟演习巷道或设施，常年开展体能训练，应急救援人员身体素质相比其他行业人员要高，热习服训练条件充足、基础扎实。2016 年 12 月发布的《部队热习服指南》规定，开始训练时要强调监测心率和体温，训练时当心率＞160 次/min 或体温＞38.5 ℃时应终止训练。矿山救援队在火灾事故处置中会遭遇高温等恶劣环境，体能训练要求高，与部队有相似之处，故可结合部队热习服有关参数，确定应急救援人员热习服训练时热忍耐极限标准：主观感觉不能承受、失水率 2%、心率 160 次/min、核心温度 38.5 ℃。考虑到失水率不能连续监测，故将失水率 2% 作为热习服效果检验指标，用电子台秤测量体重，失水率 =（测试前裸重 - 测试后裸重 + 测试中饮水量 - 尿量）/测试前裸重。

1. 热习服训练

鹤煤矿山救护大队有井下高温演习巷道 1 套，地面有周长 280 m 的塑胶跑道及 600 m^2 的室内训练馆，以《部队热习服指南》为指导，根据矿山应急救援人员实际情况，制定主动热习服及被动热习服两套方案并实施，实施时佩戴心率带、华为荣耀手环 6（型号为 ARG - B19）及华汉维数显温度计（型号为 TT22BL - EX），以时时监测心率及核心温度，当训练的应急救援人员主观感觉不能承受、心率超过 160 次/min、核心温度超过 38.5 ℃时，立即中断训练，待不适感消失、心率或者核心温度恢复后方能继续训练。

1）主动热习服方案

第 1 天：

10:00～10:25，单杠 20 个 + 快走 20 min（3 min/圈）；

10:30～10:50，开合跳 80 次/3 组 + 胯下击掌跳 80 次/3 组；

15:50～16:20，单杠 20 个 + 快走 20 min（3 min/圈）；

16:20～16:40，胯下击掌跳 80 次/3 组 + 高抬腿 80 次/3 组。

第 2 天：

10:00～10:25，单杠 20 个 + 快走 20 min（3 min/圈）；

10:30～10:50，抬腿摸脚 80 次/3 组 + 开合跳 80 次/3 组；

15:50～16:20，单杠 20 个 + 快走 25 min（3 min/圈）；

16:20～16:40，跳绳 5 min/3 组。

第 3 天：

10:00～10:25，单杠 20 个 + 快走 20 min（3 min/圈）；

10:30～10:50，爬绳 4 m + 原地跳跃 60 次/3 组 + 折返跑 50 m/2 组；
15:50～16:20，单杠 20 个 + 快走 25 min（3 min/圈）；
16:20～16:40 跑步 20 min（6′30″配速）。
第 4 天：
10:00～10:25，快走 2 圈 +3 km（6′配速）；
10:30～10:50，单杠 20 个 + 跳绳 5 min/3 组；
15:50～16:20，跳绳 5 min/3 组 + 自重深蹲 40 次/3 组；
16:20～16:40，跑步 20 min（6′配速）。
第 5 天：
10:00～10:25，快走 2 圈 +3 km（6′配速）；
10:30～10:50，单杠 20 个 + 跳绳 5 min/3 组；
15:50～16:20，跳绳 5 min/3 组 + 俯卧撑 40 个/3 组；
16:20～16:40，跑步 20 min（6′配速）。
第 6 天：
10:00～10:25，快走 2 圈 +3 km（6′配速）；
10:30～10:50，单杠 15 个 + 跳绳 5 min/3 组；
15:50～16:40 打篮球。
第 7 天：
10:00～10:25，跑前热身 +4 km（6′配速）；
10:30～10:50，跳绳 5 min/3 组 + 仰卧起坐 30 个/2 组；
15:50～16:40，打篮球。
第 8 天：
10:00～10:25，跑前热身 +4 km（6′配速）；
10:30～10:50，跳绳 5 min/3 组；
15:50～16:20，单杠 20 个 + 跳绳 5 min/3 组 + 仰卧起坐 30 个/3 组；
16:20～16:40，跑步 20 min（6′配速）。
第 9 天：
10:00～10:25，跑前热身 +4 km（6′配速）；
10:30～10:50，单杠 20 个 + 跳绳 5 min/3 组；
15:50～16:40，打篮球。
第 10 天：
10:00～10:25，跑前热身 +4 km（6′配速）；
10:30～10:50，单杠 20 个 + 跳绳 5 min/3 组；

15:50~16:40，打篮球。

第11天：

10:00~10:50，跑步50 min（6′30″配速）；

15:50~16:40，佩用氧气呼吸器快走50 min（4 min/圈）。

第12天：

10:00~10:50，跑步50 min（6′30″配速）；

15:50~16:40，佩用氧气呼吸器快走50 min（4 min/圈）。

第13天：

10:00~10:50，跑步50 min（6′30″配速）；

15:50~16:40，佩用氧气呼吸器快走50 min（4 min/圈）。

第14天：

10:00~10:50，跑步50 min（6′30″配速）；

15:50~16:40，佩用氧气呼吸器快走50 min（4 min/圈）。

2）被动热习服方案

在井下模拟巷道体能训练室点火池内点火，使体能训练室内的温度逐步达到40 ℃、45 ℃、50 ℃时进行热习服训练。训练队员身穿战斗服，穿胶靴，佩用氧气呼吸器，戴自救器、矿帽、矿灯等防护用品。

第1天：将体能训练室温度设定在40 ℃，参加热习服训练的应急救援人员进入体能训练室内静坐1 h。

第2天：温度设定在40 ℃，静坐30 min后开始原地踏步30 min。

第3天：温度设定在40 ℃，原地踏步30 min后开始每人锯1片木段。

第4天：温度升高45 ℃，静坐1 h。

第5天：温度设定在45 ℃，静坐30 min后原地踏步30 min。

第6天：温度设定在45 ℃，静坐30 min后原地踏步30 min。

第7天：温度设定在45 ℃，原地踏步30 min后每人锯1片木段。

第8天：温度设定在45 ℃，原地踏步30 min后每人锯1片木段。

第9天：温度设定在45 ℃，原地踏步30 min后每人拉检力器50次。

第10天：温度设定在45 ℃，原地踏步30 min后每人拉检力器50次。

第11天：温度升高到50 ℃，静坐1 h。

第12天：温度设定在50 ℃，静坐30 min后原地踏步30 min。

第13天：温度设定在50 ℃，原地踏步30 min后每人锯1片木段。

第14天：温度设定在50 ℃，原地踏步30 min后每人拉检力器50次。

3）效果检验

鹤煤救护大队应急救援人员82人，依据每人值班、休班情况，分别参加了主动热习服、被动热习服专项训练，在训练周期内，没有应急救援人员出现过主观感觉不能承受、心率超过160次/min或核心温度超过38.5℃的情况。采取简单方法进行热习服训练效果评估，即有无不适症状；在热环境中运动后体力是否恢复快，心率在训练后10~15 min是否接近训练前水平；失水率是否超过2%。

据实际测量训练后数据，参加训练的82名应急救援人员，心率均可在训练结束后15 min内恢复到正常水平，失水率均不超过2%，见表3-3和表3-4，均获得热习服。

表3-3 鹤煤救护大队心率恢复时间统计表

恢复时间/min	<6	6~7	7~8	8~9	9~10	10~11	11~12	12~13	13~14	合计
人数	1	2	3	5	19	24	21	5	2	82

表3-4 鹤煤救护大队失水率统计表

失水率/%	<0.5	0.5~1	1~1.5	1.5~2	>2	合计
人数	14	33	27	8	0	82

2. 防脱习服训练

《矿山救援规程》规定，组织开展日常训练。训练应当包括综合体能、队列操练、心理素质、灾区环境适应性、救援专业技能、救援装备和仪器操作、现场急救、应急救援演练等主要内容。中队应当每季度至少开展1次应急救援演练和高温浓烟训练，内容包括闻警出动、救援准备、灾区探察、事故处置、抢救遇险人员和高温浓烟环境作业等；小队应当每月至少开展1次佩用氧气呼吸器的单项训练，每次训练时间不少于3 h。矿山救援队按此规定训练，即可防止脱习服。轮休或请假休息期间，不参加队内训练者，每3~4天须30 min内完成跑步5 km训练1次。

3. 极限耐热训练

为了进一步提升应急救援人员在高温环境下的耐热能力，突破个人常规热习服状态，满足极端恶劣条件下的抢险救灾需要，鹤煤救护大队进行了一系列科学试验，以探讨、提升身体极限耐热水平。为了保证极限耐热训练时的安全，训练时时刻监测心率、核心温度，当主观感受无法忍耐、心率达到个人极限心率

(220－年龄)的95%、核心温度≥38.5 ℃三者之一时，立即降低训练强度或撤出高温室，待心率和核心温度恢复后继续训练。

1）主动极限耐热训练方案

第1天：

10:00～10:30 原地高频率小步跑2 min/3组＋跑步3 km（14 min完成）；

10:30～10:50 抬腿摸脚80次/三组＋原地跳跃100次/3组；

15:50～16:40 跑步50 min（配速6′）。

第2天：

10:00～10:30 原地高频率小步跑2 min/五组＋50 m折返跑/5组；

10:30～10:50 抬腿摸脚80次/3组＋原地跳跃100次/3组；

15:50～16:20 跑步5 km（第5 km配速4分50秒）。

16:20～16:40 跳跃深蹲80次/3组＋提膝旋转100次/3组。

第3天：

10:00～10:30 跑步5 km（第5 km配速4分50秒）；

10:30～10:50 跳跃深蹲80次/3组＋100 m冲刺/5组；

15:50～16:40 跑步50 min（配速6分）。

第4天：

9:00～10:30 跑前热身15 min＋10 km（配速6分30秒）。

第5天：

9:00～10:30 跑前热身15 min＋10 km（配速6分30秒）。

第6天：

9:00～10:30 跑前热身5 min＋3 km慢跑＋400 m间歇跑（全速、每组休息2 min)/12组＋跑后拉伸。

第7天：

9:00～10:30 跑前热身5 min＋3 km慢跑＋400 m间歇跑（全速、每组休息2 min)/12组＋跑后拉伸。

第8天：

9:00～10:30 跑前热身5 min＋3 km慢跑＋400 m间歇跑（全速、每组休息2 min)/12组＋跑后拉伸。

第9天：

9:00～10:30 跑前热身5 min＋3 km慢跑＋800 m间歇跑（全速、每组休息2 min)/10组＋跑后拉伸。

第10天：

9:00~10:30 跑前热身 5 min+3 km 慢跑+800 m 间歇跑（全速、每组休息 2 min)/10 组+跑后拉伸。

2）高温硐室极限耐热训练方案

在井下模拟巷道体能训练室点火池内点火，墙壁四周悬挂 4 支温度传感器（温度传感器悬挂在墙壁上距墙 0.5 m、距底板 1.2 m 的位置），取平均温度，由专人控制火势大小，保证温度在 55 ℃和 60 ℃左右。当温度逐步达到 55 ℃时进行极限耐热训练 1 h，60 ℃时进行极限耐热训练 30 min。在进行极限耐热训练时，应急救援人员穿战斗服、胶靴，佩用氧气呼吸器、戴自救器、矿帽、矿灯等防护用品，身心保持放松状态。

第 1 天：温度设定 55 ℃，静坐 1 h。

第 2 天：温度设定 55 ℃，静坐 30 min 后原地踏步 30 min。

第 3 天：温度设定 55 ℃，原地踏步 30 min 后每人锯木断 1 片。

第 4 天：温度设定 55 ℃，1 h 内每人锯木断两片、拉检力器 80 次。

第 5 天：温度设定 55 ℃，1 h 内每人锯木断 1 片、拉检力器 80 次/两组。

第 6 天：温度设定 60 ℃，静坐 30 min。

第 7 天：温度设定 60 ℃，静坐 15 min，站立 15 min。

第 8 天：温度设定 60 ℃，站立 30 min。

第 9 天：温度设定 60 ℃，站立 20 min，原地踏步 10 min。

第 10 天：温度设定 60 ℃，站立 15 min，原地踏步 15 min。

3）效果检验

鹤煤救护大队应急救援人员有 79 人参加了极限耐热训练。参加检验的应急救援人员配用氧气呼吸器、戴自救器、矿帽、矿灯等防护用品，分组进入 60 ℃的井下模拟巷道体能训练室，除躺卧外姿势不限。以主观感受、心率与核心温度为判定指标，考核时主观感受无法忍耐、心率达到个人 95% 极限心率或核心温度＞38.5 ℃三项指标任一值达到时立即停止检验、撤出，并记录每人撤出时间。为了保证安全，防止对身体造成危害，个人最长检验时间不超过 1.5 h。检验结果见表 3－5。

表 3－5 鹤煤救护大队极限耐热训练效果检验情况表

检验时长/min	56	58	61	66	74	85	90
撤出人数	1	1	1	1	1	1	73
原因	无法忍耐	无法忍耐	心率达到 95% 极限心率	无法忍耐	无法忍耐	心率达到 95% 极限心率	检验结束

分析提前撤出的6人情况：有3人年龄超过50岁，这3人中1人因心率超个人95%极限心率，2人因主观感受无法忍耐。50岁及以上队员，平时体质考核标准低，按照《矿山救援队标准化考核规范》中的标准（引体向上连续8次，30 kg举重10次，跳高1.1 m，跳远3.5 m，爬绳3.5 m，哑铃上中下各20次，负重40 kg蹲起15次，10 min跑步2 km）达到即可，不参加鹤煤救护大队月考时的体质项目竞争机制。提前撤出的另外3人中，1人肥胖，体重指数达到29.8，因心率超个人95%极限心率撤出，2人为科室人员，平时锻炼少，主观感受无法忍耐而撤出。经统计撤出6人的核心温度，均小于38.5 ℃，测量失水率，均小于2%，说明经过专项极限耐热训练，耐热能力有所提升。

耐热达到90 min的73人，他们按鹤煤救护大队工作安排，早上跑步2 km，上午训练体能，下午跑步5 km，所有体质项目成绩均远远超过《矿山救援队标准化考核规范》中的标准，又经过了专项极限耐热训练，故耐热能力强。

由此可以看出，极限耐热与平时体质锻炼有密切关系，年纪轻、体能好，耐热能力强。

二、对高温的补偿

（1）矿山救援队应装备车载冰箱，将呼吸器冷却介质贮存在冰箱中，出动途中装配上呼吸器，以保证其降温效果；在佩用呼吸器救灾过程中，如果吸气温度高，定期按压手动补气阀，以排除气囊中高温气体；应急救援人员要统一穿着纯棉战斗服、体能服，避免穿不透气衣服。

（2）采取补水补盐，可以有效减少热蓄积，避免发生热损伤。饮用含盐饮料可以不断补充水和电解质，补液可在工作前、中、后进行，应遵循少量多次的原则。

（3）受到热伤害的应急救援人员，应迅速使其脱离高温环境，将其抬到通风、阴凉、干爽的地方，使其仰卧并解开衣扣，松开或脱去衣服。

（4）避免手等部位皮肤直接接触救援装备、设备金属表面，防止因金属表面温度过高而致皮肤灼伤。

（5）严格执行《矿山救援规程》在高温、浓烟环境下开展救援工作方面的规定：井下巷道内温度超过30 ℃的，控制佩用氧气呼吸器持续作业时间；温度超过40 ℃的，不得佩用氧气呼吸器作业，抢救人员时，当巷道内温度为40 ℃、45 ℃、50 ℃、55 ℃和60 ℃时，应急救援人员在高温巷道持续作业时间分别不得超过25 min、20 min、15 min、10 min和5 min。高温巷道内空气升温梯度达到0.5～1 ℃/min时，小队应撤出，返回井下基地。

（6）在进入高温灾区环境前，应急救援指挥员要做好战前动员，调动积极性。应急救援人员调整好自己心态，可进行深呼吸平息自己的不良情绪，并进行积极的自我暗示。

三、预降温

通过在训练前或训练中人为进行局部或全身的冷刺激（即预降温），能够有效降低机体的核心温度和体表温度，预防中暑和提高高温环境下的身体功能。

1. 作用

（1）预降温在缓解运动后心率升高幅度、降低出汗率方面效果显著，预降温有助于减轻运动中心脏负荷，延长最大心率到达时间，减缓汗液流失率，有助于提升训练成绩。

（2）预降温对减缓体温升高、预防中暑发生、提升运动表现等效果显著。

2. 预降温方法

预降温可采取冷水浸泡、冰袋、降温背心、降温套袖、暴露在冷空气中和摄入冰饮等措施，降温部位包括全身、头颈部、上肢等。

（1）高温环境下运动前和运动中摄入冰饮是降低热应激、提高耐力的首选且有效的方法。

（2）头颈部降温。因为颈部位于体温调节中枢附近，主导全身的温度感觉，在颈部和头部进行适度降温可表现出较任何其他部位高 2 ~5 倍的温度敏感度。

四、穿着防热服

2004 年 11 月 20 日，河北省沙河市李生文联办矿发生特别重大火灾事故，在联办一矿井下灭火时，烟雾大，能见度为零，温度高，最高达 97 ℃，无法接近火源点。后来，鹤壁煤业公司救护大队应急救援人员穿着铝箔隔热服，向着火盲井接水龙带实施灭火，救出遇难矿工 8 名。防热服是适用于暴露在高温环境下使用的防护服，由柔韧的面料制成，包括同样面料的头罩和靴套，但是不包括其他头部、手部和足部防护用品。防热服应具有隔热、阻燃、牢固的性能，且透气，穿着舒适，便于穿脱。防热服有非调节的热防护服和可调节的降温防护服两种，热防护服以具有良好反射特性的铝箔隔热服为代表，降温防护服分为气体冷却降温防护服、液体冷却降温防护服、相变材料冷却降温防护服及半导体降温服 4 种。

（一）热防护服

1. 原理

热防护服的防护原理：降低热转移速度，使外界的高热缓慢而少量转移至皮肤。

2. 性能要求

（1）阻燃性。阻燃性是指织物遇到高温或火焰时难燃或不燃；织物着火时能遏制燃烧蔓延，且火源一旦撤离即能自行熄灭。

（2）隔热性。隔热性是指热防护服必须具备较好地减缓和阻止热量向服装内部转移的性能，避免热源对人体造成伤害。在热防护服的实际使用中，大多数使用者并不直接接触火焰，外界热量以热对流、热辐射和热传导至人体，对人体造成伤害。因此，使用具有良好隔热性的热防护服，可以在外界高温和人体之间为使用者提供一道保护屏障，使外界热量难以通过服装，从而保证使用者在高温环境中能安全工作。热防护服的隔热性，不仅与热防护服纤维原料的导热性有关，更与服装的设计、服装面料衬料、里料的结构有很大关系。

（3）完整性。完整性是指热防护服在高温条件能够保持织物原有的外观形态，内在质量不降低，不发生收缩、熔融和脆性炭化的性能。不具备完整性的热防护服织物会裂开，使人体直接暴露于热源下；织物熔融产生的熔滴也会直接烫伤皮肤。所以，完整性是保证热防护服具有良好热防护性的重要性能指标。

（4）防液体透过性。防液体透过性指热防护服阻止水、油或其他液体透过服装的性能。高温水、油、溶剂或其他液体可以经由织物内孔隙、服装接缝处针孔等达到人体皮肤，造成伤害。热防护服液体透过性能与服装用纤维材料性质、织物结构及服装结构有关。

除上述必备性能外，热防护织物也应具有必要的拉伸强度、撕破强度、耐磨性、染色牢度和耐洗性等常规性能。

3. 分类

（1）阻燃防热服。阻燃防热服用经阻燃剂处理的棉布制成，不仅保持了天然棉布的舒适、耐用和耐洗性，而且不会聚集静电；在直接接触火焰或炽热物体后，能延缓火焰蔓延，使衣物炭化形成隔离层，不仅有隔热作用，而且不致由于衣料燃烧或暗燃而产生继发性灾害；适用于明火、散发火花或熔融金属附近以及易燃物质有发火危险的场所工作时穿着。

（2）铝箔防热服。铝箔防热服能反射绝大部分热辐射而起到隔热作用，缺点是透气性差。可在防热服内穿一件由细小竹段或芦苇编制的帘子背心，以利通风透气和增强汗液蒸发。使用这类防热服，必须注意保持其光亮表面的洁净，使用后立即用软布或软刷子蘸肥皂水刷洗，然后用清水漂净，存放时尽量避免折叠、重压，否则将失去反射热射线的效能。

（3）白帆布防热服。一定厚度的白帆布具有隔热、反射辐射热，容易将飞溅的火星和熔融物弹掉，以及耐磨、断裂强度大和透气性好等性能，因此可作为一般隔热服装的材料。白帆布服装应注意防潮，受潮后会泛黄。白帆布防热服穿用后应洗净，尽量保持白色，以免降低反射功能。存放时应避免与易燃液体接触，防止吸收易燃液体后进入高温地区发生危险。白帆布防热服经济耐用，但防热辐射性能差。

（4）克纶布工作服。克纶布工作服用本酚醛纤维织物制作，耐高温，其特点是在火焰中很少燃烧，不熔化，仅呈炭化状但仍保持原形，失重35%～40%，仍有较好耐腐蚀性能。缺点是强度低、加工织物困难，可长期耐150 ℃，短期可耐2000 ℃以下高温。

（5）新型热防护服。由新型高技术耐热纤维如Nomex、PBI、Kermel、P84、预氧化Pan纤维以及经防火后整理的棉和混纺纤维制成。如新型的消防防护服外层通常是Nomex、Kevlar或Kevlar/PBI材料混纺机织成面密度254.6 g/m^{2}的斜纹布，具防火保护和耐磨性能，外层下面有聚四氟乙烯涂层的防水层，防止水进入和在服装内部产生水蒸气，以免产生热压；防水层下面为一层衬里，可以增加静止空气含量，提高热绝缘性，通常采用的材料是Nomex针刺毡或高蓬松材料。

（二）降温防护服

降温防护服是一种广泛应用于各种高温环境下的个体降温防护装备，在热环境中穿着降温防护服时，强制加大人体的散热，降低人体的热负荷、中心温度、皮肤温度、心率和出汗量，从而增加人体在热环境中的工作时间，减少需水量，提高大脑清醒度并保持正常人体行为表现。

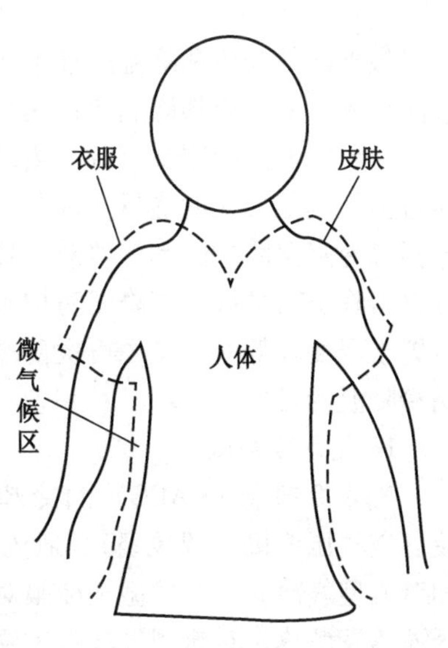

图3－19　人体微气候区示意图

如图3－19所示，在人体的皮肤层和着装之间存在狭小的空间，即人体微气候区。人体微气候是人体微气候区的温度、湿度、气流速度的总称。人体微气候与人体的舒适性密切相关，原田隆司博士根据相关文献绘制了人体衣服内微气候区的温湿度与人体热舒适感的关系曲线（图3-20），得到了人体微气候区的热舒适范围：温度32 ℃ ±1 ℃、相对湿度50% ±10% 。在高温环境中，降温服通过制冷降温装置，对微气候区进行降温，带走热量，维持人体热量平衡。

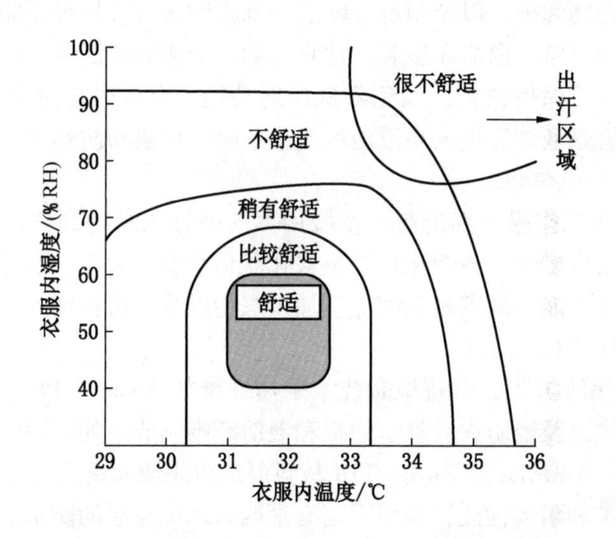

图3-20 人体微气候热舒适性范围示意图

根据冷却介质和降温原理不同，可以将降温防护服划分为3类：气体冷却降温防护服、液体冷却降温防护服和相变材料冷却降温防护服。根据不同的冷源供给方法，降温防护服又可分为主动型的降温防护服和被动型的降温防护服。前者通过消耗其他形式的能量实现制冷降温的目的，能够实现长时间持续制冷，主要包括气冷降温防护服和一些液冷降温防护服；而后者主要采取蓄冷的方式，如相变材料降温防护服，当降温防护服内部的蓄冷量到一定限度后，就需要将降温材料置于温度较低的环境中再次蓄冷，因此得到的制冷量有限，只能实现短时间内制冷降温的目的。

1. 气体冷却服

气体冷却服（CACG）的冷却介质是环境空气或压缩空气，主要由基础服装、空气压缩机（或风扇）、通风管等组成。按冷却降温原理分为蒸发型气冷服和对流型气冷服。蒸发型气冷服对通风温度没有要求，主要利用水汽压梯度促进汗液蒸发散热。对流型气冷服主要通过通风气流带走热量，要求通风气体温度低于平均皮肤温度，需要对通风进行预冷。气体冷却服气源有移动式和固定式两种。对于移动式，由空气压缩机供风，独立于服装之外，它们之间靠管道连接；对于固定式，小型风扇固定于气体冷却服内，穿着者可以自由活动，依靠电池供应能量。

1）移动式气体冷却服

按冷气吹向人体表面的形式，移动式气体冷却服主要分两种类型：一种是管道式，另一种是服装透过式。

（1）管道式气体冷却服（图3－21）就是首先由空气压缩机将空气预冷，再经过涡流管将预冷空气通过分布在全身的管道系统排入服装内部，以对流和蒸发形式冷却人体，包括全身性气体冷却服和局部性气体冷却服。全身性气体冷却服是冷空气对整个人体进行散热降温。这种气体冷却服一般要在着装者的面部装一个防风罩，以保证人在较大气流下呼吸顺畅。局部性气体冷却服是通过一根单管或树状管将预冷空气排入服装内部，对不包括头部在内的躯干和四肢部位进行散热降温。对于非气密性的冷却服，完成冷却作用的空气从织物中的孔隙及衣服领口、袖口、裤脚处排出；而对于气密性冷却服，则需要一个专门的排气阀将循环后的空气排出体外。

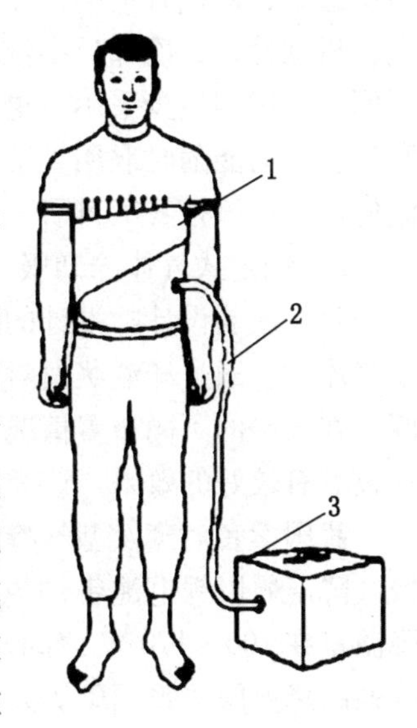

1—基础服装；2—通风管；3—空气压缩机

图3－21 管道式气体冷却服

（2）服装透过式气体冷却服是在基础服装的前胸和后背各设置一个气囊，在接触皮肤的一面设有均匀分布的小孔，压缩机将预冷空气压入气囊，气流从小孔吹向皮肤，携带身体热量的气流最后由领口、袖口等开口处排出。

气体冷却服的冷却作用：一是流动的冷空气增强了体表汗液的蒸发，汗液汽化吸热，与人体进行潜热热交换，降低人体体表温度，这是气体冷却服主要的冷却形式；二是冷气在服装内部形成空气对流，与人体进行显热热交换，以达到降温的目的。

影响气体冷却服冷却效率的因素主要有空气温度、湿度、流率、与人体进行热交换的有效面积等。一般情况下，排入空气的温度控制在28 ℃左右；空气湿度不宜过大，过大的空气湿度会影响散热效率；空气流速越大，冷却效果越好，但空气的流速要受到呼吸和动力装置的限制。另外，过大的空气流速会使服装产生正压，出现令人不舒适的气流和噪声，还会使冷却服过分膨胀，对着装者的行动造成不便。

气体冷却服重量较轻，致冷效果好。但活动时易受到送气管长度的限制，致拖曳过重；佩戴者集中操作时，易互相干扰，使用者行动不便；制冷系统过于庞大，机动性差，冷却效率依赖于排汗量的多少，在没有排汗的情况下，冷却效果不明显，国内极少采用，更不适合矿山救援队救灾时使用。煤矿井下，压风管道密集，如何能随时取用管道中的压气，配合气体冷却服供矿山救援队抢险救灾降温使用，应该是我国科研人员研发的方向。

2）固定式气体冷却服

日本服装设计师设计的降温服，通过在上衣中布置的小风扇，在衣服里制造空气流动，通过汗液蒸发对人体降温。Mengmeng Zhao 针对风扇强制鼓风型降温服，在风扇的不同布置情况下进行了降温性能实验，结果表明风扇布置在脊柱和后腰具有较好的效果。该类降温服属蒸发型气冷服。

我国学者对蒸发型气冷服进行了研究。韩兴旺等人研制的换气式降温服，该换气降温服以锂电池带动风扇，暖体假人 Walter 降温性能实验测定该降温服的降温量在 100 ~ 170 W 之间。中国科学院理化研究所刘静等提出的基于微型风扇阵列的降温服。曾颜彰等人对该降温服作用下的人体散热模型采用 Monte – Carlo 算法进行体表温度模拟计算，并对其进行了实验验证。河南理工大学盛伟等人提出了一种无电自压缩式降温服，依靠人体走路时双脚产生的压力为动力源。与其他降温服相比，无电自压缩式降温服无须动力装置，不受空间和时间限制，尤其满足矿井等特殊场合的使用。

2. 液体冷却服

1）结构

液体冷却服（LCG）的冷却介质主要有水、冰水混合物、水与乙烯基乙二醇组成的低于零度的冷冻液、液体相变材料等。根据实际使用的需要，液冷服可分为液冷头盔、液冷背心和全身式液冷服。全身式液冷服又分为片式液冷服、单管回转式液冷服和多管路直通式液冷服。

多管路直通式液冷服主要由基础服装、聚氯乙烯换热管路网、液体进出口管、制冷装置、泵、电子流率控制装置及一件薄尼龙绸舒适衬里等组成。人体首先穿一件薄的纯棉内衣，内衣外为液冷服，人体皮肤并不直接接触换热管路网，这样可提高液冷服穿着的舒适性。基础服装为紧身服形式，以保证液冷服与人体皮肤之间的良好换热。换热管路材料为聚氯乙烯管，通常缝在基础服装上，分布在人体除头、颈、手及足以外的部位，总长约 91 m。液体冷却服的致冷装置有移动式和固定式两种。对于移动式，致冷装置和水泵均独立于服装之外，它们之间靠管道连接，就好像中间有一条“脐带”。对于固定式，研究人员将致冷装置和水泵等置于一个小型背包内，固定于液冷服背部，使穿着者可以自由活动，依靠电池供应能量。其原理是利用在管路中流动的冷却液与人体接触换热，以防止人体过热。进口温度可以通过调节冷却液的流速来控制，主要由电子流率控制装置来完成。

2）降温原理

影响液体冷却服冷却效率的因素主要有进口温度、冷却液流率、管长、管径、换热管路网与人体皮肤接触的有效面积等。研究表明，增加管长（即高密度排管）可以提高液冷服的散热效率，但管长增加到一定程度时，散热量及散热效率并不明显增加，目前较为合理的管长为 90 ~ 110 m。散热效率受进口温度影响较大，进口温度越低，散热效率越高，但进口温度要受到人体所能承受的最低温度的限制，一般的选择范围为 5 ~ 25 ℃。散热效率随冷却液流率的增加而增加，流率过小，冷却效果不明显，而过大的液体流率又为管道结构、管道强度及泵压力等所不容许。液体流率的合理选择范围为 60 ~ 120 kg/h。

3）优缺点

液体冷却服的优点：冷却效果显著，能有效处理人体产生的大量代谢热，平均散热量可达 625 kcal/h；通过调整冷却液进口温度或流速，可以控制液冷服的温度，以适合不同穿着的要求。其缺点：存在冷却液泄漏问题；对于移动式致冷装置液冷服来说，其管道长度限制了着装者的自由活动范围；而对于固定式液冷装置的液冷服来说，虽然穿着者的活动范围不受限制，但背包却给人体增加了负重，加上水箱大小有限，也缩短了有效致冷时间；最大冷却功率出现在着装初期，造成初期皮肤温度下降过快过大，出现冷凝水现象，导致人体产生不适感。

3. 相变冷却服

1）结构与原理

相变冷却服（PCCG）又称为被动型冷却服。根据冷却介质的不同，相变冷却服可分为冰冷却服、干冰冷却服、凝胶冷却服、相变材料冷却服、微胶囊相变材料冷却服等。相变冷却服（图 3 – 22）通常把服装设计成类似于防弹衣的铠甲形式，在服装的前片和后片并排布置多个用于装降温袋的口袋。使用前需要

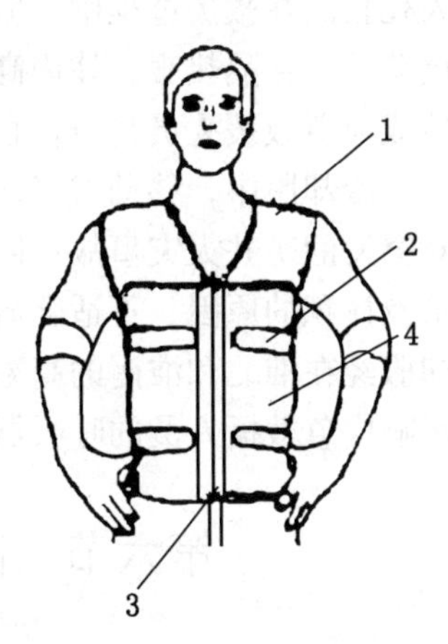

1—基础服装；2—尼龙搭扣；3—拉锁；4—装降温袋的口袋

图 3 – 22　相变冷却服

将降温袋预先置于冷环境下进行储能，待使用时取出装进服装上的口袋里。当降温袋的能量释放到一定程度后，必须重新置于冷环境下储能。被动型冷却服的冷却作用时间主要取决于冷却介质本身，如冰块完全溶化成水，干冰完全升华成二氧化碳，相变材料完全从固态变为液态等。一般情况下，冷却作用时间为 2 ~4 h。

2）优缺点

相变冷却服的优点：服装设计简单，穿脱方便；冷却效果好，不需要额外的致冷装置。其缺点在于有效工作时间短，不可以直接使用，需要按时更换降温袋；重量较重，透气性差，还存在泄漏问题。对于干冰冷却服来讲，还存在过冷现象，常温下干冰的升华温度为 -78.5 ℃，会对人体造成伤害。

4. 半导体降温服

半导体降温服采用新型功能性材料，通电后经过冷端吸收热量来降低人体周围的温度。2016 年，西安科技大学文虎等人发明了一种矿用半导体制冷降温防护服，其制冷时间较长，而且绿色无污染，但是它组装困难，制冷效果也有很大的局限。

（三）防热服的适用

隔热服能反射绝大部分热辐射而起到隔热作用，穿戴后也不影响呼吸器的佩戴，但透气性差，在长时间高温作业时，矿山应急救援人员体内热量散发不出去，易造成热伤害。2011 年 7 月 6 日 18 时 45 分，枣庄防备煤矿有限公司 2 煤 431 运输下山底部 -250 m 车场处因空气压缩机着火引发重大火灾事故，造成 28 人死亡。在救援过程中，应急救援人员进入高温区探察搜救遇险矿工时，3 名救援队员身穿隔热服，体内高温散发不出，因高温中暑引起热痉挛，导致热衰竭，造成应急救援人员自身伤亡事故。

冷却服中，移动式气体冷却服及液体冷却服需事先安装设备、管线，不能应对突发的矿井火灾事故；固定式气体冷却服、液体冷却服及半导体降温服，因自重及体积的原因，不适合肩负重达 15 kg 左右呼吸器的应急救援人员使用；冰冷却服经在淮北和淮南的高温煤矿井下着装试验，降温效果良好，且穿着方便，不影响应急救援人员的呼吸器佩戴。

第六节　高温与浓烟环境下的综合训练

矿山救援队分别经过高温、浓烟适应性训练，达到预期的效果后，为更贴近矿井火灾实情，需进行高温与浓烟环境下的综合训练，以适应复杂多变的灾区环境。

一、综合训练方案

1. 场地设置

演练场地设置在鹤煤救护大队井下模拟巷道内，如图 3－23 所示，模拟巷道由入口、东立井、南立井、回风井及功能性巷道组成，其中入口作为进风与行人使用，东立井与南立井仅作为进风井使用，回风井口安设 1 台中高速 600－4P 管道式排风扇用于通风，功能性巷道由小巷、体能训练室、仪器训练室、水仓及联通巷道组成。火源位置设在体能训练室。井下模拟巷道内共设置 7 处温度及烟雾测试点，综合训练时，在体能训练室点火池内点火升温，并利用烟雾罐释放黑烟，在排风扇开启的情况下，点火 1 h 后，各测试点温度及烟雾情况见表 3－6。

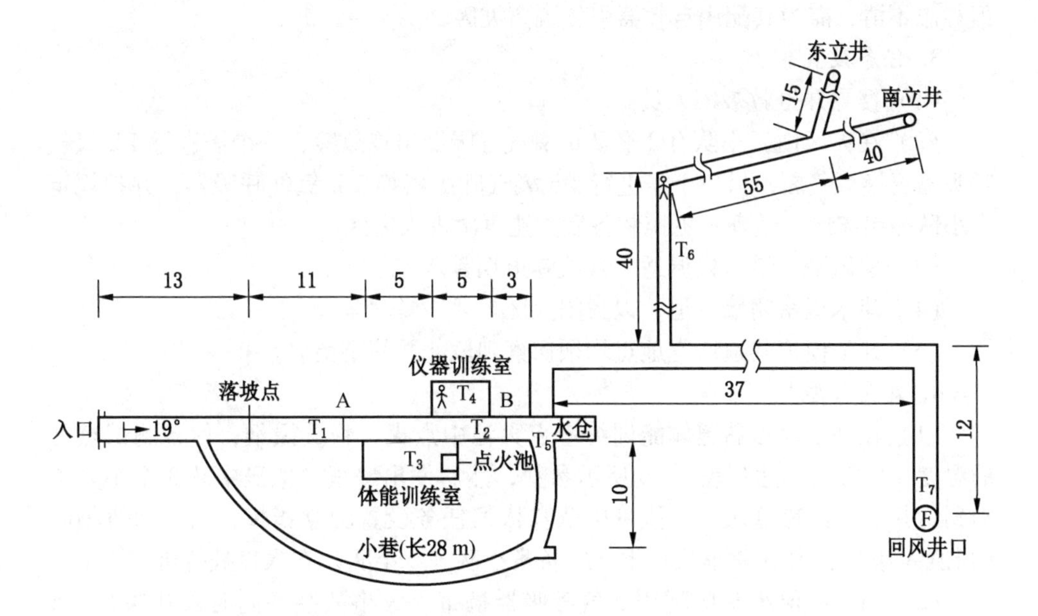

图 3－23　鹤煤救护大队井下模拟巷道示意图（单位：m）

表 3－6　测试点温度及烟雾情况表

测点	T1	T2	T3	T4	T5	T6	T7
位置	落坡点向里 5 m 处	四岔口与仪器训练室之间，距四岔口 3 m 处	体能训练室内	仪器训练室内	三岔口处	三岔口往南立井方向 20 m 处	回风井底

表3-6（续）

测点	T1	T2	T3	T4	T5	T6	T7
温度/℃	40	59	100	51	54	20	45
能见度/m	3~4	0.5	1~2	0.5	0.5~1	>10	0.5~1

2. 情景设置

在井下模拟巷道体能训练室中点火、释放黑烟，模拟矿井火灾；设置两名人员被困，一人在仪器训练室内，昏迷且左小腿内侧大出血，需为其配用2 h氧气呼吸器及止血；另一人在三岔口往南立井方向40 m巷道拐弯处，能自由行动，但神志不清，需为其配用自救器引领脱离灾区。

3. 任务设置

（1）搜寻并抢救被困人员。

（2）在灾区内，小队有2名队员氧气呼吸器出现故障，一个需进行4 h氧气呼吸器更换氧气瓶，另一个需进行4 h氧气呼吸器换2 h氧气呼吸器，并按规定全小队撤出灾区，整理、更换装备后方能再次进入灾区。

（3）建风障一道，以调适、减淡巷道烟雾。

（4）建木板密闭墙一道，以封闭火区。

（5）井下模拟巷道所有地点均须探察到位，并签字留名。

4. 处置程序

（1）在井下模拟巷道体能训练室点火池中点火，释放黑烟，使各测试点处的温度、烟雾情况达到表3-6所示参数，然后发出警报。值班中队3个小队出动到达井下模拟巷道入口，值班中队长依据任务设置独立指挥，当、副值小队（当值A小队、副值B小队）下井，备班小队（C小队）在入口处待机。

（2）当、副值小队应配用氧气呼吸器携带火灾事故装备同时入井探察。A小队径直向体能训练室方向进行探察，B小队沿小巷向水仓方向探察。A小队应探察体能训练室与仪器训练室，发现火源点，救助被困人员，立即为其佩用2 h氧气呼吸器并对大出血位置进行止血，并由A队负责抬出至地面。B队由三岔口继续向东立井、南立井方向探察。A队返回灾区后，向回风井方向探察。

（3）B队在三岔口往南立井方向40 m巷道拐弯处发现1名被困人员，为其佩用上自救器。因烟雾大，A、B两小队在四岔口与仪器训练室之间（即*B*处）建风障一道，以减淡浓烟、降低温度，便于被困人员撤离。建风障期间，需各进行1次4 h氧气呼吸器更换氧气瓶、4 h氧气呼吸器换2 h氧气呼吸器，全小队撤至地面整理好装备，方能再次入井继续建风障。风障建好后，引领被困人员至地面。

（4）继续完成探察井下模拟巷道所有地点，并签字留名。

（5）在落坡点与体能训练室之间（即 *A* 处）建木板密闭一道，封闭火区，任务结束。

5. *有关要求*

（1）所有参战应急救援人员，佩戴华为荣耀手环6（型号为 ARG－B19）及华汉维数显温度计（型号为 TT22BL－EX），时刻监测心率及口腔温度，如感觉不适或心率超过自己极限心率的95%，即心率大于(220－年龄)×95%，应该立即撤出至地面。

（2）战训科分别委派1人跟随每小队督导，随时查看救灾情况，并监护小队队员身体状况，发现违章或队员身体有异常的，要采取相应措施，如制止或要求全小队撤出灾区，并记录其心率、口腔温度及环境参数。

（3）任务结束半小时后，每名参战应急救援人员导出心率曲线，查看在救灾结束后10～15 min，心率是否恢复到之前心率。

二、综合训练方案实施

鹤煤救护大队有3个中队，每中队有3个小队，在进行高温与浓烟环境下的综合训练时，以中队为单位，按设置的情景、任务及要求，开展模拟救灾训练。

三、综合训练效果分析

鹤煤救护大队3个中队在综合训练时全过程无人有不适感，或心率超限、核心温度超限情况，所有项目均能按要求顺利完成。鹤煤救护大队综合训练情况见表3－7。

表3－7　综合训练情况表

训　练　项　目	一中队	二中队	三中队
互换氧气瓶/s	51	53	49
4 h 呼吸器换 2 h 呼吸器/s	31	29	32
佩戴 2 h 呼吸器/s	25	21	27
建风障/s	450	467	472

表 3-7（续）

训　练　项　目	一中队	二中队	三中队
建板墙/s	651	620	642
橡胶管止血带止血/s	11	9	12
帮助被困人员佩用自救器/s	31	29	34
总时间/min	98	102	92

（1）对比单纯浓烟环境下的训练，高温与浓烟环境下的综合训练成绩稍有下降，受高温影响，劳动效率下降。

（2）分析、对比 3 个中队单项成绩及训练总时间相差不大，说明经过浓烟适应和热习服后，3 个中队在综合训练时达到预期效果，同步适应了高温与浓烟环境。

（3）在综合训练过程中，因无瓦斯爆炸的危险，与实际矿井火灾时的环境有一定差距，矿山应急救援人员还需在实战中提升自己。

第七节　高温与浓烟环境下的实战锻炼

百练不如一战，无论怎样去模拟矿井火灾事故，情景如何逼真，温度、浓烟、气体设置和真实情况多么接近一致，但应急救援人员心理压力与真实火灾时承受的心理压力还是不一样，所以矿山救援队要利用一切实战机会，统筹安排救援力量，使所有应急救援人员真实体验实际矿井火灾时高温与浓烟的刺激，接受高温与浓烟的洗礼，承受瓦斯爆炸危险的威胁，不断提升对高温与浓烟的适应能力，积累、丰富高温与浓烟环境下的救灾经验。

一、三矿火灾事故

2017 年 9 月 16 日，鹤壁煤业公司三矿 41 采区轨道上山下部车场掘进工作面发生瓦斯燃烧火灾，掘进工作面迎头多处钻孔向外喷火，火焰 1 m 多高，断面全部被火苗覆盖，可见被烧红的矸石，掘进工作面通风正常，掘进头回风流中，CH_4 浓度为 0.25%、CO 浓度为 85 ppm、O_2 浓度为 20%、温度为 62 ℃。

鹤壁煤业公司矿山救护大队按照指挥部命令，从 16 日 22 时 13 分出动到火灾现场，直到 17 日零点班，共 3 个班次，一直用水、干粉灭火器直接灭火。因为水量小，灭火效果不佳。矿山救护大队打破值班、事故处理排班常规，大队所属3个中队9个小队，将3个班次分6个小班，每小班2个小队，共12个小队，加上紧急出动的2个小队，共轮流至火灾现场灭火14小队130人次，每名应急救援人员均经历到了高温的考验，在实战中得到了锻炼。

二、中泰公司火灾事故

2017年12月23日12时许，鹤壁煤业公司中泰矿业31012工作面16~17号液压支架架间出现CO，浓度为120 ppm，回风CO传感器显示25 ppm。CO涌出异常，矿山救护队先直接灭火不成功，后封闭。

1. 直接灭火

从23日到24日夜晚共5个班次计35 h中，矿山救护队组织力量直接灭火。

（1）如图3-24所示，矿山救护大队由支架尾部进入冒落区，拉进水管，将水管捆到钢管上，努力伸向火源点，用水直接灭火。灭火地点位于上风侧，无烟，但空气温度达到54 ℃。

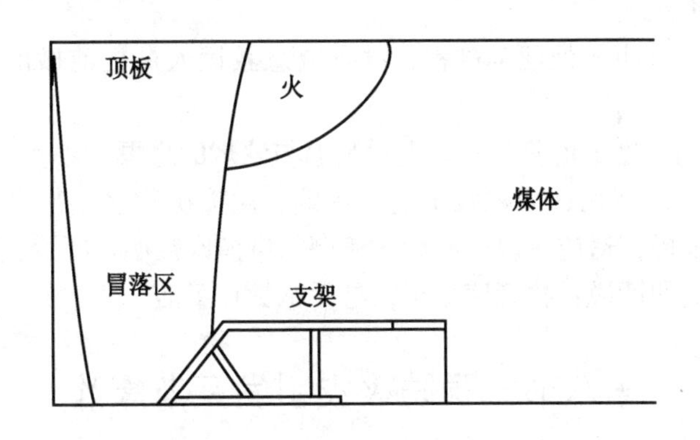

图3-24　中泰公司31012工作面直接灭火示意图

（2）在工作面16~21号液压支架架间向上打钻，计划打钻后直接向火源点供水灭火。打钻的位置，温度高，达70 ℃；浓烟，能见低约为0.5 m。

鹤壁煤业公司矿山救护大队在这5个班次35 h直接灭火中，组织全体矿山应急救援人员轮番上阵，在架尾直接灭火，在工作面高温浓烟环境中打钻、接水管。据后来统计，人均累计达14.5 h，时间最短的为12 h。充分锻炼了队伍，提升了对高温浓烟的适应能力。

2. 封闭灭火

直接灭火不成功，于25日零点班始，对工作面进行远距离封闭。先封闭31012工作面，共需建筑5道厚8 m防爆墙，然后在其外建永久密闭墙。矿山救护队在建造回风侧防爆墙时，现场烟雾大，能见度不足2 m，温度最高达到58 ℃，最低为49 ℃，矿山应急救援人员迎着高温、浓烟，每班安排1个中队3个小队施工，自26日8时开始，至26日22时完成封口，全大队应急救援人员108人，轮流参战，每人在高温浓烟现场作业均超过8 h。

三、实战锻炼效果

由于安全形势好转，煤矿事故明显减少，矿山救援队实战机会不多，所以在鹤壁煤业公司三矿、中泰公司的两起火灾事故中，鹤壁煤业公司矿山救护大队有意识地组织了全体应急救援人员参与救援。救援前，做好了充分的思想动员工作，并由战训科安排专人负责现场观察、监护，一是不间断测量甲烷浓度，确保安全；二是有应急救援人员在高温浓烟中不适的，立即撤离，至新鲜风流处休息。救援后，分小队召开座谈会，每名应急救援人员均写出书面总结，总结参战过程中的得与失。

（1）两起火灾事故处理全过程，没有应急救援人员提前撤出，也没有身体感觉不适者。

（2）在不同程度上消除了心理上对高温与浓烟的恐惧。

（3）开始进入现场，因视线不清，摔倒、碰撞次数多，往建墙地点运料速度慢，砌墙速度慢；适应一段时间后，摔倒、碰撞次数明显减少，工作效率大大提升了，用队员的话说：找到感觉了，是凭感觉在干活。

第八节 预防火灾引发瓦斯爆炸

矿井发生火灾事故发生后，有引爆火源存在，当甲烷浓度达到5%～16%、空气中的氧浓度不低于12%时，则可能引起瓦斯爆炸，扩大事故，造成更大危害。在保障被困人员安全、矿山救援队进入灾区搜寻被困人员及实施灭火过程中，均需预防火灾引发瓦斯爆炸。

依据瓦斯爆炸的3个条件可知：在火源存在的条件下，有含氧12%以上的空气，无爆炸浓度的瓦斯，不会爆炸；有爆炸浓度的瓦斯，无含氧12%以上的空气，不会爆炸。防止火灾引发瓦斯爆炸，即做到防止瓦斯聚积并流向火区、防止火区内瓦斯聚积、不向瓦斯聚积的火区供风。

一、防止瓦斯聚积并流向火区

1. 加大风量稀释流向火区的瓦斯

某高瓦斯矿井 -20 m 回风石门，因电气着火形成火灾，如图 3-25 所示。该发火地点在采区总回风巷，火势蔓延很快，在 30 min 内燃烧了木支架，导致该矿井南部总回风巷和地面主要通风机处在十分危险状态。

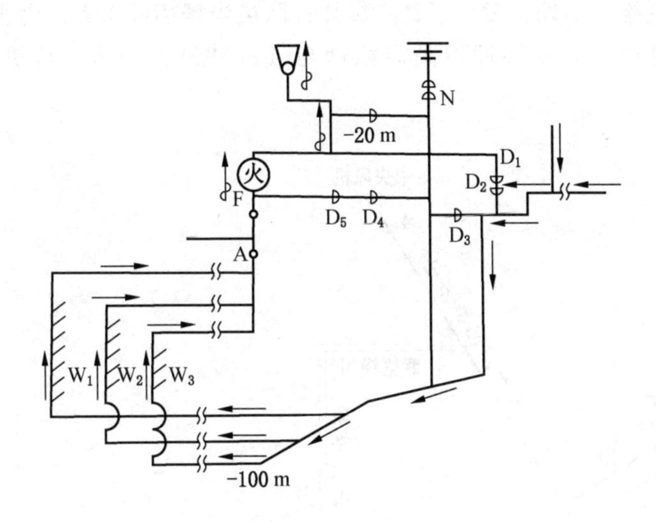

图 3-25　某矿 -20 m 回风石门电气火灾示意图

救援队出动两个小队到达后，首先将工作面 W_1、W_2 和 W_3 全部停工，并撤出人员。这样减小了回风流的瓦斯浓度。为了减弱火势，使人员能接近火源，将风门 D_1 和 D_2 打开 1/3，减少了灾区风量。但是，打开后发现 A 点的瓦斯浓度很快增加到 2.2%，所以只好关闭风门 D_1 和 D_2，恢复正常通风以冲淡瓦斯，在较短时间内瓦斯浓度就降到 0.7%。然后再采用减风法并直接灭火，扑灭了火灾。

2. 火区泄压致瓦斯涌出流经火源而爆炸

2002 年 6 月 3 日，鹤壁煤业公司二矿发现运输大巷出现微量 CO 及瓦斯（图 3-26）。经检查，系杨家庄矿（私营小矿）私自将巷道打通到二矿中央总回风上山，然后打开砖密闭墙 3，破坏联络上山板闭 5 上面一道板墙，利用二矿运输大巷回风；杨家庄矿着火后，CO 涌入，造成二矿运输大巷出现 CO 气体及瓦斯。后二矿新建砖密闭 2，修复了密闭 3、5，但不久又遭破坏，运输大巷再次出现 CO。最后，二矿于运输大巷安装风机，接风筒至密闭 3 处，并骑风筒修复了板闭5，向里送风增压，防止杨家庄矿火灾气体流入二矿，影响二矿安全。2002年8月18日上午，二矿召请矿山救援队，计划由矿山救援队进入联络上山、横川及中央总回风上山查看情况，然后在杨家庄矿通总回风上山透口处建砖墙封堵，彻底切断杨家庄矿与二矿联系。矿山救援队一小队在运输大巷风机处待机，另一小队破开板闭5进入，到达杨家庄矿通总回风上山透口处，风流基本不流动，有薄烟，CO浓度为0.01%，甲烷浓度为0.6%，温度为36℃。该小队退出，撤至联络横川拐联络上山处，发生了瓦斯爆炸，队员当场牺牲4人，受伤5人，待机小队听到爆炸声音后立即迎着高温浓烟与气浪冲进去救人，待机小队中受伤1人。

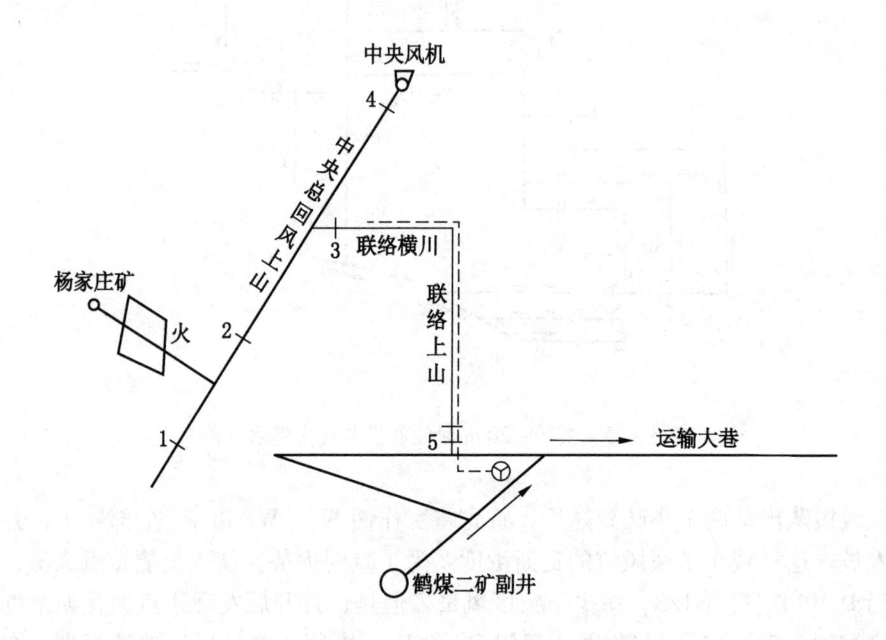

图3-26　鹤壁煤业公司二矿“8·18”事故示意图

分析瓦斯爆炸的原因：矿山救援队进入灾区时，破开板闭5，造成整个灾区压力下降，灾区风向反转，由原来流向杨家庄矿转为流入二矿，杨家庄矿聚积的瓦斯流经火区，发生爆炸，波及二矿，造成人员伤亡。

3. 开启掘进工作面已停风机，致从迎头被排出来的瓦斯流过火源遇火爆炸

某矿分层采煤，在下分层掘进巷道过程中，由于上、下分层的回风侧封闭不严，从外向里约120 m处再生顶板胶结不好，导致和上分层采空区串通；再加掘

进正压通风，往采空区供氧，使采空区顶板处浮煤自燃，如图 3－27 所示。

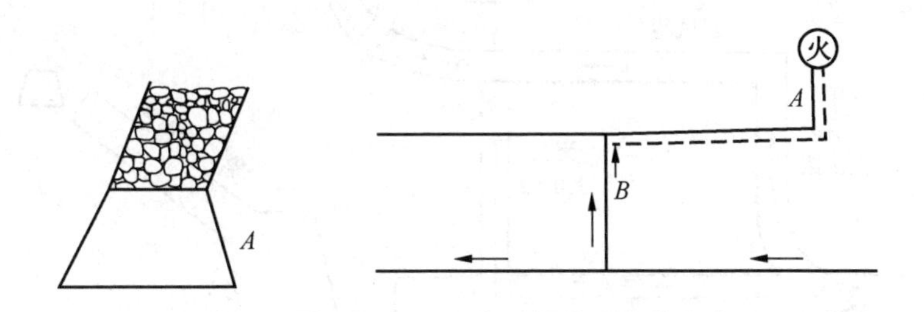

图 3－27　某矿掘进上山工作面火灾示意图

矿山救援队用水喷射灭火无效，人员撤出，停止局部通风机运转。矿方决定在不通风的条件下回收设备，当救援队到达现场时，佩用呼吸器工作十分困难，个别队员强行启动局部通风机，以致掘进工作面积聚的瓦斯在排除过程中遇火引爆。

二、防止火区内瓦斯聚积

1. 停风致火区瓦斯聚积而爆炸

某矿掘进上山由于工作面爆破引起火灾，如图 3－28 所示。爆破后发现工作面有火，人员迅速撤出，将局部通风机停止运转，并向调度室值班人员汇报。救援队负责人会同监察科负责人率领一个小队入井，到达事故地点后，因监察科负责人无呼吸器，留在局部通风机 *A* 点新鲜风流处待命。救援小队急忙进入，当走到上山口，正准备往上山探察时，发生了局部瓦斯爆炸。

当爆炸冲击波正向冲击时，*B* 点人员全部在内帮高台阶处，因此避开了冲击波高峰的伤害，全小队受伤。位于外侧 *A* 点处的人员当场身亡。掘进工作面和回风巷没有掘透部分，由于爆炸而破开，在 *C* 点处几名维修工受伤。由于爆炸破开巷道构成完整的通风系统，受伤的队员免受毒气的侵袭。

掘进通风巷道发生火灾事故，原则上要在维持局部通风机正常通风情况下进行直接灭火。防止停风后火区内瓦斯聚积到爆炸浓度引发瓦斯爆炸。

2. 及时割开风筒稀释火区中正在上升的瓦斯浓度

2000 年 8 月 5 日，鹤壁煤业公司第六煤矿 21101 工作面北上顺槽掘进爆破引发瓦斯燃烧，然后引燃顶邦煤体及荆笆、杫子，如图 3－29 所示。在实施水淹灭火后，该公司矿山救护大队进入灾区探察，发现水位已至顶板，巷道左帮有零星

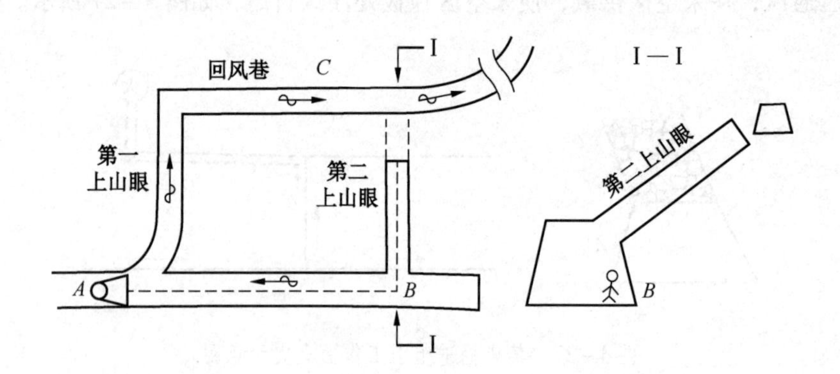

图 3-28 某矿掘进上山工作面火灾示意图

明火，右帮风筒出口被水淹没，CH_4 浓度为 3.5%，CO 浓度为 0.02%，温度为 57 ℃。该小队立即用电工刀割开右帮风筒通风，稀释瓦斯，防止爆炸，又用水扑灭了明火。经检查，CH_4 浓度很快降为 1.5%，CO 浓度为 0.017%，温度为 55 ℃。

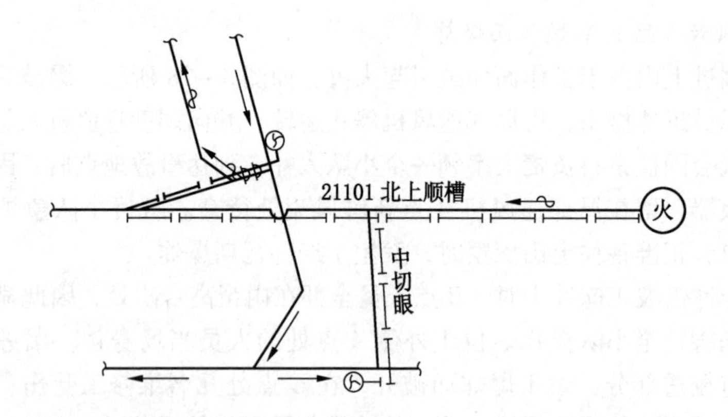

图 3-29 第六煤矿 21101 工作面北上顺槽掘进头火灾示意图

三、不得向瓦斯聚积的火区供风

1. 停风致火区缺氧失爆

某矿一翼采煤工作面的下风巷掘进工作面因爆破引起火灾（图 3-30），风量不足，着火后工人没有采取任何灭火措施就全部跑出。但距掘进工作面 50 m 处留下装有当班用的雷管和炸药的爆炸箱。火灾后两台风机未停，掘进巷道与回风上山交叉口处浓烟滚滚，温度 35 ℃，探察人员仅前进 20 m 不得不退回。

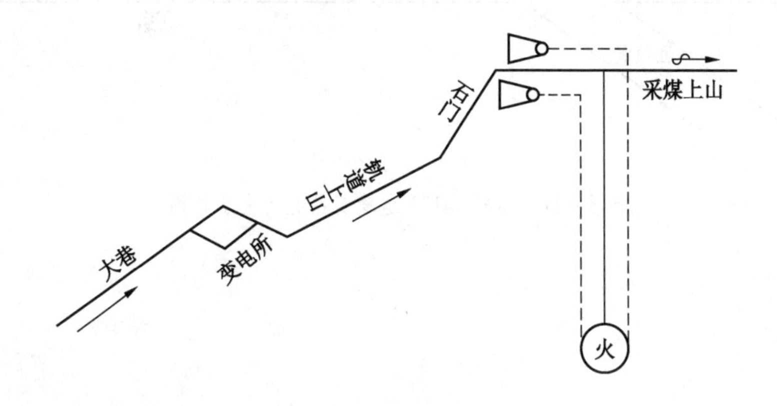

图 3－30　某矿一翼采煤工作面下风巷掘进头火灾示意图

矿方决定停止局部通风机运行，停止向火区供风，隔绝火区，使瓦斯超过爆炸上限，使火区气体达到失爆情况下再进火区灭火。5 h 后探察，浓烟消失；瓦斯浓度为 35%，失去爆炸性；温度为 60～70 ℃；掘进工作面巷道已燃烧 35 m。历时 7 d，迎头瓦斯浓度达 100%，温度为 32 ℃，最后采取措施排出高浓度瓦斯，用水冲洗工作面和全部火区巷道，最后恢复正常施工。停止供风，造成火区缺氧和瓦斯失爆，耗氧降温以至灭火，为处理类似事故提供了经验。

2. 压风供氧致火区瓦斯爆炸

某矿抽放队工人在 14131 运输巷统尺 350 m 处施工抽放钻孔，在钻孔钻进 29 m 位置时发现该钻孔出现卡钻、钻孔不返风现象。施工工人根据经验未及时停止施工，而是继续操作钻机钻进，造成施工钻孔内出现异味并向外冒烟（图 3－31），随即施工工人停止钻进通知周围所有人员撤离，并向矿调度汇报。后矿调度派瓦检员第一次进入巷道查看情况，在走到 14131 运输巷统尺 300 m 左右时发现整个巷道烟雾弥漫，瓦检员立即退了出来。3 h 后瓦检员第二次进入巷道查看情况，发现打钻地点附近已经起火，瓦检员再次退了出来，并向矿调度室汇报了现场情况。经矿总工程师等人研究，决定切断巷道的一切电源，并停止工作面局部通风机供风，以隔绝巷道氧气补给，防止发生瓦斯爆炸。由于现场处置考虑不够周全，虽然停止了局部通风机供风，但没有切断钻机上的风管供风，在停风 2 h 左右，该地点发生了瓦斯爆炸，随后对 14131 运输巷进行了封闭。

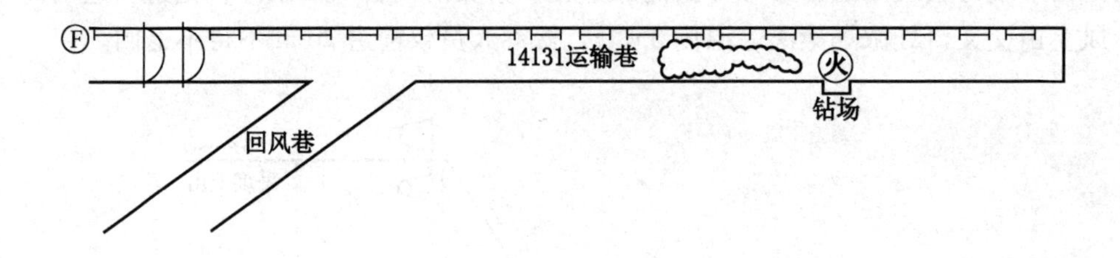

图 3－31　某矿 14131 运输巷钻孔着火示意图

第四章　被困人员的搜寻与救治

矿山救援队克服高温与浓烟进入灾区，搜寻被困人员，并进行施救。搜寻时做到有巷（包括硐室）必查，发现被困人员应立即救助，并将他们护送到新鲜风流巷道或井下基地，进行创伤急救处置后，升井交地面医护人员。

第一节　被困人员的搜寻

矿井发生火灾事故后，要查明火灾性质、原因、发火地点、火势大小、火灾蔓延的方向和速度，统计清楚被困人员人数，分析判定被困人员可能被困位置，妥当安排救援力量，进入灾区积极进行搜寻。

一、火灾事故救援时救援力量的分派

（1）进风井井口建筑物发生火灾，派一个小队处置火灾，另一个小队到井下抢救人员和扑灭井底车场可能发生的火灾。

（2）井筒或者井底车场发生火灾，派一个小队灭火，另一个小队到受火灾威胁区域抢救人员。

（3）矿井进风侧的硐室、石门、平巷、下山或者上山发生火灾，火烟可能威胁到其他地点时，派一个小队灭火，另一个小队进入灾区抢救人员。

（4）采区巷道、硐室或者工作面发生火灾，派一个小队从最短的路线进入回风侧抢救人员，另一个小队从进风侧抢救人员和灭火。

（5）回风井井口建筑物、回风井筒或者回风井底车场及其毗连的巷道发生火灾，派一个小队灭火，另一个小队抢救人员。

二、确定被困人员数量与位置

矿山救援队在下井搜寻被困人员之前，应详细了解情况，包括被困人员数量、事故前人员可能分布区域、该区域的逃生路线、附近的避难硐室、压风自救系统位置、通常避难的地点等，做到有的放矢，目标明确，才能迅速营救出被困人员，避免事故扩大或矿山应急救援人员自身伤亡事故的发生。

情况不清，盲目搜寻，影响救灾进度，也易导致事故扩大。1996 年 6 月 13 日，淮北某矿 10214 改造机巷爆破引起火灾，抢救指挥部命令救援队进入采煤工作面救人，由于火灾后引发多次瓦斯爆炸，加上从采煤工作面进风巷进入的 3 名应急救援人员没带备用呼吸器、备用氧气瓶和灾区电话等一系列原因，造成此 3 名人员死亡。事后查明，该采煤工作面人员早已撤出。四川攀枝花某矿在探察火区时，1 名应急救援人员因害怕离开灾区回家，而为寻找该人员，造成 6 名应急救援人员（含 1 名中队长）因氧气（O_2）用尽而牺牲。

三、被困人员搜寻办法

矿山救援队在灾区搜索遇险、遇难人员时，小队应按与巷道中线斜交式队形前进；探察工作应仔细认真，做到灾害波及范围内有巷（包括硐室）必查，走过的巷道要签字留名做好标记；通过看、听、动的手段，查找线索，搜寻被困人员。在发现遇难、遇险人员巷道的相应位置做好标记，同时，检查各种气体浓度，记录遇难、遇险人员的特征，绘出探察路线示意图，并在图上标明位置。

1. 看

在被困区域，查找被困人员可能留下的线索，可能的被困位置指示，如画在巷帮或支架上的标记，被困人员的衣物，散落在巷道底板或角落的自救器盒子、盖子，以及矿灯、矿帽、毛巾，或远处的灯光，从而进一步缩小搜寻范围，进行重点搜寻。

2. 听

在搜寻被困人员时，应对所有的声音保持警觉，特别是从管道、铁轨传来的敲击声及呼救声、呻吟声，必要时，可呼叫被困人员，要求对方给予提示、引导，以便更精准地确定其方位。搜寻永久避难硐室或临时避难所时，不得直接打开关着的门或破坏临时挡风帘、临时密闭，先唤叫，与其内被困人员沟通信息后，了解了详细情况，再采取措施进行锁风进入。

2006 年 5 月 10 日，内蒙古平庄煤业公司某矿一井采煤队运输巷道 2 号带式输送机机尾处顶板着火冒落，一氧化碳和浓烟进入采煤工作面，23 人被困于回风巷距工作面联络巷约 50 m 处（图 2－4），矿山救援队由上运输巷→联络巷→回风巷，但回风巷浓烟太大，能见度极低，巷道内的设备多，行走时经常撞在巷道的中间柱、矿车等设备上，有的地方甚至只能摸着铁轨爬行，应急救援人员有时分不清方向，行走速度十分缓慢，边走边呼喊遇险人员，让他们敲击物体，以判断他们的位置，最后准确到达被困人员位置，并全部营救成功。

3. 动

翻动巷道堆积的风筒、木料等，或清理冒落物，搜寻被困人员。特别是遇难者或中毒昏迷、不能动弹的被困人员，有时着装颜色或全身沾满煤灰，与周围浑然一体，须仔细查看，方能发现。

第二节　被困人员现场的救治

矿山救援队探察过程中，在灾区内发现遇险人员应立即救助，并将他们护送到新鲜风流巷道或井下基地，视遇险人员伤情，先行处置后再升井由医护人员救治。

一、脱离险区

在窒息或有毒有害气体威胁的灾区中发现被困人员，或在避难硐室、临时避难所中发现被困人员，要立即采取措施，将他们安全脱离险区，护送或引导至相对安全地点。

1. 窒息或有毒有害气体威胁的灾区中的被困人员

（1）应保护被困人员的呼吸器官，阻止外界气体继续毒害被困人员，要给被困人员佩用全面罩氧气呼吸器或隔绝式自救器。

（2）在灾区内遇险人员不能一次全部抬运时，应给遇险者佩用全面罩氧气呼吸器或隔绝式自救器；当有多名遇险人员待救时，矿山救援队应根据“先重后轻、先易后难”的原则进行抢救。

（3）对于有烧伤的被困人员，在保护其呼吸器官的同时，要迅速使伤员脱离热源，如立即脱去着火的衣服，带伤员逃离火区。

（4）在处理及搬运遇险人员时，应防止伤员拉扯应急救援人员氧气呼吸器的面罩或者软管，造成应急救援人员中毒。

（5）必须经过浓烟环境才能脱离险区时，矿山救援队应事先设置好引路线，并告知被困人员行走注意事项，矿山救援小队要分开队形，队前有引导，队中有保护，队后有收尾，防止被困人员跌倒、走散。

（6）如有不能独自行走的被困人员，矿山救援队应搀扶或用担架抬离险区。

2. 避难硐室、临时避难所中的被困人员

如果避难硐室、临时避难所防火门或临时挡风帘、临时密闭处于窒息区中时，不得直接打开关着的防火门或破坏临时挡风帘、临时密闭，防止有毒有害气体进入损害被困人员，要先与其内被困人员沟通，了解详细情况后，再采取措施进行锁风进入。

如图4-1所示，进入避难所前，需要在避难所门外或临时密闭外建临时风障，应急救援人员全部进入风障内，才能打开避难所门或临时密闭，防止灾区气体进入避难所。如有条件，可建两道锁风风障，矿山救援队依次进入。锁风风障距离避难所门或临时密闭越近越好，避难所门或临时密闭与锁风风障之间的空间只要能容纳下进入搜救的应急救援人员即可。

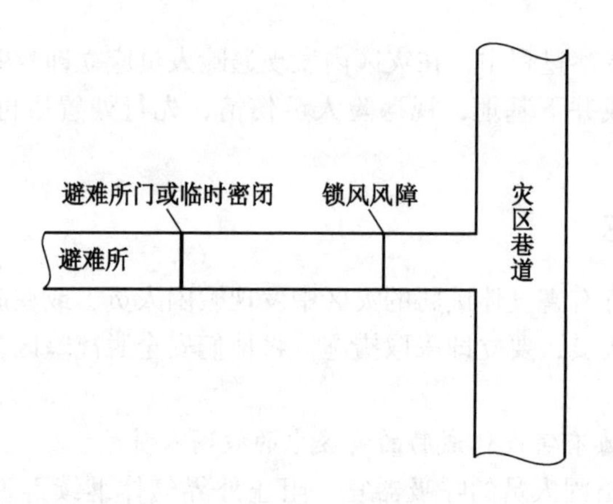

图4-1 锁风进入示意图

对长期困在井下的人员，应避免灯光照射其眼睛，搬运出井口时应用毛巾盖住其眼睛。

二、伤情处置

在窒息或有毒有害气体威胁的灾区中发现被困人员，先保护其呼吸器官，使其免于继续受到毒害；如有危及生命的外伤，如动脉大出血，立即采取措施，如出血点加压或捆扎止血带，临时止血，迅速脱离险区，到达相对安全区域后方能进行救治。矿井发生火灾时，可能会造成人员中毒、烧伤，冒顶或逃生奔跑时受伤出血，烧断钢丝绳而致跑车撞击等，所以应急救援人员需掌握人工呼吸、苏生器苏生、包扎、处理骨折、烧伤等创伤急救技术，对受伤害人员进行急救。

（一）心肺复苏

现场心肺复苏就是当人的心跳、呼吸骤停后，立即用人工的方法重新建立呼吸和循环，恢复全身各器官的氧供应，保护脑和心脏等重要器官，并尽快使心跳和自主呼吸恢复。

心跳和呼吸是人体存活的基本生理现象。一旦心跳、呼吸停止，血液停止循环，人体内储存的氧在 4 ~ 6 min 内即耗竭。当呼吸停止时，心脏尚能排血数分钟，肺和血液中储存的氧可继续循环于脑和其他重要器官。因此，对呼吸停止或气道阻塞的伤员及时进行抢救，可以预防心脏停搏。人体大脑是高度分化和耗氧最多的组织，对缺氧最为敏感。脑组织的重量虽然只占身体重量的 2%，其血流量却占心输出量的 15%，且耗氧量占全身耗氧量的 20%。在正常温度时，当心跳骤停 3 s，人就会感觉头晕；10 ~ 20 s 时即可发生晕厥或抽搐；30 ~ 45 s 时可出现昏迷、瞳孔放大；60 s 后呼吸停止、大小便失禁；4 ~ 6 min 后脑细胞开始发生不可逆转的损害；10 min 后脑细胞死亡。

为了挽救生命，避免脑细胞的死亡，要求在心跳骤停的 4 ~ 6 min 内立即进行现场心肺复苏。越早开始心肺复苏，复苏的成功率就越高。

1. 人工呼吸

人工呼吸是借助人工方法，以人体正常呼吸的频率向伤员肺部强制送入空气，并排出肺内气体，从而改善伤员人体内氧和二氧化碳的交换，使伤员恢复自主呼吸。

1）开放气道

开放气道以保持呼吸道通畅是进行人工呼吸前的首要步骤，如果气道不畅，可导致自主呼吸突然停止或人工呼吸失效。

开放气道前，先将伤员置于卧位，用仰头举颏法、仰头抬颈法、双手抬颌法及垫肩法来防止舌根后坠堵塞气管；开放气道后，判定伤员有无呼吸。如无呼吸，立即向伤员口中吹气两口（即预吹气），要求在 3 ~ 4 s 内完成，判定呼吸道是否通畅。如畅通，吹入的两口气能立即使萎缩的肺膨胀起来；如不通畅，要摆动头部，再次开放气道，判定有无呼吸。无呼吸时再吹气两口，若仍不通畅，可查找口腔异物，清除口腔中可见异物后，判定有无呼吸，无呼吸时再行预吹气，如果气道仍不通畅，则怀疑呼吸道深部有异物堵塞。

2）清除呼吸道堵塞

因气管和右支气管粗且直，异物容易坠入，呼吸道深部堵塞物清除可采用腹部冲击或胸部冲击法。

（1）腹部冲击法。取伤员仰卧位（图 4 – 2），将一只手的掌根部放在伤员腹部中间、肋沿和肚脐之间，手指指向伤员胸部；将另一手放在第一只手上；伸直手臂，肩膀用力，在伤员的腹部快速推压 5 次，确保用力方向是正前方，不能偏向一侧。

（2）胸部冲击法。对于腹部有外伤的伤员，可采取胸部冲击法清除呼吸道

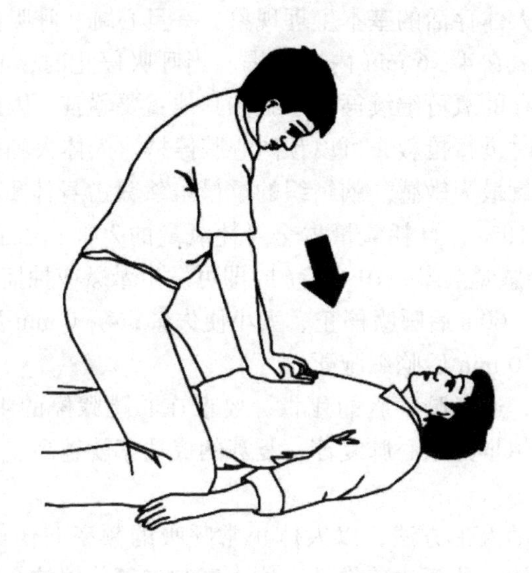

图4-2　仰卧位腹部冲击示意图

深部堵塞物。胸部冲击时伤员可取坐位、站位或卧位，与腹部冲击法动作、手法基本相同，只是冲击部位改在剑突往上约2~3指宽、胸骨中部。

采用腹部或胸部冲击法以后，立即清理口腔，保证呼吸道畅通，然后检查伤员有无呼吸，无呼吸时立即进行预吹气。

3）实施人工呼吸

呼吸道畅通后，立即进行人工呼吸，同时检查动脉搏动，无搏动时要同时进行心脏按压。

（1）口对口人工呼吸法。抢救人员跪在伤员一侧，一手捏紧伤员鼻子，另一手分开其口腔；抢救人员深吸一口气，然后紧贴着伤员的嘴，大口吹气，吹气量约为500~600 mL，并仔细观察伤员胸部是否扩张（图4-3），以确定吹气是否有效和适当；吹气完毕，立即离开伤员的嘴，并松开伤员的鼻子，让其自己呼气。

如此反复操作，并保持一定节奏，每分钟吹气12~15次，直到伤员复苏，恢复了自主呼吸。

（2）口对鼻人工呼吸法。当伤员口腔有严重损伤时，可改用口对鼻人工呼吸法。口对鼻人工呼吸法与口对口人工呼吸法基本相同，只是合上伤员口腔，对鼻子吹气。

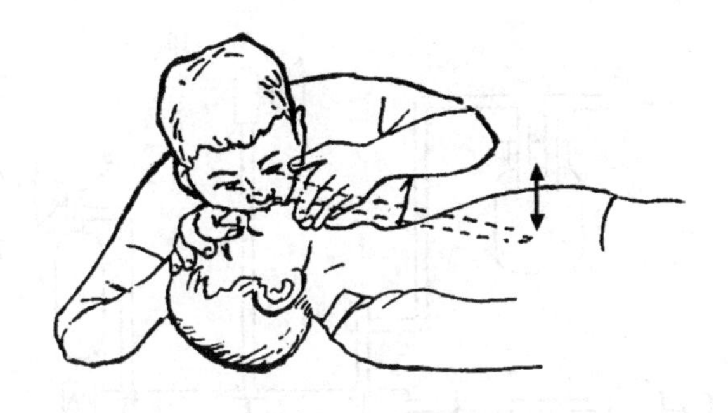

图4－3　口对口人工呼吸示意图

2. 自动苏生器苏生

自动苏生器是以氧气压力为动力、自动对失去知觉人员进行正负压人工呼吸的急救装置，用于抢救呼吸麻痹或呼吸抑制伤员，能连续地把新鲜空气自动输入伤员的肺内，并将肺内的二氧化碳自动抽出，还可供伤员吸氧，并能清除伤员呼吸道内的分泌物或异物。目前，矿山救援队主要配备有 MZS－30（原为 ASZ－30）和 P－6 自动苏生器两种型号苏生器。MZS－30 苏生器的特点：自动肺充、抽气压力可同步调整，也可单独调整；抽、充气频率可调；在抽、充压力超过规定值时，安全阀开启，且开启压力可准确调整；呼吸阀可调节输入氧气浓度，在供气量上给伤员提供了双重保护。P－6 苏生器的特点：自动肺充、抽气压力不可调整；抽、充气频率可调，且可单独调整充气频率；只提供充气压力保护，但不可靠，无抽气压力保护；未配备呼吸阀，氧气浓度调节、供气量保护依靠面罩的孔洞漏气；吸痰软管质地较硬且短，易划伤伤员呼吸道内膜，不能清理深部呼吸道；维护困难，操作复杂、烦琐。

1）自动苏生器结构与原理

如图4－4所示，自动苏生器由氧气瓶、氧气压力表、逆止阀、减压器、开关、安全阀、储气囊、面罩、呼吸阀、自动肺、引射器、吸痰瓶等组成，另有开口器、拉舌器、压舌器及口咽导管等构件。

引射器产生的负压，能通过导管将伤员呼吸道中异物吸入吸痰瓶中。

自动肺能自动、有节律地向肺内压入富氧空气、从肺内吸出肺内气体，单位时间内压入、吸出次数及压、抽气压可调。

呼吸阀能连续供给富氧空气，供有自主呼吸的伤员吸氧。

2）苏生方法

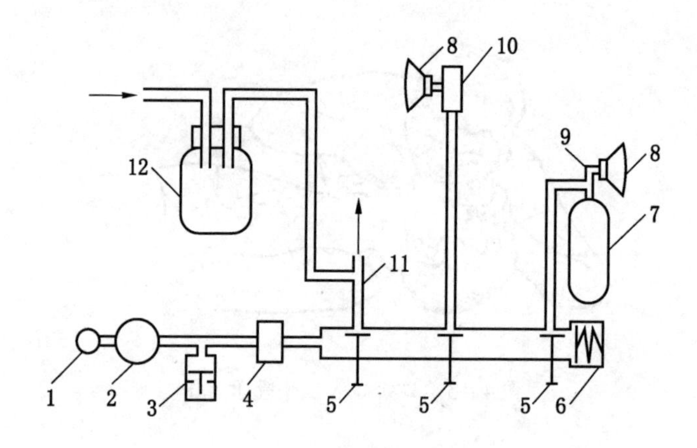

1—氧气瓶；2—压力表；3—逆止阀；4—减压器；5—开关；6—安全阀；7—储气囊；
8—面罩；9—呼吸阀；10—自动肺；11—引射器；12—吸痰瓶

图4-4 自动苏生器结构示意图

(1) 置伤员于仰卧位。

(2) 用开口器将伤员口启开，用拉舌器拉出伤员舌头，清除口中异物。

(3) 将伤员肩部垫高10~15 cm，头偏向一侧，将吸引管从伤员鼻孔插入，往复拉动抽痰及清除其他异物。

(4) 选择适当的口咽导管，插入伤员口内，插好后将伤员舌头送回。

(5) 将自动肺的面罩盖住伤员口、鼻，并用头带固定，开启自动肺进行苏生，直到伤员出现自主呼吸为止。

(6) 当发现自动肺跳动不规律时，说明伤员出现了自主呼吸，可调节开关将自动肺跳动频率调慢，直到8次/min，然后取下自动肺，换成呼吸阀，对伤员进行氧吸入。

3. 早期心脏除颤

心搏骤停前，心肌基本上缺乏步调一致的收缩能力，处于各自为政、杂乱无章的蠕动状态，称为心室纤维性颤动或室颤。室颤时，心脏失去了排出血液、维持循环的能力，血液循环中止，无脉搏与心跳。这个过程大约持续数分钟至10 min。及时除去心脏纤维性颤动，是抢救猝死成败的关键。早期心脏除颤可采用胸外心脏叩击法。

当确认伤员处于脉搏、心脏停搏状态，抢救者应立即采用胸外心脏叩击法，以达到除颤目的。如图4-5所示，抢救者握一空心拳头，在伤员胸骨中段与下段交界处，距胸壁 25 cm 左右的高度，向下叩击两次，检查伤员颈总动脉，如果颈总动脉搏动未恢复，可再重复叩击两次，仍无效时则放弃叩击法，立即改用胸外心脏按压。每次心前区捶击时的机械能可以转化成 5 J 的电能，这种电能对于心肌刚刚发生的心律紊乱有消除作用，从而达到使心脏恢复跳动的目的。

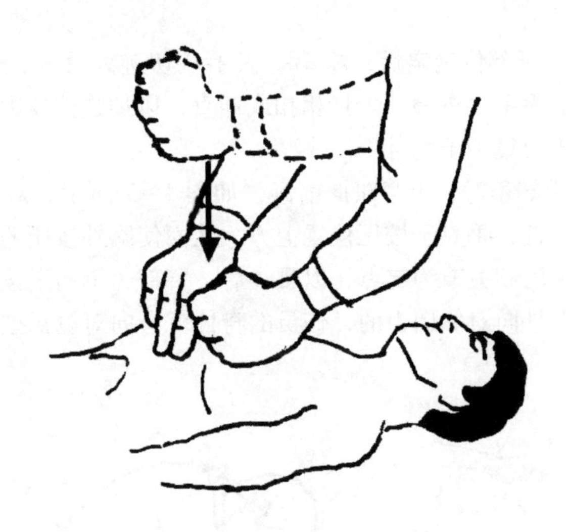

图 4－5　胸外心脏叩击示意图

4. 胸外心脏按压

胸外心脏按压是用人工的方法代替心脏的自然收缩，有节奏地对心脏进行按压，以达到维持循环、支持生命的目的。

当抢救者在伤员的胸骨上施加压力时，胸腔内的压力增高，迫使心脏和血管内血液排出，流向肺循环和体循环；按压放松后，胸膛由于肋弓的弹性作用，使压陷的胸部又恢复到原来的正常位置，胸内压力减小，使静脉内的血液回到右心房、右心室，肺部富氧血液回到左心房、左心室。因此，按压时，使血从心、血管泵出；放松时，血液回流使心脏又得到充盈，如此反复，人工支持血液循环。

在进行胸外心脏按压前，应先测试颈动脉有无脉搏，如有脉搏而进行胸外心脏按压，可能导致严重的并发症；如无脉搏，应立即进行胸外心脏按压。

1）按压的部位

按压部位正确可保证按压的效果，并可防止胸、肋骨骨折和各种并发症。

（1）抢救者用靠近伤员下肢一侧手的食指和中指找出伤员的肋弓下缘，沿肋弓下缘上行到胸骨和肋骨接合处的切迹，以切迹为定位标志，不要以剑突定位。如图4-6所示，中指置于切迹，食指与之并拢，放在胸骨下端。

（2）用另一只手的手掌根紧挨着切迹处中指旁的食指，放在胸骨的下半部，此处即为按压的正确部位。

2）按压的姿势

（1）正确的按压部位确定后，将第一只手从切迹处移开，迭放在胸骨下半部的手背上，使双手手根重叠，十指相扣或伸直，以加强按压力量，手心翘起离开胸膛，保持下压力集中于胸骨上。

（2）抢救者腰部稍弯，上身略向前倾，如图4-7所示，双肩位于自己双手的正上方，两臂伸直，垂直于按压位置上方，从而使胸外按压的每次压力直接压向胸骨。按压时利用髋关节为支点，以腰、肩、臂部力量向下按压。如果按压力不是垂直向下，而是向对侧用力的，伤员的身体就会向对侧摇摆，达不到使胸内压力增高的效果。

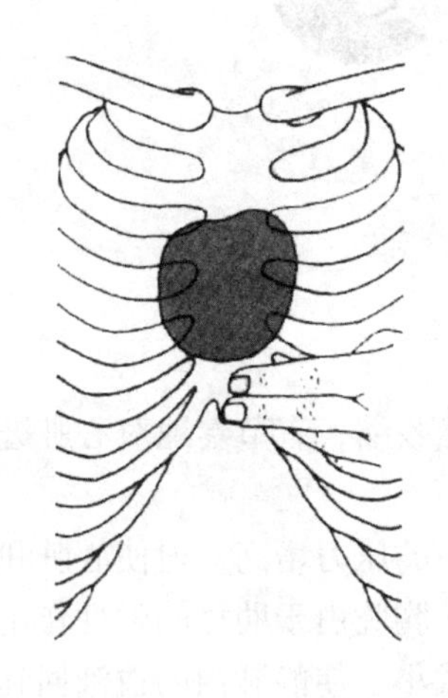

图4-6　胸外心脏按压定位示意图

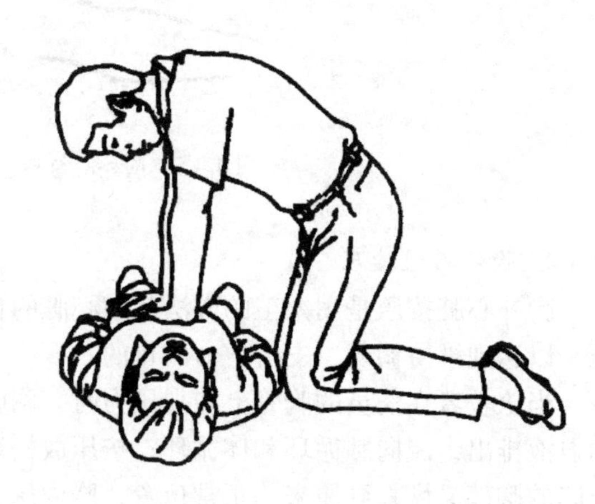

图4-7　胸外心脏按压示意图

（3）按压下陷4~5 cm，应立即全部放松，使胸部恢复其正常位置，让血液回流入心脏。

（4）每次按压放松时，双手不要离开胸膛，也不要在按压过程中挪动手的位置，以保证按压的手掌根始终在标准的按压部位上。

3）按压频率

胸外心脏按压频率为每分钟80~100次。

4）与人工呼吸的配合

伤员气道畅通后，立即预吹气两口，同时检查脉搏，如无脉搏，立即实施胸外心脏按压 30 次，然后实施 2 次人工呼吸，此为一个心肺复苏循环；用 120 ~ 150 s 完成 5 个循环后，检查动脉搏动，检查有无呼吸，如有搏动无呼吸，可单纯进行人工呼吸，直至伤员恢复自主呼吸。

为了使心肺复苏有效，必须使伤员仰卧、平躺在坚实的平面上，复苏成功后，则置伤员于昏迷体位（即侧卧位），如图 4 – 8 所示，将伤员小心向左或向右翻转成侧卧位，肘部及膝部微屈，头枕于肘上，下颌向前方推出，这种体位可防止舌根后坠或呕吐物吸入气道而窒息，液体分泌物也可自然流出口腔。

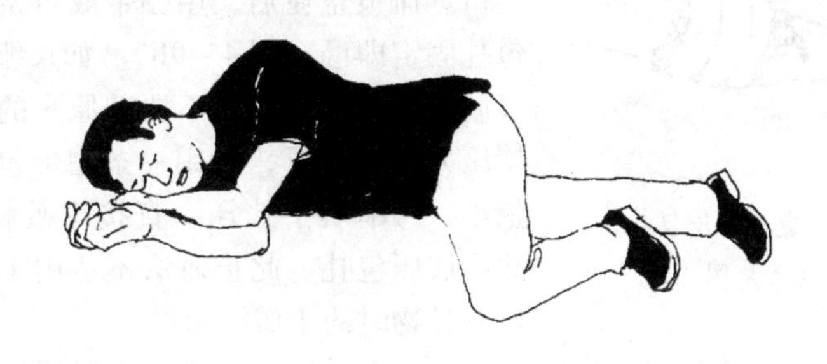

图 4 – 8 昏迷体位

（二）止血

血液是维持生命的重要物质，氧气、营养物质都依靠血液运输才能到达全身各组织，组织代谢产生的二氧化碳与其他废物也靠血液运输排出。人体失血后，有效循环血容量减少，毛细血管血流灌注不足，各组织所需氧气及营养物质得不到及时、充足供应，代谢产物不能及时排出，从而造成组织细胞处于缺氧和缺乏能量的状况，最终会引起大片组织、整个器官乃至多个器官功能受损。脑细胞和神经细胞对这种灌注不足最为敏感，影响也最大。

人体突然失血占全身血容量的20%（约800 mL）以上时，可造成轻度休克，脉搏加快，可达每分钟 100 次以上；失血 20% ~40%（800 ~ 1600 mL）时，可造成中度休克，脉搏每分钟 120 次以上；失血 40%（1600 mL）以上时，可造成重度休克，脉搏细弱、触摸不清，甚至危及生命。所以，发现出血，对外出血，要立即进行止血工作，以保存人体有效循环血容量，防止休克，挽救生命。

1. 加压包扎止血

加压包扎止血法是最常用的有效止血方法，适用于全身各部位的小动脉、静脉及毛细血管出血。加压包扎止血有两种方法，一是敷料加压包扎止血，二是屈肢加压止血。

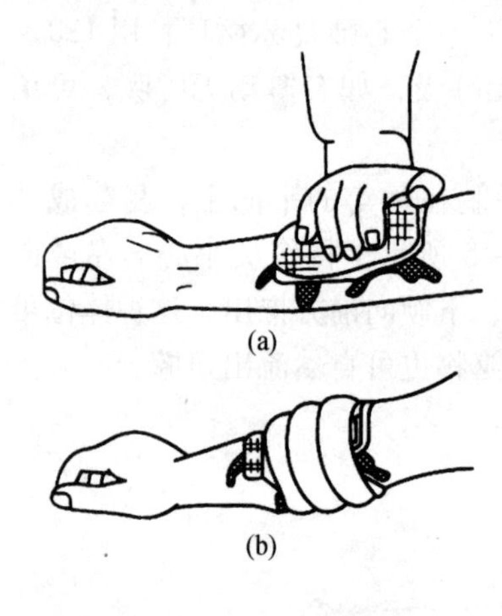

图4-9　敷料加压包扎止血示意图

(1) 敷料加压包扎止血法。将无菌纱布或其他敷料如干净的毛巾、布料、手帕、从衣服上剪下的干净布片等敷在伤口处，然后用戴手套的手直接用一定压力按压伤口（图4-9a)，同时将出血肢体抬高，直到血被止住。如血不止，可再加一层敷料按压。如果没有可用的敷料，可用戴着手套的手直接用一定压力按压住伤口。血被止住后，用绷带或布条适当地加压包扎固定即可（图4-9b）。如果绷带加压包扎以后，还血流不止，不要动原来的绷带，在保持压力的情况下，再用一条绷带包扎。如出血量小，可不用手按压，直接用敷料敷盖伤口，然后加压包扎。此止血法不适用于有骨折或伤口有异物时的止血。

(2) 屈肢加压止血法。屈肢加压止血法适用于无骨折情况下的四肢部位的止血。用毛巾、棉花团、纱布垫、衣物等物品，放在腋窝、肘窝、腹股沟及腘窝处，用力屈曲关节，并用绷带或三角巾缚紧固定。此法可用来控制关节远侧出血，但有骨折或关节脱位者不能使用。

图4-10a为上臂出血时，在腋窝下加垫，屈肩关节，用绷带将上臂紧缚到胸部以止上臂出血。

图4-10b为前臂出血时，在肘关节内加垫，屈肘关节，将前臂与上臂缚紧，止前臂出血。

图4-10c为大腿出血时，在腹股沟内加垫，向前屈髋关节，用绷带绕大腿下侧与背部，包扎固定，以止大腿出血。

图4-10d为小腿出血时，在腘窝内加垫，向后屈腘关节，靠近大腿，用绷带绕大腿及小腿包扎固定，以止小腿出血。

2. 止血带止血

止血带可以完全将血流止住，适用于四肢较大的动脉出血。在出血部位的近心端，用止血带将整个肢体用力绑扎，以完全阻断肢体血流，达到止血的目的。它是在其他方法都失败的情况下，最后才用的一种方法。用止血带可以阻止有生命危险的出血，但常常会引起或加重肢端坏死、急性肾功能不全等并发症，因此

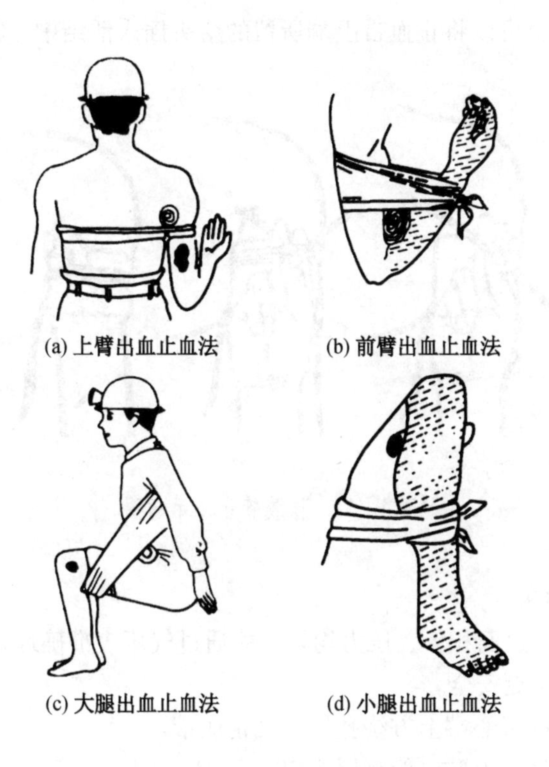
(a) 上臂出血止血法　(b) 前臂出血止血法

(c) 大腿出血止血法　(d) 小腿出血止血法

图4－10　屈肢加压止血示意图

主要用于暂不能用其他方法控制的出血。止血带主要有橡胶管或乳胶管止血带、充气止血带，现场无止血带时，可用三角巾、毛巾、手绢、领带或4~5 cm宽的布带等布质物品代替作为止血带，决不可使用无弹性的绳索、电线、塑料丝甚至铁丝等。这类东西能深深地嵌入皮肤及软组织，损伤组织、血管和神经，使肢体缺血性坏死而致截肢。

1）橡胶管止血带

橡胶管止血带取材方便，操作简单，目前被广泛应用。

（1）在伤口的近心端上方用三角巾、毛巾、布块等垫好，以免损伤皮肤。

（2）如图4－11所示，急救者左手拿止血带，上端留150 cm左右，手背紧贴住衬垫。

（3）右手拿止血带长端，拉紧，绕伤口近心端上方及左手指两周，然后将止血带交左手中、食指夹紧。

（4）左手中、食指夹住一段止血带，顺着肢体拉出，使之成为一个活结，外观呈 A 字形。也可以将止血带上端所留的余头插入活结中，将活结拉紧固定。

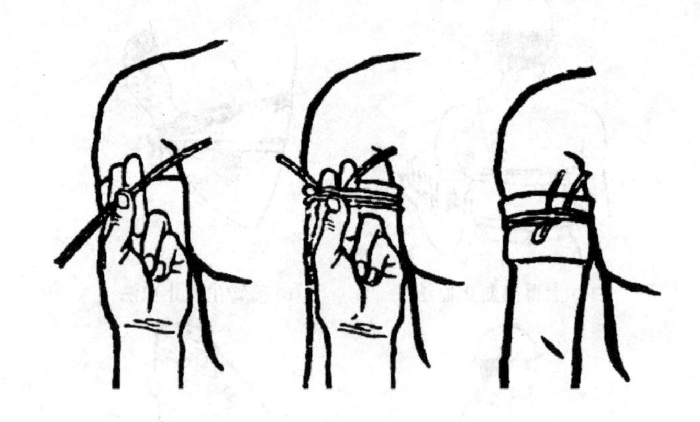

图 4－11　橡胶管止血示意图

2）充气止血带

充气止血带压迫面积大、压力均匀，能通过气压表准确地显示出被绕扎肢体所受的压力，使用更安全。

（1）在伤口的近心端上方绕扎好充气止血带。

（2）向内打气，上肢一般打压至 300 mmHg 左右，下肢打压至 500 mmHg 左右。在特殊情况下，可根据伤端出血情况适当调整压力，以达到止血目的为宜。

3）绞带

用三角巾、毛巾、手绢、领带或 4～5 cm 宽的布带等布质物品，绕肢体一周，打一方结，取一小木棍穿进绕肢体的布圈中，绞紧、固定小木棍即可，此方法称为绞带止血法。

（1）如图 4－12a 所示，在伤口的近心端上方先用三角巾、毛巾、布块等垫好，以免损伤皮肤。

（2）用三角巾、毛巾、手绢、领带或 4～5 cm 宽的布带等布质物品，在垫上绕肢体缠绕、打活结，然后将一小木棒插入活结中间。

（3）转动小木棍加压，直到伤口出血被止住，用另一系带固定小木棍。

也可直接在缠绕肢体后打一带活眼的活结，如图 4－12b 所示，然后将一小木棍插入布质圈中而非活结里绞紧，最后将木棍套入活结的活眼内，拉紧活眼即可固定小木棍。最后在止血绞带旁边做标记，写明上止血带的时间、部位及原因。

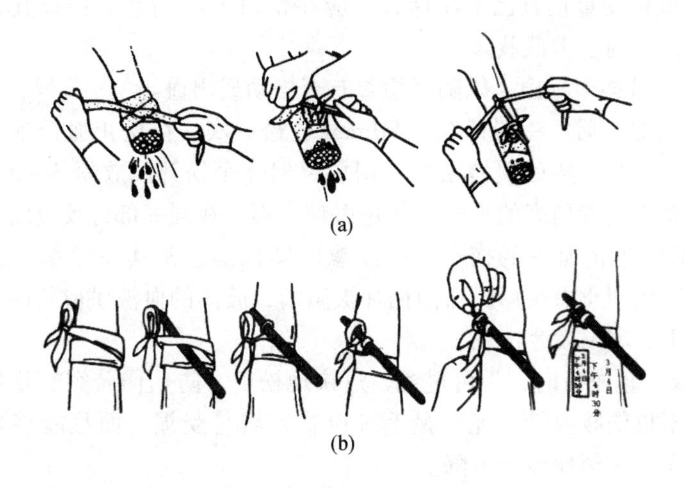

图 4－12　绞带止血示意图

4）止血带使用的注意事项

（1）扎止血带前，应先将伤肢抬高，防止肢体远端淤血而增加失血量。

（2）扎止血带时要有衬垫，不能直接扎在皮肤上，以免损伤皮肤及皮下神经。

（3）缚扎部位原则是尽量靠近伤口以减少缺血范围，但不要与伤口的边缘平齐。上臂中下 1/3 处及腘窝处严禁缚扎止血带，以免损伤神经；大腿中段以下，动脉位置较深，不容易压迫住，所以大腿、上臂止血带应缚扎在中上 1/3 处。前臂和小腿不适于扎止血带，因其均有两根平行的骨干，前臂有桡骨与尺骨，小腿有腓骨与胫骨，骨间可通血流，所以止血效果差。但在肢体离断后的残端可使用止血带，要尽量扎在靠近残端处。

（4）受严重挤压伤的肢体或伤口远端肢体严重缺血时，不能扎止血带。

（5）止血带的压力要适中，即达到阻断血流、远端摸不到动脉搏动又不损伤周围组织为度。不可过紧，以免伤及神经；也不可过松，过松时压力不够大，没有压瘪动脉而仅压了静脉，影响静脉回流，出血反而更多，且会引起肢体的肿胀和坏死。

（6）扎止血带后，止血带旁边要有标记，并在标记上写明扎止血带的时间、扎止血带的部位及原因，可用墨水写在伤员的衣服上、完好的显而易见的皮肤上，以免忘记定时放松，造成肢体缺血过久而坏死。

(7) 如肢体受重伤且已不能保存，应在伤口近心端紧靠伤口扎止血带，不必定时放松，直到手术截肢。

(8) 止血带必须露出，以随时检查有否松动或出血。

(9) 扎止血带后，一般每 60 ~ 90 min 放松一次，在松止血带前，可用指压止血法使动脉止血，然后缓慢松开，切忌突然完全松开。放松 3 ~ 5 min 后，再在原来扎止血带位置稍高的平面上扎止血带，不可在同一部位反复缚扎。

(10) 对使用止血带的伤员，应注意肢体保温，尤其在冬季，更应注意防寒。因为伤肢使用止血带后，血液循环被阻断，肢体的血液供应暂时停止，所以抗寒能力低下，容易发生冻伤。

(11) 取下止血带时，不可过急、过快地松解，防止伤肢突然增加血流。如松解过快，不仅伤肢血管（尤其是毛细血管）容易受损，而且能够影响全身血液的重新分布，甚至使血压下降。

(12) 取下止血带后，由于血流阻断时间较长，有时伤员可感觉伤肢麻木不适，此时可对伤肢进行轻轻按摩，即能很快缓解。

（三）包扎

伤口是细菌侵入人体的门户，如果伤口被细菌污染，就可能引起化脓或并发败血症、破伤风等，严重损害健康甚至危及生命。在煤矿井下，人受到外伤、有伤口存在时，要进行包扎，防止进一步污染，减少感染的机会。矿井发生火灾事故时，常致人烧伤，属热烧伤。由于热源温度的高低和接触人体位置不同，接触时间长短不一，浅者伤及皮肤各层，深者可达肌肉、骨骼，严重烧伤时可引起休克、全身感染，最后导致身体多个器官功能衰竭，危及生命。烧伤发生后，烧伤区毛细血管扩张，通透性增加，大量血浆样液体外渗，一部分渗入到组织间隙，引起组织水肿，一部分从创面渗出，这样造成血液浓缩，血容量减小，引起低血容量休克。大面积深度烧伤时，因大量红细胞破坏或大块肌肉组织损伤，常可导致急性肾功能衰竭。由于起保护作用、阻止外界细菌侵入的皮肤被毁，烧伤创面的坏死组织和渗出液又是细菌的良好培育场所，加上烧伤引起的人体免疫功能下降，因而常发生局部和全身感染，导致败血症。

抢救人员发现烧伤伤员时，要迅速使伤员脱离热源，如立即脱去着火的衣服，带伤员逃离火区，小面积肢体烧伤时可立即在冷水中浸泡或冲淋 0.5 ~ 1 h，以减轻损伤和疼痛。对无呼吸无心跳的人员，要立即进行心肺复苏；然后将烧伤处的衣袜和饰物（如手表等）去掉，不可强行剥脱，以免再度损伤。如果衣服与皮肤黏到一块时，可以沿着伤口的四周剪去其余衣服，但不要触动伤口，更不要去弄破水泡。由于烧伤伤员通常会有发冷的感觉，除了烧伤部位露出外，要用毯子为伤员保暖。

立即包扎创面，以保护创面、减少污染及引流渗出液。选用吸水性强的敷料进行包扎，敷料需超出创口边缘 5 cm 以上，包扎时压力要均匀，不能太松或太紧。太松使敷料与创面间残留死腔，致使渗出液积聚易于感染；过紧则对烧伤创面造成挤压，也可致循环障碍。不要使烧伤部位间相互接触，如手指间或脚趾间、耳朵与头部侧面、手臂表面和胸部、腹股沟的褶皱处。

1. 眼部烧伤包扎

如图 4 – 13 所示，用干净的敷料盖住双眼，外面用绷带环形包扎。

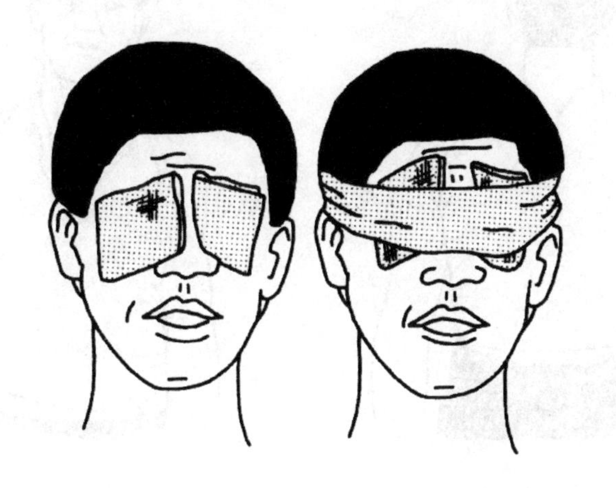

图 4 – 13　眼部烧伤包扎示意图

2. 头面部烧伤

（1）保持呼吸通畅。

（2）在烧伤部位覆盖几层纱布或吸水性强的干净毛巾、衣服上布片，然后将双耳后各放一块敷料，以防耳朵与头皮粘连。

（3）其外用三角巾包扎。

3. 颈部烧伤包扎

保持呼吸道畅通，用纱布或吸水性强的干净毛巾、衣服上布片盖住烧伤部位，然后再在敷料外包扎即可。

4. 背部烧伤

在烧伤部位盖上敷料，外面用三角巾包扎（图 4 – 14），其包扎方法如下。

（1）将三角巾顶角撕开成两角，绕过颈部在颌下打结。

（2）将三角巾底边绕过背部的下方，在前方腹部正中打结。

5. 胸部烧伤包扎

在烧伤部位盖上敷料，外面用三角巾包扎（图4-15），其包扎方法如下：

（1）将三角巾顶角撕开成两角，绕过颈部在颈后打结。

（2）将三角巾底边绕过腹部的下方，在背后腰部正中打结。

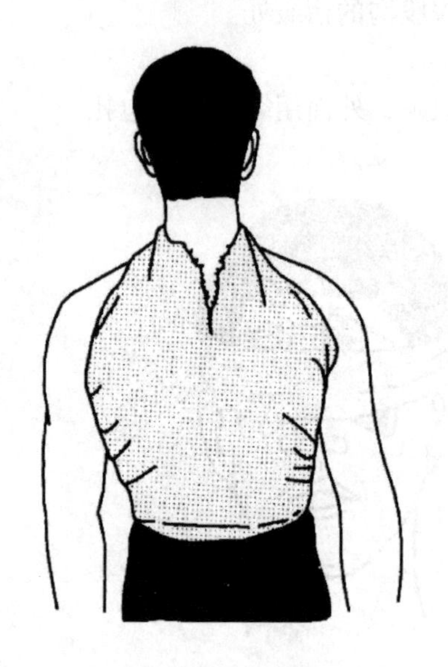
图4-14　背部烧伤包扎示意图

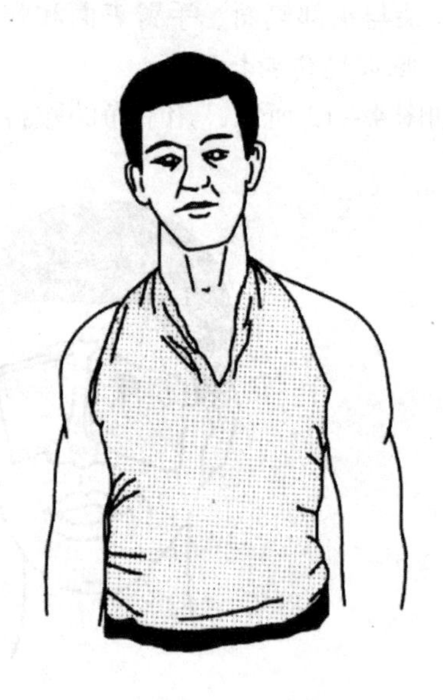
图4-15　胸部烧伤包扎示意图

6. 其他部位烧伤包扎

将烧伤部位盖上敷料，外面用三角巾等包扎。

（四）骨折固定

矿井发生火灾事故时，一般不直接造成矿工骨折，由火灾事故衍生的事故，如冒顶、逃生时摔倒、烧断钢丝绳而致跑车撞击等会造成骨折，需进行骨折固定等处理。正确良好的现场固定，能迅速减轻骨折伤员或关节脱位伤员的疼痛，防止休克，防止骨折断端损伤脊髓、内脏、血管、肌肉、神经及刺破皮肤，保护关节脱位时关节周围的韧带、血管和神经，便于运送到医院治疗。

（1）如有伤口和出血，应先行止血，不要弄脏伤口，即使伤口粘有煤泥等脏物，也不要动它，更不能用水冲洗，可松松地包扎伤口，然后再固定骨折，如有休克，应首先进行抗休克处理。

（2）临时固定骨折，只是为了制止肢体活动。在处理开放性骨折时，不可把刺出的骨端送回伤口，以免造成感染。

（3）固定夹板位置，要便于观察伤部，便于医院透视、拍片及检查等。上夹板时，除固定骨折部位上、下两端外，还要固定上、下两个关节，夹板的长度与宽度要与骨折的肢体相适应，其长度必须超过骨折部的上、下两个关节。

（4）夹板不可与皮肤直接接触，要用棉花或其他物品垫在夹板与皮肤之间，尤其是在夹板两端、骨突出部位和悬空部位，以免局部得不到有效固定与局部受压。

（5）固定应牢固可靠，并且松紧适度，以免影响血液循环。

（6）肢体骨折固定时，一定要将指（趾）端露出，以便随时观察血液循环情况，如发现指（趾）端苍白、发冷、麻木、疼痛、浮肿或青紫时，表示血运不良，应松开重新固定。

（五）伤员搬运

伤员经过现场急救处理后，重伤员和危重伤员需要搬运升井，护送到医院进行进一步救治。煤矿井下路线复杂，有平巷、斜巷及竖井，如搬运、护送不当，可使伤员伤情恶化，导致在现场的成功急救前功尽弃。所以，必须注重搬运过程中的护理，防止出现意外。

（1）在运送前，一定要先做好对伤员的检查和进行初步的急救处理，保证运送途中的安全。

（2）要根据伤情的轻重，选择适当的运送方法。

（3）用担架运送伤员时，一定要使伤员脚朝前，头在后，这样可以使后面的运送人员随时看到伤员的面部表情，发现有异常变化时，能立即停下来及时抢救。

（4）时刻观察伤员伤情。运送过程会不同程度地影响伤员伤情，有时甚至刺激、诱发某些症状的再度出现，如呕吐、抽搐等。因此，在运送途中要严密观察伤员的意识、呼吸、脉搏、血压、瞳孔、面色以及主要伤情的变化。如途中发现伤员呼吸、心搏骤停，应立即进行口对口人工呼吸及胸外心脏按压等进行抢救；如对肢体包扎过紧，造成四肢缺血而使手指、足趾变凉变紫，则应立即调整包扎；远距离长时间运送伤员时，止血带需定时放松。

（5）在行进中，动作一定要轻，脚步一定要稳，步伐一定要力求迅速且一致。千万要避免摇晃和震动。如条件许可，一副担架要另派2～3人跟随，以便随时接力更换，保证运送的速度。

（6）在井下沿下坡巷道向下运送时，伤员的头要在后面，担架尽量保持前低后高，以保证平稳和使伤员舒适；如果沿上坡巷道向上运送，则应头在前，脚在后。

（7）将伤员抬运到大巷以后，如有专车转送，一定要把担架平稳地放在车上并固定，使伤员身体与前进方向成垂直角度；担架要固定好，防止开车和刹车时碰伤。列车速度不宜太快，以避免颠簸，如用空矿车运送，更要固定好担架，将伤员牢固地绑在担架和车身上，担架两侧还应有人看护，并严格控制行车速度。

（8）在运送途中，一定要给伤员盖好毯子或其他衣物，使其身体保温，防止休克及受寒受冻。

（9）运送人员在运送过程中一定要时刻保持沉着镇定，不论遇到什么情况，都不可惊慌失措。

三、心理支持

矿井火灾事故发生后，被困人员经历了一场灾难，劫后余生，生理、心理上均受到强烈刺激，矿山应急救援人员在对其身体进行急救的同时，应给予被困人员恰当的心理援助，使其安静下来，配合救援，也利于日后的康复。

（一）被困人员应激反应分析

应激反应是机体受到对其构成威胁的任何刺激（应激源）而发生的多种激素参与的全身反应，是机体对变化着的内外环境所作出的一种适应。在遭受突如其来的矿井火灾事故时，现场的矿工除了有心悸、血压升高、呼吸加快、肌肉紧张等生理应激反应外，还会出现焦虑、恐惧、绝望，甚至可能出现妄想或轻度意识障碍等心理应激反应。

1. 生理应激反应

应激条件下机体的生理反应既是机体对应激源的适应调整活动，又是在某些情况下导致疾病的机制，一般经历如下 3 个阶段。

（1）警戒期。矿井火灾事故发生时，机体在受到刺激的初期，首先可出现休克时相，有短暂的神经张力降低、肌张力降低、体温下降、血压下降、血糖下降、血容量减少、心跳加快；其次出现抗休克时相，血压与血糖升高、血容量恢复、体温回升、肾上腺素分泌增加、呼吸加快、中枢神经系统兴奋性升高、机体变得警觉、敏感等反应，从而为机体逃离危险做好准备。

（2）抵抗期。遭受事故后，依旧没脱离危险，此时机体通过警戒反应适应应激源，处于与应激源长期抗衡的状态，在神经、内分泌和免疫系统的协调下，人体各系统均处于动员状态，生理反应超过正常状态，机体能量被消耗。若危险没解除，应激源刺激持续存在，机体应激反应进入衰竭阶段。

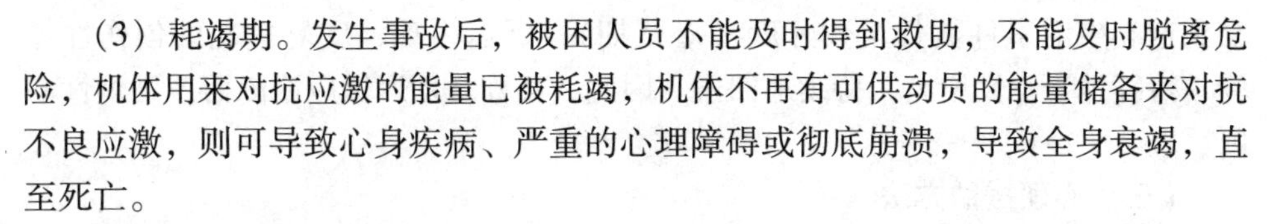

(3) 耗竭期。发生事故后，被困人员不能及时得到救助，不能及时脱离危险，机体用来对抗应激的能量已被耗竭，机体不再有可供动员的能量储备来对抗不良应激，则可导致心身疾病、严重的心理障碍或彻底崩溃，导致全身衰竭，直至死亡。

2. 心理应激反应

煤矿突发事故可导致人惊慌、茫然不知所措、恐慌、焦虑、痛苦、悲伤、愤怒和抑郁等多种情绪反应，有3个典型阶段。

(1) 第一阶段。矿井火灾事故发生时身处险境，大多数人的第一反应就是惊慌失措，不知如何面对这正在发生的一切。很多人除了惊慌失措之外，常伴有大声的哭喊，还有些人表现为“茫然”，对当前发生的一切麻木、淡漠、意识清晰度下降，不理会外界的刺激，僵在那里，呼之不应。这是由于突发的灾难触动了身体的自我保护机制，暂时将超载的信息阻隔在意识之外。

(2) 第二阶段。灾难过后，由灾难继发一些应激源，如同事的丧失、自己身体的伤残、没彻底脱离危险等，会使幸存者或被困人员出现焦虑、恐惧、愤怒、悲伤、痛苦、抑郁等情绪反应。

(3) 最后阶段。被困人员脱离危险，得到救治，表现为紧张和对事故的理解与接受。

(二) 被困人员常见的心理危机类型

遭受事故的被困人员，常见的心理危机有急性应激障碍（ASD）、创伤后应激障碍（PTSD）及自杀。据统计，严重的灾害事件的幸存者中发生ASD的概率可高达50%以上。出现异常的严重程度，是否会导致发病，与个体的性格特点、过去的经历、当时的处境、个体认知评价、应付危机的能力等因素有关。

1. 急性应激障碍

急性应激障碍是由剧烈的、异乎寻常的精神刺激、生活事件或持续困境等因素引发的精神障碍。患者在受刺激后（1 h之内）即发病，表现有强烈恐惧体验的精神运动性兴奋，行为有一定的盲目性，或者为精神运动性抑制，甚至木僵。当应激源消失后，症状也随之消退，预后良好，完全缓解。若精神症状持续超过4周，应诊断为创伤后应激障碍。

2. 创伤后应激障碍

个体对异乎寻常的、威胁性的、灾难性的生活事件的延迟出现和（或）持续存在的反应状态称为创伤后应激障碍，这些引起创伤后应激的生活事件又称为创伤性事件，包括个体性事件如被侮辱、被强奸、被隔绝、性虐待；严重的自然灾害如地震、洪水、火灾；人为的灾难如遭受战争、社会动荡等事件。当个体遭受到这类生活事件数日至数月后（潜伏期），延迟出现、反复重现的创伤性体验，持续地警觉性增高，持续地回避。因此，又称之延迟性应激障碍或延迟性心因反应。

（三）心理援助方法

1. 确保安全感

对刚刚经历了煤矿事故、绝处逢生的伤员来说，安全感是第一位的。

（1）要及时将伤员从危险环境中救出来，运至安全地点，并用简洁的语言告知伤员，顶板完好，空气新鲜，事情已经过去了，你现在是绝对安全的，请他放心。

（2）热情稳重、言简意赅地介绍自己，让伤员信任自己。可告诉伤员，自己是专门从事救人的应急救援人员，会一直全程陪护升井，一步不离其左右，并亲手转交到地面井口停放的120救护车上的医生与护士，然后拉到医院进行专门救治。

（3）立即对伤员进行身体检查，有出血的立即止血，骨折的立即固定，减轻其疼痛。伤员能从应急救援人员救治、搬运及对伤情处置中，感觉应急救援人员的专业技术及职业道德，从而获得安全感。

（4）对于依旧被堵、不能立即出来但能通话联系的人员，可告知他们：正全方位组织力量进行全力营救，并通报进度情况，特别是救援力量大小、上级领导的重视等。

2. 镇定与耐心

面对恐惧、焦急的伤员，千万不能自乱阵脚，否则不良的情绪将得到传染与放大。

（1）动作要快而不乱，说话平稳，语调要坚定，处处表现出来沉着，一切尽在掌握之中，给伤员以信心与心理上的依赖。千万不要显露出对伤员伤势的胆怯和畏缩，无论伤情如何或预后如何，都应给予肯定性的保证、支持与鼓励。

（2）与伤员语言交流中，应以亲切柔和的语调，即使对失去知觉的伤员也应如此，绝对不许有斥责之声。

（3）如果伤员愿意交谈，要注意聆听，要有耐心，不可心不在焉，不可应付与敷衍，要让伤员感觉到自己受到重视，要充分肯定和认可伤员。要给予伤员坚定有力、不容怀疑的解释，打消伤员的顾虑。

3. 给予实际的帮助

从最紧迫的需要着手，给伤员提供实际帮助。

（1）对于被堵时间较长的伤员，可提供水和食物，甚至给予纯氧吸入。

(2) 如果伤员需要，尽可能提供事故的正面信息，如事故已结束，危险解除。

(3) 帮伤员寻找合适、舒服的体位，呵护好伤员，如放松过紧的衣服，盖上保温毯保温。

(4) 及时组织力量，搬运升井，交由专业医护人员治疗。因调度车辆、组织人员而不能迅速起程时，要告知伤员实情及进度，使其安心。

4. 稳定情绪

各种各样的不良情绪在事故后都有可能出现，在现场救助时，要想尽办法使伤员恢复平静。

(1) 观察到伤员有情绪崩溃的迹象时，可教其用深呼吸、肌肉放松等简单方法，使之心情逐渐平静。

(2) 让伤员理解这些不良情绪，告知这些都是普通人在经历事故时会出现的情绪，放松他们的压力，并接受、适应这些不良情绪。

(3) 若出现极端情绪或精神错乱等情况，或致急性应激障碍发生，可现场辅助药物治疗，如镇定药等。

对刚从死神手中拉回的伤员来说，事故现场心理援助是至关重要的，在第一时间给予伤员心理安慰和适当的引导，能使伤员拥有积极的心态，从而激发出身体的一些潜能，在信念的支撑下战胜伤痛，可有效地减低死亡率与伤残率。应急救援人员应不断完善自己，拓展学习心理知识，在第一时间解决伤员的心理问题，提高救助效果。

第三节 搜救被困人员的伦理规范

矿井发生火灾事故后，搜救被困人员时可能会遇到一些选择困境，如被困人员多，分布点散，应该先去哪个位置救人？抢救人员时，遇险人员中有亲属，有不熟悉的矿工，应该如何开始施救？在人身安全与财产安全均面临险境时，如何取舍……矿山救援队在搜救时，诸多道德矛盾会在瞬间爆发，需研究应急救援中的伦理问题，严格遵守伦理规范。

一、伦理的基本内涵

伦理，是人伦道德之理，指一系列指导行为的观念，是对道德现象的哲学思考。它不仅包含着人与人、人与社会和人与自然之间关系处理的行为规范，而且也深刻地蕴涵着依照一定原则来规范行为的深刻道理。

伦理问题关注什么是公正、公平、正义或善，伦理是一种特殊的社会意识形态，是依靠社会舆论、传统习俗和人们内心的信念来维系的。伦理是社会的产物，它的产生根源于社会物质资料的生产。人类为了生存就必须生产，要生产就必定结成一定的生产关系，也就必然形成个人与个人、个人与集体和社会的各种关系和矛盾，进而产生如何处理这些关系、解决这些矛盾的态度和行为，以及对这些态度和行为的看法和评价，从而产生一系列伦理规范。

在开展应急救援的时候，必然会涉及关于先去甲地搜救后去乙地搜救、先救亲属后救其他被困人员、取人身安全而舍财产安全等救援行为的“对错”“好坏”“善恶”等判断，因而也就形成了非常复杂的伦理关系。

二、伦理困境

在搜救被困人员面临选择、取舍时，如先救甲、乙中的哪位，在情况危急时是保全被困人员生命为主，还是冒险保命与减小伤残，经过道德分析之后，仍然不知道何种行动方案是正当的，何种决定或行动是正确的，矿山救援队就会陷于伦理困境。

（一）主观责任与客观责任

在搜救被困人员时，如发现甲乙两人同时需要被救，矿山救援队有责任救甲，也有责任救乙，但是受客观条件限制，不可能同时救出二人，即履行救甲时，则不得不违背救乙的责任，于是，引起责任冲突，责任冲突是矿山救援队在救援时遇到伦理困境最为典型的冲突。

责任来自两个方面：一是来自外部因素规约的客观责任；二是来自个人内心驱动的主观责任。

1. 客观责任

来自外部因素所构成的责任称之为客观责任，包括法律、制度、组织内的规范、人和组织的负责关系、任务承诺等。在事故救援时，矿山救援队需依照规程及有关规定积极开展救援行动。

2. 主观责任

主观责任由根植于人内心的理想、信仰、良知等构成，当客观责任不明确或客观责任的既定框架不能解决问题时，矿山应急救援人员可以在主观责任的驱使下，自由裁量、决断，有效保障被困人员安全与国家财产安全。例如，铜川陈家山矿 2001 年 4 月 6 日发生瓦斯爆炸事故，救援队在探察救人时，发现了爆炸产生的位于巷道底部的火源，火势不大。此处巷道顶部瓦斯浓度在 10% 以上，底部瓦斯浓度在 1% 以下，救援队在主动向抢救指挥部汇报后，采取果断措施就近利用巷道积水实施直接灭火，迅速扑灭了火源，有效地防止了灾情扩大，为事故抢救赢得了宝贵时间，仅用38 h就完成了事故抢救。

（二）责任冲突的种类

在救援实践中，责任冲突有3种常见的形式，分别是权力冲突、角色冲突和利益冲突。

1. 权力冲突

权力冲突是指不同的权力来源从外部强加给矿山救援队两种或两种以上相互冲突的客观责任时所产生的冲突。权力的来源有法律、组织的领导和公众等，如果两种权力对矿山救援队救援行动的要求不一致，那么矿山救援队就会处在令人心烦意乱的尴尬之中。权力冲突是矿山救援队在事故救援中最大的困惑，影响救灾进度，甚至扩大事故，引发自身安全事故。

2010年3月31日19时，河南省洛阳市伊川县某煤矿发生煤与瓦斯突出事故，继而引起瓦斯爆炸及火灾。在事故处理期间，4月2日指挥部一成员安排救援队对副斜井发射高泡封闭火区，另一成员安排救援队清理高泡，救援队无所适从，请示指挥部，依旧是按命令且必须同时执行。于是，4月2日4点班，在副斜井井口出现了匪夷所思的一幕：救援队一小队发高泡，另一小队在高泡机发射头前打散高泡。

2002年10月10日，某矿一采煤工作面发生瓦斯爆炸事故，正值交接班期间，无被困人员，指挥部一成员命令矿山救援队立即进入探察，另一成员则下命令禁止矿山救援队进入，救援队最后只好冒险进入，工作面中瓦斯浓度达8%，所幸瓦斯爆炸后无火源点，没有扩大事故。

1983年4月11日，江西丰城局救护队在处理某矿3115掘进工作面火灾过程中，未及时成立抢救指挥部，未形成统一的指挥系统，救援队下井缺乏统一指挥，3个矿长、1个副局长和1个生产处长下井后，井上下电话联系不上，现场形成多头指挥，在第5次进入洒水灭火时发生了爆炸，共死亡25人，伤16人，其中救援队死亡11人，伤10人。

2. 角色冲突

在现实的社会中，人总是处在一定的社会关系之中并扮演一定的角色，而且在特定的历史时期，社会还会给每一角色规定特定的伦理义务，需要他在生活中努力地依角色践行。如在家庭中，或儿女，或夫妇，或父母；在单位里，或职工，或下属，或领导。如果一个人仅处于一种关系中，且社会对该关系中的角色所赋予的伦理义务永恒不变，那么对这个人来说，就不会产生什么伦理冲突了，但是在社会实际生活中，一个人总是处在多种角色之中，且多种角色往往是互相重叠地纠缠在一起，有时难以分清，这就会造成各个不同角色在伦理义务之间的冲突。

2005 年 10 月 3 日 4 时 36 分，鹤壁煤业公司某矿 38 煤柱 I 工作面采空区发生特别重大瓦斯爆炸事故，造成 34 人遇难，19 人受伤（其中重伤 1 人），直接经济损失 801 万元。在营救遇险人员时，矿山救援队一队员突然发现，他父亲已遇难，正在往外搬运，于是号啕大哭。作为儿子，他需陪同已遇难父亲升井、处理后事，作为矿山应急救援人员，他有责任继续参加救援行动。带队中队长了解情况后，主动安排这名队员陪同其父亲，于是化解了这场伦理困境。

3. 利益冲突

社会系统中的冲突或多或少地与利益有关，利益是或隐或现地诱发冲突的根源。如公共利益与个人利益、整体利益与局部利益之间，存在着激烈的冲突。

三、伦理决策

面对伦理困境时，需要进行伦理行为的选择，即伦理决策。伦理决策时，决策是建立在道德思考上，受到社会文化、宗教信仰、法律规范、环境及个人当时情绪的影响，伦理决策没有现成的答案，也没有绝对的对与错。

（一）伦理决策理论

1. 结果论

结果论又称结果主义，用于描述这种理论：判断一个行为是对还是错的时候，不是以实施行为者的动机而是以行为所导致的结果为依据。结果论中最具代表性的理论是功利论。一般认为，撒谎总是错误的，但是结果主义会从撒谎所造成的结果或者将会有什么样的结果判断撒谎行为的对错。

功利论（或称功利主义）是主张以人们行为的功利效果作为道德价值的基础或基本评价标准的伦理学理论。功利主义认为，一项行动是否符合伦理道德，要看它的后果是什么，后果的好坏如何，只要一个行动的后果是好的，那么这个行动就是道德的。

功利主义的基本原则是最大多数人的最大利益或最大多数人的最大幸福，即判断后果好坏的标准是快乐和幸福，也就是一个行动是带来快乐和幸福，还是带来痛苦和不幸，道德行为就是能够给最大多数人带来最大的幸福或者快乐的行为。

2. 义务论

义务论也称道义论，它是指人的行动必须按照某种道德原则或某种正当性去行动的伦理理论，具体说，就是围绕义务、责任这些道德概念，以阐释什么是道德规范，以此来指导人们具体行为和生活的道德主义观及伦理理论。它的表达形式：该做什么、不该做什么以及如何做才是道德的。义务论要求个人严格克制自己的感性欲望而遵守义务规则。

义务论强调行为本身的正当性，评价一个行为的正确与否不在于行为的后果，而应依据行为本身所具有的特性或行为所依据的原则，主张个体要遵照某种既定原则、规则或事物本身固有的正当性去行动，有些原则或规则不管后果如何都必须贯彻。如某人报复社会去街上杀人，结果阴差阳错杀了一个逃跑的死刑犯。按照结果论的观点，杀死逃跑的死刑犯是好的，但从义务论来看是不好的。

3. 美德论

美德是世间最美好、最有价值的财产。矿山救援队的行为中含有更多的奉献成分和牺牲精神，拥有这项财产比拥有其他一切都更重要。

美德论又称德性论或品德论，是道德领域和伦理学的重要内容，主要研究做人应具备的品格和品德。美德论认为，道德行为的依据不在于事情的后果，不在于这件事情本身是否必须去做，而在于我们应该建立良好的品格，然后根据品格去做事。美德论强调的是人自身所具有的善良或者德行的品质，而不是人的行为、行为结果或者规则。美德论关注的重点不是我“应该做什么”，而是“我应该成为哪一种人”。

结果论和义务论确定了人们行动的原则与准则，认为伦理的任务就是为人们的行动提供符合伦理与道德的总体原则和指导。但这两种伦理观并没有规定我们要把自己塑造成怎样的人。依据美德论的观点，在应急救援实践中，一系列道德原则和规范对矿山救援队灾区行为予以指导和约束，以期使他们的行为符合道德要求，但这并不能保证所有人员的行为都是道德的，因为道德与否还与他们的品质有关。美德论强调个体的道德品质和良好的道德修为，以及通过何种方式使人成为有德行的善良的人。具有良好道德品质的人会主动严格要求自己，不仅使自己的行为符合基本的道德要求，而且有可能实现升华，达到更高的道德境界。相反，一个人的道德品质有问题，即使设计了非常完备的制度和规范，他也有可能为了个人利益钻规范和制度的空子，做出违反道德的事。

（二）伦理决策的过程

（1）要想从多个方案中最终获得理想的决策方案，首先要考虑的是道德规范和伦理准则，道德规范和伦理准则可以为每一种备选案提供道德和伦理支撑。

（2）要考虑的是“答辩彩排”。矿山救援队用自问的方式，系统地思考每一种备选方案。可以设想一下：“假如要求我们在大庭广众之下对自己所选择的方案进行辩护，那么我们该如何做呢?”。当生动地想象自己将如何设法向上级、下属、同行、新闻媒体或是法院作出解释，即阐明自己之所以选择某一方案的理由时，道德想象力再次发挥了它的关键性作用。

（3）预期的自我评价是探讨在决策过程中如何实现情感和理性决策完美结合，也就是测试救援行动过程与自我形象之间的契合程度如何。当我们设想自己在各种不同的行动过程中的不同体验时，我们会同时经历一个与每一种行动方案直接相关的自我评价过程。这些预期的自我评价可能会产生罪恶感、悲情及自责等情绪体验。当我们执行与自己的价值观不一致的决策，在自己的内心审视自己的时候，我们不会喜欢想象中的自我；当我们以一种使我们感到满足并能获得赞扬或至少是认可的方式来采取行动时，这样的感觉会吸引我们，努力争取期望中的满足感。所以，要以"能够获取期望中的赞同"的救援行为方式，作为理想的伦理方案。

四、搜救被困人员时伦理规范核心内容

1. 以人为本，生命至上

尊重生命是人道主义伦理最基本的信条，也是矿山救援队在确定救援行动中优先次序的最重要原则，抢救生命是优先于其他工作的第一要务。如果生命权与其他权益发生冲突，其他权益的保护应让位于抢救生命，确保践行生命至上伦理原则。《矿山救援规程》规定：抢救事故灾害遇险人员是矿山救援队的首要任务。但是，当挽救更多的财产可能意味着挽救更多生命的时候，挽救更多的物资财产就会被放到优先抢救的位置上。2004 年 5 月 14 日 2 时 50 分，鹤壁煤业公司某矿 2305 北工作面上隅角位置采空区内发生瓦斯燃烧事故，矿山救援队利用 DQP－200 型惰泡发生装置注惰灭火成功。5 月 24 日 4 点班，一个小队负责接风筒排放上顺槽惰气，以备恢复生产。该小队违规将呼吸器、自救器等装备置于风机附近，往里接风筒 30 节（300 m）至上隅角后，小队长安排队员先撤离，自己又检查一下现场情况后独自往外走，走有 120 m，感觉呼吸困难，呼叫前方先撤的队员，但没叫应，该小队长取出随身携带的电工刀划开风筒，释放风筒内的空气供自己呼吸，边往外撤边划风筒，安全撤出，但破坏了 18 节风筒。后来矿山救援队追查，处分了该小队违章行为，同时奖励了该小队长的成功自救。但是，如果上隅角有人，该小队长划破风筒，保全了自己，不但破坏了财物，而且会造成更多的生命丧失。

生命至上，也包含不得以应急救援人员的生命去换取被困矿工生命，更不得以应急救援人员的生命去冒险抢救遗体。《矿山救援规程》规定：在高温、浓烟、塌冒、爆炸和水淹等灾区，无需抢救人员的，矿山救援队不得进入；因抢救

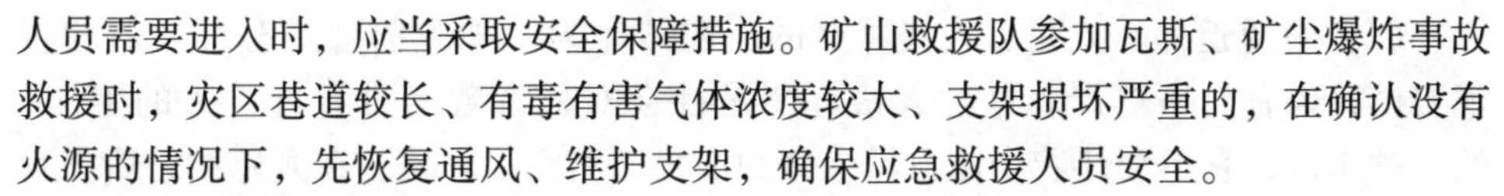

人员需要进入时，应当采取安全保障措施。矿山救援队参加瓦斯、矿尘爆炸事故救援时，灾区巷道较长、有毒有害气体浓度较大、支架损坏严重的，在确认没有火源的情况下，先恢复通风、维护支架，确保应急救援人员安全。

2. 保护最大多数人的利益

在搜救被困人员时，由于时间、人力、物质等资源限制，必须对救助的对象有所取舍时，也应当遵循这一原则。《矿山救援规程》规定，矿山救援队进入灾区探察时，首先将探察小队派往可能存在遇险人员最多的地点。

3. 不以无辜者为代价保全他人利益

如果对一部分人利益的保护会损害另一部分人的利益时，不应单纯以各方相关利益的多寡作为判断条件，必须辨析他们在灾害中是否具有同等的受害概率。如果两部分人群所涉利益悬殊，牺牲少数人的利益确实有利于全局，则少数人的牺牲应当基于自愿的原则。

4. 公正原则

被困人员有权利得到救助和保护，矿山救援队在搜救人员时，应根据公正原则提供援助，援助的优先级仅以需求为衡量标准，这就要求根据需求和需求比例来提供援助。《矿山救援规程》规定，有多名遇险人员待救的，按照“先重后轻、先易后难”的顺序抢救；无法一次全部救出的，为待救遇险人员佩用全面罩正压氧气呼吸器或者自救器。

5. 非歧视原则

矿山救援队在搜救被困人员时，任何人都不得因年龄、性别、人种、肤色、种族、性取向、语言、宗教、残障、健康情况、政治或其他见解、国籍或社会出身等理由受到歧视，即应该采取非歧视原则。

6. 无罪免责原则

矿山救援队在搜救被困人员时，由于时间紧迫，时间就是生命，有时需要对被困人员采取非常措施、非常手段，但是并不是每一次的非常措施、非常手段的实行，都能得到良好的救助效果。如果非常措施、非常手段是经过科学分析、合理决策，即使出现不良的救助效果，应予以理解和支持，要确定其无罪免责。

7. 尊重

（1）尊重被困人员。矿山救援队在搜救被困人员时，应将被困人员视为有尊严的个人，而非无助的对象。在行动中，不可失去对被困人员的尊重，应将其视为对等伙伴，千万不可以救世主的姿态出现在他们面前。在给指挥部汇报或总结时，只应描绘灾区客观情境，被困人员状态，如呼吸、心跳情况，肢体情况，不得讨论或谈论被困人员的弱势与恐惧。

（2）尊重遗体。人是有人格尊严的，遗体作为一种先前曾经有过生命的客观实体，也有人格尊严。这种人格尊严是社会对死者曾经具有过“人的生命”的一种承认，它不会伴着个体自然生命的消亡而消亡；相反，在人死亡之后，其人格尊严依旧随着整个社会的发展而继续存在。曾子曰：慎终追远，民德归厚矣。做好遗体处理，建立遗体处理的道德规范，这关系到社会人际伦理的深层意识，关系到我们每一个人的利益。

矿山救援队在搜救被困人员时，发现有遇难者，在搬运遗体时，要做到：①心存敬畏，不得玩笑、言语轻慢；②对于被压被埋的遗体，不得生拉硬扯，不得动作粗鲁，在清理净所压煤或矸后，慢慢扒出；③多人遇难时，先将已扒出遗体放置一边，用风筒布覆盖或用毛巾盖住头面，有条件的可设专人看护，防止救灾现场受人践踏；④对于腐烂有味的遗体，可在遗体周围及遗体上喷洒高度酒，但不得喷到头面部；⑤在理顺遗体姿态以方便搬运升井时，不得硬拉硬顺，对于遗体僵硬不能理顺的，维持原状，用矿车运输。

第五章 实 施 灭 火

矿井火灾事故发生后，先采取一系列措施，保障被困人员安全，矿山救援队顺利进入灾区，搜救被困人员并实施救治，然后引导出灾区，最后实施灭火。

第一节 矿井灭火概述

一、灭火原理

火的三要素为热源、燃料（可燃物）和氧气（氧化剂），在火灾处置中，如果能够阻断火的三要素的任何一个要素就可以扑灭火灾。常见灭火方式如下。

（1）冷却：把燃烧物质的温度降低到燃点以下。

（2）隔离和窒息：使燃烧反应体系与环境隔离，抑制参加反应的物质。

（3）稀释：降低参加反应物（液、气体）的浓度。

（4）中断链反应：现代燃烧理论认为，燃烧反应是由于可燃物分解成游离状态的自由基与氧原子相结合，发生链反应后才能发生的。因此，阻止链反应发生或不使自由基与氧原子结合，就可以抑制燃烧，达到灭火目的。

二、灭火方法分类

煤矿井下常用的灭火方法可分为直接灭火、隔绝灭火和联合灭火三类。

1. 直接灭火法

直接灭火法就是用水、砂子、岩粉、化学灭火器、高倍数泡沫灭火器以及挖除火源等方法来扑灭火灾，是一种积极有效的灭火方法。具备直接灭火条件的火灾，应尽量采用直接灭火法灭火，以减少火灾造成的损失。

2. 隔绝灭火法

当火灾面积大、火势猛、不能用直接灭火法灭火时，可用密闭墙将火源密闭或将发火区域严密地封闭起来，即封闭所有与火区连通的巷道和裂缝，以防新鲜空气进入火区，然后采用均压技术或灌注泥浆、河沙、粉煤灰等，并利用火区产生的惰性气体（二氧化碳）使火区加速熄灭，这种方法称为隔绝灭火法。使用隔绝灭火法，封闭的区域愈小愈好。

3. 联合灭火法

实践证明，单独使用密闭墙封闭火区，熄灭火区所需时间很长，影响生产。如果密闭质量不高，漏风较大，将达不到灭火的目的。通常在火区封闭后，还要采取一些积极措施，这就叫做联合灭火法，也叫综合灭火法。

我国煤矿常用的联合灭火法是向封闭的火区灌注泥浆或惰性气体以及采用均压灭火法等。因此，隔绝灭火法和综合灭火法应在火区范围很大，缺乏灭火器材和人员，难以接近火源，用直接灭火法或对人员有危险时采用。

三、扑灭不同地点火灾的方法

1. 进风井口建筑物火灾的处置

处置进风井口建筑物火灾，应当采取防止火灾气体及火焰侵入井下的措施，可以立即反风或者关闭井口防火门；不能反风的，根据矿井实际情况决定是否停止主要通风机，同时，采取措施进行灭火。

2. 开凿井筒井口建筑物火灾的处置

处置正在开凿井筒的井口建筑物火灾，通往遇险人员作业地点的通道被火切断时，可以利用原有的铁风筒及各类适合供风的管路设施向遇险人员送风，同时采取措施进行灭火。

3. 进风井筒火灾的处置

处置进风井筒火灾，为防止火灾气体侵入井下巷道，可以采取反风或者停止主要通风机运转的措施。

4. 回风井筒火灾的处置

处置回风井筒火灾，应当保持原有风流方向，为防止火势增大，可以适当减少风量。

5. 井底车场火灾的处置

（1）进风井井底车场和毗连硐室发生火灾，进行反风或者风流短路，防止火灾气体侵入工作区。

（2）回风井井底车场发生火灾，保持正常风流方向，可以适当减少风量。

（3）直接灭火和阻止火灾蔓延。

（4）为防止混凝土支架和砌碹巷道上面木垛燃烧，可在碹上打眼或者破碹，安设水幕或者灌注防灭火材料。

（5）保护可能受到火灾危及的井筒、爆炸物品库、变电所和水泵房等关键地点。

6. 井下硐室火灾的处置

（1）着火硐室位于矿井总进风道的，进行反风或者风流短路。

（2）着火硐室位于矿井一翼或者采区总进风流所经两巷道连接处的，在安全的前提下进行风流短路，条件具备时也可以局部反风。

（3）爆炸物品库着火的，在安全的前提下先将雷管和导爆索运出，后将其他爆炸材料运出；因危险不能运出时，关闭防火门，人员撤至安全地点。

（4）绞车房着火的，将连接的矿车固定，防止烧断钢丝绳，造成跑车伤人。

（5）蓄电池机车充电硐室着火的，切断电源，停止充电，加强通风并及时运出蓄电池。

（6）硐室无防火门的，挂风障控制入风，积极灭火。

7. 井下巷道火灾的处置

（1）倾斜上行风流巷道发生火灾，保持正常风流方向，可以适当减少风量，防止与着火巷道并联的巷道发生风流逆转。

（2）倾斜下行风流巷道发生火灾，防止发生风流逆转，不得在着火巷道由上向下接近火源灭火，可以利用平行下山和联络巷接近火源灭火。

（3）在倾斜巷道从下向上灭火时，防止冒落岩石和燃烧物掉落伤人。

（4）矿井或者一翼总进风道中的平巷、石门或者其他水平巷道发生火灾，根据具体情况采取反风、风流短路或者正常通风，采取风流短路时防止风流紊乱。

（5）架线式电机车巷道发生火灾，先切断电源，并将线路接地，接地点在可见范围内。

（6）带式输送机运输巷道发生火灾，先停止输送机，关闭电源，后进行灭火。

8. 独头巷道火灾的处置

（1）矿山救援队到达现场后，保持局部通风机通风原状，即风机停止运转的不要开启，风机开启的不要停止，进行探察后再采取处置措施。

（2）水平独头巷道迎头发生火灾，且甲烷浓度不超过2%的，在通风的前提下直接灭火，灭火后检查和处置阴燃火点，防止复燃。

（3）水平独头巷道中段发生火灾，灭火时注意火源以里巷道内瓦斯情况，防止积聚的瓦斯经过火点，情况不明的，在安全地点进行封闭。

（4）倾斜独头巷道迎头发生火灾，且甲烷浓度不超过2%时，在加强通风的情况下可以直接灭火；甲烷浓度超过2%时，应急救援人员立即撤离，并在安全地点进行封闭。

（5）倾斜独头巷道中段发生火灾，不得直接灭火，在安全地点进行封闭。

（6）局部通风机已经停止运转，且无需抢救人员的，无论火源位于何处，均在安全地点进行封闭，不得进入直接灭火。

9. 回采工作面火灾的处置

（1）工作面着火，在进风侧进行灭火；在进风侧灭火难以奏效的，可以进行局部反风，从反风后的进风侧灭火，并在回风侧设置水幕。

（2）工作面进风巷着火，为抢救人员和控制火势，可以进行局部反风或者减少风量，减少风量时防止灾区缺氧和瓦斯等有毒有害气体积聚。

（3）工作面回风巷着火，防止采空区瓦斯涌出和积聚造成瓦斯爆炸。

（4）急倾斜工作面着火，不得在火源上方或者火源下方直接灭火，防止水蒸气或者火区塌落物伤人；有条件的可以从侧面利用保护台板或者保护盖接近火源灭火。

（5）工作面有爆炸危险时，应急救援人员立即撤到安全地点，禁止直接灭火。

10. 采空区或者巷道冒落带火灾的处置

采空区或者巷道冒落带发生火灾，应当保持通风系统稳定，检查与火区相连的通道，防止瓦斯涌入火区。

四、实战中常用灭火方法分析

1. 用水直接灭火

用水直接灭火，简单易行、经济、有效，适用于火势较小、范围不大，特别是处于发火初始阶段，有充足的水源，风流畅通水蒸气易于排放，巷道支护牢固，火源附近甲烷浓度低于2%的地方。在实际处置火灾事故中，往往因为水源供给不足，以致火势发展、扩大，所以采取用水直接灭火时，要积极寻找水源，利用一切可能的管道来输送灭火用水，如注浆管、压风管、高压管等。用水直接灭火时，如果操作不当会导致水煤气爆炸伤人，此类事故在陕西崔家沟、广东西村、开滦赵各庄、辽宁烟台等煤矿处理火灾时都发生过。

2. 水淹灭火

只有在万不得已时才可使用水淹灭火，因为恢复工作困难，且如果不能全部淹没火区，还有复燃的可能。但水淹灭火安全，灭火彻底。

3. 用砂子或岩粉灭火

砂子、岩粉适宜于扑灭电气火灾。电气设备着火后，可用砂子或岩粉直接撒盖在燃烧物体上将空气隔绝，将火扑灭。

4. 干粉灭火器灭火

干粉灭火器具有轻便、易于携带、操作简单、能迅速灭火等优点，可以用来扑灭矿井初起的各类小型火灾。灭火有效半径小（5 m 左右），需靠近火源点。可通过风筒将干粉随风送入火区，起到减缓火势发展的作用。

5. 泡沫灭火器灭火

泡沫灭火器是一种简易的泡沫发生装置，发泡量少，主要用于小范围的火灾。如果扑灭大面积的火灾，可用高倍数泡沫灭火机连续发泡灭火。

6. 隔绝灭火

建造密闭墙切断通往火区的空气，进而使氧气含量降低，达到灭火的目的。隔绝灭火适用于直接灭火不成功，人员不能接近火区时，但费时费力，且在封闭时易发生瓦斯爆炸事故。如果有漏风存在，起不到隔绝灭火的效果。与惰气发生装备配合使用，即封闭前发惰气，排除灾区内的氧气及瓦斯等可燃可爆气体，可有效防止瓦斯爆炸。封闭后，可往火区注浆、注入 CO_2 或 N_2 气体，均压。均压可以防止漏风，火区注浆可以封堵漏风，同时火区注浆与 CO_2、N_2 气体作用一样，可以加速火区窒息。

7. 均压灭火

均压灭火又称风压调节灭火，其实质是设置调压装置或调整通风系统，降低漏风通道两端的风压差，减少漏风量，达到抑制火势的目的。但调压需精准，实战中比较困难，可在均压条件下阻止瓦斯涌出，阻止含有 CO 气体的烟流流向救灾人员，再采取其他方法灭火。

第二节 燃油惰气发生装置灭火

燃油惰气发生装置利用煤油燃烧，除掉空气中的氧气，将主要成分为氮气、二氧化碳的燃烧产物（即惰气），压入火区进行灭火。燃油惰气发生装置产气量大，最小型号的 DQ150 产气量为 150 m^3/min，最大型号的 DQ1000 产气量达 1000 m^3/min，在不封闭火区的情况下也能迅速置换掉火区内氧气与瓦斯。燃油惰气在稀释火区氧气浓度、窒息火源的同时，也稀释瓦斯浓度和其他可燃可爆气体浓度，能有效防止瓦斯爆炸；发生装置出口气体压力大，气体进入火区后造成火区内正压，减少了漏风并抑制瓦斯涌出；进入火区内的惰性气体，因分子直径小，扩散快，易于穿过冒落区、小孔、裂隙迅速充满整个火区空间。

一、燃油惰气发生装置

（一）工作原理

在风机供风条件下，煤油在特制的喷油室内喷出形成均匀油雾，与空气充分混合，点火后，受火焰稳定器作用，在充水保护套的燃烧室内进行急剧、稳定、连续地氧化反应，经燃烧除氧后的产物—惰气（主要成分为 N_2、CO_2、CO 及少量的水蒸气、浓度小于 5% 的 O_2）通过烟道内喷水冷却降温，送往火区灭火。而 DQP 系列惰泡发生装置是利用 DQ 制出的惰气进行发泡，形成惰泡进行灭火。每个惰泡里均包裹着惰气，在破泡后释放出窒息性气体，惰泡兼具惰气和泡沫灭火的优点。

（二）结构

燃油惰气发生装置一般由供风系统、喷油室、燃烧室、供水降温系统、烟道、监控台等部分组成，DQP－200 型惰泡发生装置如图 5－1 所示。

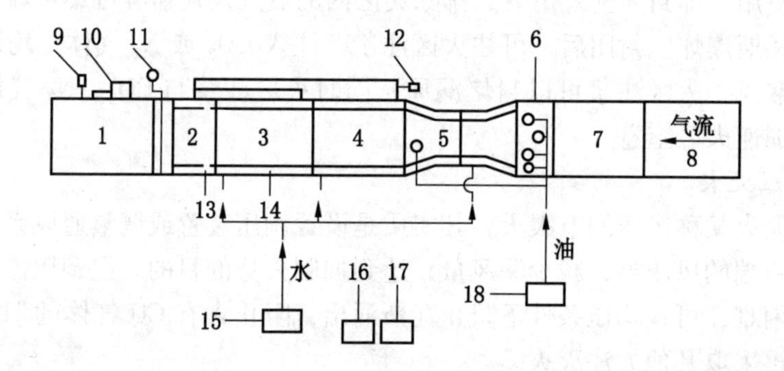

1—烟道；2—喷水降温系统；3、4—燃烧室；5—二级喷油室；6—一级喷油室；
7、8—供风系统；9—温度传感器；10—氧含量测量仪；11—封闭门；
12—水压传感器；13—喷水嘴；14—水套；15—潜水泵；
16—控制箱；17—监控台；18—油泵

图 5－1　DQP－200 型惰泡发生装置结构示意图

1. 供风装置

供风装置供给燃烧所需空气，也是输送惰泡的主要动力装置。由 12 kW 子午加速风机和 12 kW 轴流风机串联成供风机组。在风机的进口端设有扇形调节板，可调节进风断面大小以控制供风量。风量大于 300 m^3/min，风压为 3920 Pa。

2. 燃烧系统

燃烧系统是产生惰性气体的核心装置，如图 5－2 所示，主要由喷油嘴 10、燃烧室 4、喷油室 5、6、点火器 3 和点火线圈 8、油泵、压力表、压力传感器等组成。

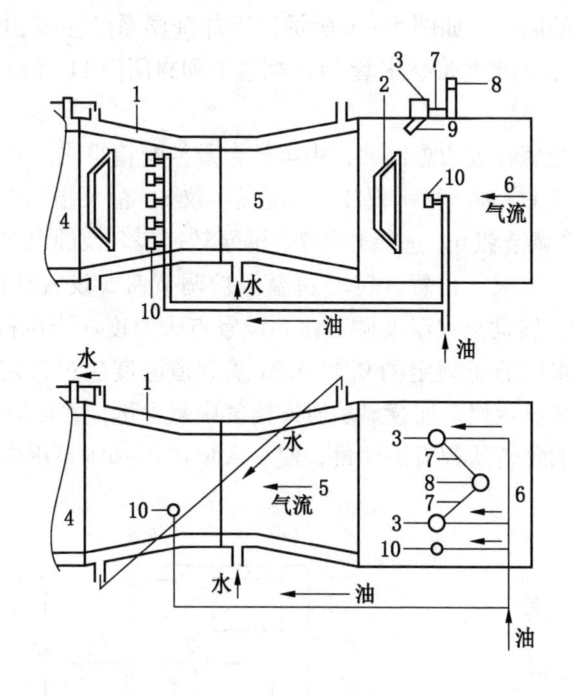

1—水套；2—火焰稳定器；3—点火器；4—燃烧室；5—二级喷油室；
6—一级喷油室；7—高压线；8—点火线圈；
9—传焰管；10—喷油嘴

图 5－2 惰气发生装置燃烧系统组成图

煤油经油泵压出，经油管、喷油嘴 10，分别在一级燃烧室 6、二级燃烧室 5 喷出，与空气混合，一级燃烧室 6 内的油气混合物，经传焰管 9 传出点火器 3 产生的火花点燃燃烧，燃烧的火焰又点燃二级燃烧室 5 内的油气混合物，在燃烧室 4 中发生剧烈的氧气反应，消耗掉空气中的氧气，产生高温的惰性气体。二级喷油，两次燃烧。一级喷油量与二级喷油量之比为 1：6，以控制一级喷油室温度，且燃烧后剩余氧气及煤油，在二级喷油室 5 内再次加油燃烧，保证充分混合以彻底除氧，节省了煤油，同时降低了氧含量。

火焰稳定器 2 的作用是稳定火焰，防止产生喘振燃烧和大的噪声。

供油系统如图 5－3 所示。油泵配备为调速电机，通过调整其转速，可调整泵油量，从而调整合适的风油比。

3. 冷却降温系统

煤油燃烧时温度高达 1600 ℃，故需用水作冷却介质来保护燃烧室不被烧坏且降低出口气体的温度。如图 5－1 所示，冷却降温系统主要由环形喷水嘴 13、潜水泵 15、分水器、水龙带、水套 14、烟道 1 和封闭门 11 等组成。

4. 电控系统

电控系统是全套装置的总机关，由监控台及控制箱组成。图 5－4 为监控台，其上有氧量显示仪 1、油压显示仪 2、温度显示仪 3、油泵指示灯 4、超温保护调节钮 5、点火温度调节钮 6、选择开关 7、油泵转速表 8 及油泵转速调节钮 9。将选择开关 7 拨到“上限”位置，转动超温保护调节钮 5 设置烟道保护温度；拨到“下限”位置，转动点火温度调节钮 6 设置点火温度。当风机、水压正常时，则自动点火，如水压低于规定的 0.15 MPa 或烟道温度超过设定的保护温度时，则自动熄火。氧量显示仪 1 连续显示所发惰气中氧含量，并可通过调节油泵转速调节钮 9 来调节油泵转速调节供油量，使氧含量在 0～5% 范围内。

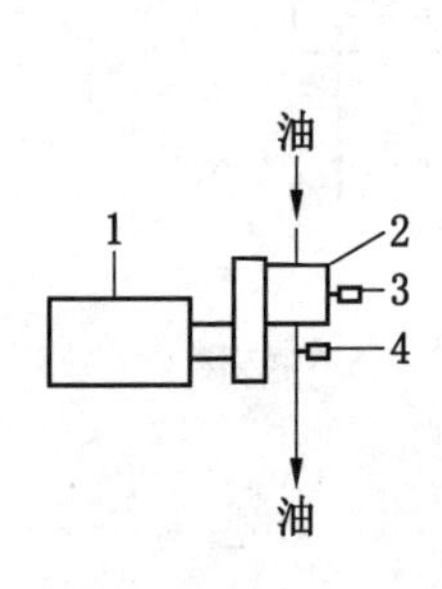

1—调速电机；2—油泵；
3—转速传感器；
4—油压传感器

图 5－3 惰气发生装置供油系统结构图

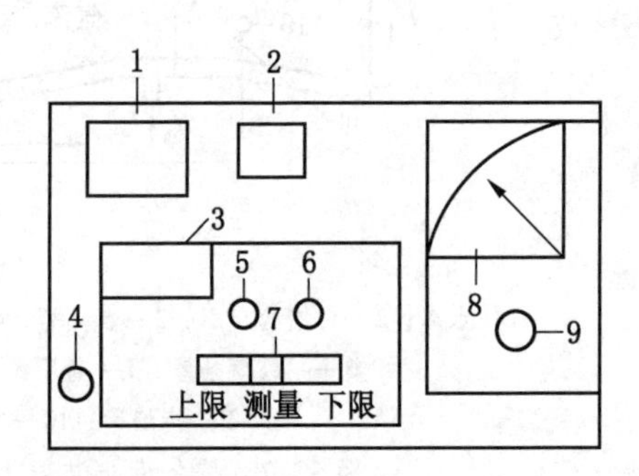

1—氧量显示仪；2—油压显示仪；3—温度显示仪；
4—油泵指示灯；5—超温保护调节钮；6—点火温度调节钮；7—选择开关；8—油泵转速表；
9—油泵转速调节钮

图 5－4 惰气发生装置监控台

图 5－5 为防爆型控制箱，有水泵、风机、油泵电源插头、开关钮 6、总电源 7、油泵控制线 8。水泵及风机电源由此输入并由开关钮 6 控制，油泵电源则由监控台通过控制线 9 控制。

图5－1中，在烟道1上增加了氧含量测量仪10，可连续监测所发惰气中氧含量，通过调整油泵转速来调整供油量，达到调整氧含量目的。氧含量测量仪为氧化锆微氧量分析仪，该仪器以氧化锆材料为敏感元件，使用单片机作为变换与控制的核心，操作简便，响应迅速，性能稳定，日常维护量小。

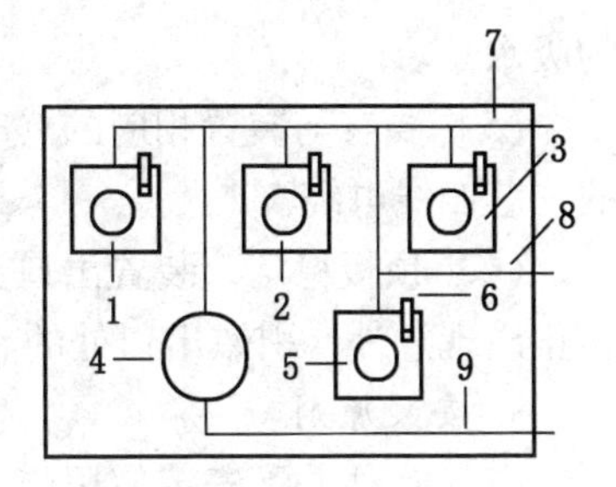

1、2、3、4、5—水泵、风机、油泵电源插头；6—开关钮；7—总电源；8—监控台电源；9—油泵控制线

图5－5　防爆型控制箱示意图

（三）惰气组分的调节

惰气组分受风油比的大小控制。每千克燃油完全燃烧所需理论空气量即理论风油比为

$$V = 0.0889(C + 0.375S) + 0.265H - 0.0333O$$

式中，C、S、H、O 分别为燃油中C、S、H、O元素含量。

据计算，煤油的理论风油比为15。实际上，考虑允许生成的惰气中有小于5%的氧气，为保证燃烧充分，减少CO气体的生成，取风油比为16～21。

燃油产生的惰气中，O_2、N_2 含量与风油比成正比关系，CO_2、CO含量与之成反比，当风油比小于理论风油比时，有少量的 CH_4 产生。

（四）使用

1. 使用环境

惰气发生装置使用环境要求：

温度：－5～40 ℃；

相对湿度：98%；

大气压力：86～106 kPa。

2. 安装地点的选择

DQ、DQP系列惰气发生装置既可以安装地面，也可在符合下列条件的井下巷道的入风侧装设。

（1）巷道最小断面不应小于4 m²，长度大于15 m。

（2）装置的工作场所要有独立通风系统，或采用局部通风机单独供风，确保工作场所的 CH_4 不大于1%，粉尘浓度控制在爆炸下限内。

（3）巷道的供风量大于300 m³/min。

（4）供水网络的供水量必须大于30 m³/h。直接使用井下高压供水管路时，可采用减压装置，使进入装置的工作水压为0.18～0.28 MPa，或将高压水导入干净的3 t矿车内，作中转用水供装置的潜水泵吸水用，其供水量必须大于水泵的吸水量。

（5）要有与装置相应的（380 V/660 V）35 kVA 专用电源变压器及相应截面的三芯四线电缆。

（6）顶板稳定，装置出口处的支护最好是不燃性材料或事先采用水降温，防止出现意外，引燃出口处的巷道支护材料。

3. 安装原则

（1）运往井下安装使用前，必须在地面调试并连续运转 5～10 min，正常后方可运至井下灾区使用。

（2）运至井口的惰气发生装置，应按安装顺序下井。

（3）整机的安装顺序，如图 5－1 所示，烟道 1→封闭门 11→喷水降温系统 2→燃烧室 3→燃烧室 4→二级喷油室 5→一级喷油室 6→供风系统 7→供风系统 8。整机的安装轴线向着出口端要有 5% 的流水坡度。

（4）装置的各类设备、仪表的电源、信号输出输入等插接件，均须按规定或标志、极性插接，不得有误。控制箱要接地。

（5）供油系统要求连接紧密，不得漏油，燃油要求用大于 80 目的铜网过滤。

（6）供水系统安装前要检查喷水嘴是否有堵塞和松动，水泵吸水口要有大于 10 目的滤网，保证水清洁。

（7）监控台、控制箱及点火线圈，不得有淋水、滴水。

（8）安装和运转过程中要经常检查工作场所的 CH_4 浓度、粉尘浓度，一旦超过规定，应立即停止工作，待处理完毕后，方准重新开机。

4. 操作

1）开机前准备工作

整机安装完毕后，在开机之前应做以下工作：

（1）每次开机之前，氧含量检测器必须更换硅胶。

（2）应对各个仪表电源、信号输出输入插头等进行检查，并保证不漏油、不漏气，密封效果好。

（3）应对风机、水泵、油泵进行单独试运转，保证转向正确。水压必须大于 0.15 MPa，油压大于 2 MPa。

2）正确开机操作程序

接通电源→热偶温度升温，达到 +750 ℃→调节点火控制温度，使点火控制温度高于烟道当前空气温度 5 ℃，红灯灭后即可→设置超温保护(80～90 ℃)→启动风机 1，运转正常后→启动风机 2→启动水泵 1、水泵 2→缓慢旋转转速调节

器旋钮，使指针到达 800 r/min 以上→开始自动供油点火，各项指标自动检测。

3）运行中注意事项

（1）严禁随意设置监控箱控制面板上的氧含量分析仪、油压显示仪参数。

（2）时刻观测氧气浓度，氧气浓度高于灭火要求时，上调转速调节器旋钮，使氧气浓度降低，直到氧气浓度符合要求为止。

（3）保证水泵供水，时刻观测水压表，水压不能低于 0. 15 MPa。

（4）时刻观测油桶供油量，避免停机。

4）正确关机操作程序

（1）灭火完毕，需要关机，首先把监控箱控制面板上转速调节器旋钮转到零位，油泵自动停止。

（2）再停止风机 2，让风机 2 和水泵继续工作 1 min 左右，观测监控箱控制面板上数显仪测量温度，待显示数据降到 25 ℃左右，即可停止风机 1 和水泵 2、水泵 1，关闭电源。

二、采煤工作面灭火

采煤工作面发生火灾时，因其有进风、回风道构成完整的通风系统，发惰气灭火时，惰气被压入，将火区内氧气及瓦斯挤出，经回风道排走；连续不断地发惰气，火区内就会充满惰气，能快速、安全扑火火灾。应用惰气灭火装置灭火，特别是在高瓦斯矿井中能取得很好的效果。

（一）扑灭采空区自燃引起的火灾

某矿生产采区 PG－1 的采空区内煤炭自然发火（图 5－6），在 9－10 点处发生了瓦斯燃烧形成火源 P，继而引燃木支架和煤。由于瓦斯不断燃烧，不能用直接灭火法灭火，因此决定先封闭火区，然后使用惰气灭火。为此，先建立两道防火墙：在分支 4－5 建立 T_1，在分支 14－15 建立 T_2。密闭区发火前的瓦斯涌出量为 14 m^3/min，其中抽放 6 m^3/min，随风流排出 8 m^3/min，采区供风量是 550 m^3/min。发火后，抽放量仍然是 6 m^3/min，有 3 m^3/min 的瓦斯被烧掉，余下的 5 m^3/min 混入风流和火灾瓦斯内。

封闭火区时，采用防火墙留通风口的办法，进风侧防火墙 T_1 和回风侧防火墙 T_2 上皆留有直径为 800 mm 的通风口。

DQ－150 型惰气发生装置安装在分支 2－4 内，离上山 4－5 约 20 m 处。惰气发生装置烟道接于防火墙 T_1 的通风口内，惰气发生装置与巷道所需的风量是由风闸 S_1 与分支 2－3 内的防火门加以调节的。防火墙 T_1 与 T_2 皆用石膏构造，于发火后 8 h 建成。惰气发生装置在发火后 9 h 安装完毕。封密区的体积为

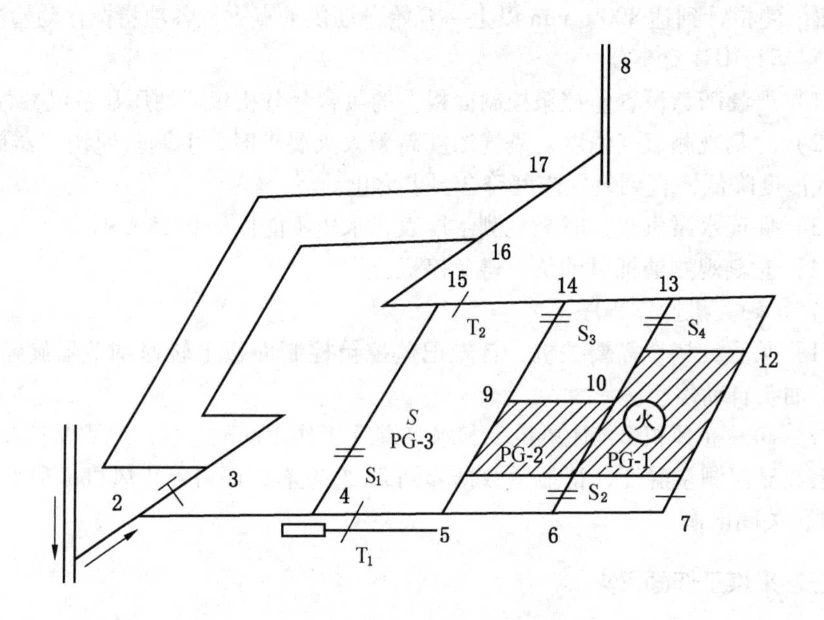

图5-6　某矿采空区自燃火灾示意图

10000 m^3，预计惰气发生的时间需 20 min。

防火墙 T_1 上的通风口封闭后开动惰气发生装置约 20 min，然后关闭 T_2 上的通风口并停止抽放瓦斯，打开风闸 S_1 和分支 2－3 内的防火门，将 4－15 内的风量限制于 300 m^3/min 之内。

停气后火区观测结果表明，防火墙 T_2 内的含氧量为2%，T_1 内为4%；火区内瓦斯浓度逐渐上升，8 h 后上升超过其爆炸上限。T_1 内为20%，T_2 内为40%。火势趋于熄灭。

（二）扑火工作面瓦斯燃烧火灾

2004 年 5 月 14 日 2 时 50 分，鹤壁煤业公司某矿 2305 北工作面上隅角位置采空区内发生瓦斯燃烧事故，如图 5－7 所示。经分析研究，决定利用 DQP－200 型惰泡发生装置注惰灭火。

1. 方案实施步骤

（1）在上顺槽建带风门木板墙一道（1 号），在其外建预留泄压孔的永久密闭一道（2 号）。

（2）在二横川骑 DQP－200 型惰泡发生装置的烟道建带风门永久密闭一道，并同时组装 DQP－200 型惰泡发生装置。

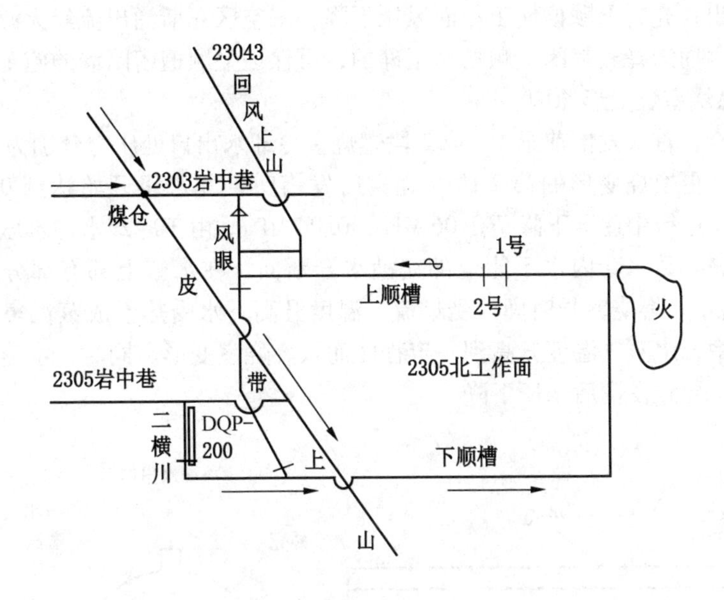

图 5-7 某矿 2305 北工作面瓦斯燃烧事故注惰灭火示意图

（3）关闭二横川密闭墙风门并发惰泡，在上顺槽回风上山岔口处检查气体成分，当氧气浓度下降到 5% 以下时，关闭上顺槽木板墙风门，封堵泄压孔，再发惰加压 5 min 后停发，并关闭 DQP-200 型惰泡发生装置烟道封闭门及调风板。

方案实施过程中，注惰 3 min，因第 2 段燃烧室烧变形而停机，后紧急调用 DQ-500 惰气发生装置燃烧室，下井组装后继续发惰，因水压不稳，发发停停，先后近 10 次才彻底封闭。封密后氧气浓度为 12%，第 8 天检查，其内氧气浓度为 3.97%，第 10 天安全启封，并逐步恢复了正常生产。

2. *方案及实施分析*

1）方案可行性

2305 北工作面属于放顶煤开采工作面，放顶煤开采易造成采空区瓦斯爆炸及自然发火，因其爆源或火源远在采空区，不具备直接灭火条件，采用惰气灭火是明智的选择；N_2 热容量大，分子直径小，对机电设备没有腐蚀等破坏作用；注惰灭火时，N_2 容易穿过冒落区，置换出其中的 CH_4、O_2 等，可降低火区温度，可形成火区正压，且当其浓度达 36% 时可使 CH_4 空气混合物丧失爆炸性。

2）发惰前上、下顺槽封闭顺序

2305 北工作面为全负压通风，先封上顺槽致工作面风压上升，可阻止采空区瓦斯涌出；先封下顺槽使工作面风压下降，采空区瓦斯涌出流经火源时可能引起爆炸，因而选择先封闭上顺槽是正确的，可保证上顺槽密闭墙的施工安全。

3）燃烧室烧变形原因

经检查，首次发惰前第1、第2段燃烧室冷却水出口处压力分别为0.1 MPa、0.09 MPa，更换烧变形的第2段燃烧室后发惰时，其水压开始达到0.14 MPa、0.12 MPa，运行中逐渐下降至0.06 MPa、0.04 MPa。由于冷却水供水压力未达到规定要求，导致水套内水不能全部充满水套断面，在水套上部有部分空隙，如图5－8所示。燃烧室长时间接受烟流，温度升高，水受热形成蒸汽集聚在水套上部空隙中，水蒸气温度升高到一定程度而致燃烧室变形。同时，水蒸气也阻止水流向上，导致发惰后水压下降。

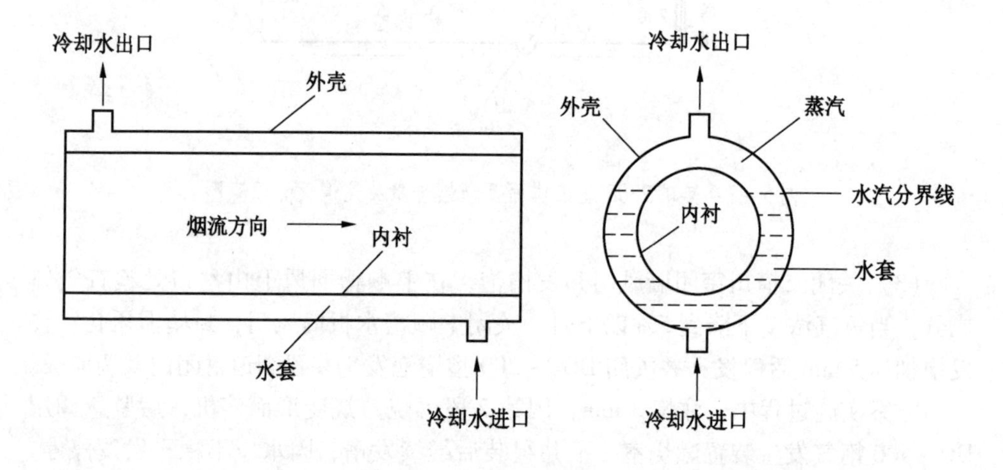

图5－8　燃烧室示意图

4）封闭空间氧含量

DQP－200型惰泡发生装置运行时，所发惰气中，CO_2为11.55%，O_2为3.79%，CO为3.29%，N_2为78.23%，在彻底封闭上、下顺槽及工作面后，经检查，其内O_2为12%，远远高于3.79%。究其原因：①因燃烧室冷却水出口处压力随发惰时间的延长而逐渐下降，为防止其变形，只能发发停停，在发停之间，风机向封闭空间供给了一定量的空气；②上、下顺槽密闭漏风，在最后注惰加压时，风机明显吸入下顺槽漏出惰气，造成循环风。

DQ、DQP系列惰气发生装置灭火效果好、安全，发惰成本低，大约为0.2元/m^3。选用其灭火时，必须保证水、电、油的充足供应，并严格按开、停机程序进行操作；封闭前注惰加压时，要密切注意其运行状态，防止阻力过大造成燃烧室火焰不稳，产生喘振燃烧和大噪声；封闭注惰空间时，必须保证封闭质量，要求坚固可靠、严密不漏风。

三、掘进工作面灭火

当掘进工作面发生火灾后，由于独头巷道自身特点和通风条件，无法及时掌握巷道内的通风设施、瓦斯含量、高温浓烟、有毒有害气体等的具体情况，如果处理方法和措施不当，就会引起瓦斯爆炸事故发生，对抢险人员的生命安全造成威胁。目前，矿井独头巷道发生火灾事故时除采用远距离封闭、水淹等外，尚无其他更安全可靠、快速有效的处理方法。采用远距离封闭及水淹（仅能在下山独头巷道中使用）等方法处理矿井独头巷道火灾事故，虽然相对安全，但火区封闭面积大、火区熄灭及后续复工复产时间较长，影响矿井正常生产。据统计，在矿井火灾事故中，独头巷道火灾占总矿井火灾事故近半数，且在事故处理过程中经常因处理方法和措施不当引起瓦斯爆炸，导致事故扩大，造成人员伤亡。为了正确处理矿井独头巷道火灾事故，防止瓦斯爆炸事故发生，必须采用科学合理的方法和措施，以避免事故的扩大，减少人员伤亡和国家财产损失。我国很多学者对煤矿井下独头巷道火灾进行了研究，也发表了不少学术文章，但也只是介绍了独头巷道初期火灾的灭火方法和一些防范措施，一些具体的灭火方法也是建立在原有的远距离封闭灭火的方法之上，没有实质性、新型的灭火方法。河南能源鹤煤公司救护大队研究开发的 DQP－200 惰气发生装置独头巷道远距离灭火技术就是改变以往的灭火方法，以一种新型的、科学的方法达到独头巷道远距离灭火的目的。

（一）DQP－200 惰气发生装置独头巷道远距离灭火原理

DQP－200 惰气发生装置可在短时间内快速产生惰气（DQP－200 产生气量 500 m^3/min，DQP－500 每分钟生产惰气达 1000 m^3 以上）替代新鲜风流维持正常通风，在保证瓦斯浓度达不到爆炸范围的前提下使火源缺氧窒息，效果非常明显。如远距离掘进工作面发生火灾，当火势大、温度高，且存在爆炸危险时，近距离直接灭火将会危及应急救援人员安全。若将 DQP－200 型惰气发生装置在短时间内产生的惰气通过风机、风筒运送至掘进工作面替代新鲜风流通风，置换出氧气、瓦斯等气体，可实现远距离断氧直接灭火，安全、有效，且时间短、恢复生产快，能够有效避免事故扩大，减少人员伤亡和国家财产损失。

为将 DQP－200 型惰气发生装置产生的高温高压惰气与风机、风筒有机结合，实现远程输送至火灾地点，置换火灾地点的空气达到灭火目的，根据灾区不同条件，有两种方法：①直连法，即将 DQP－200 型惰气发生装置与独头巷道风筒直接相连，将惰气直接运送至掘进工作面置换灾区气体；②直供法，即利用惰气发生装置产生的惰气向独头巷道风机直接供风，通过正常运转的风机将惰气运送至掘进工作面置换灾区气体。

（二）DQP－200 惰气发生装置独头巷道远距离灭火实施

为了实施惰气发生装置独头巷道远距离灭火，需解决好 DQP－200 惰气发装置直连法供惰或直供法供惰存在的问题。

1. 惰气发生装置烟道口温度高

DQP－200 型惰气发生装置自带风机供风，航空煤油在特制的喷油室内进行急剧、稳定、连续的氧化反应，反应过程会释放大量热量，使烟道口释放出的惰气具有较高的温度，一般在 85～90 ℃，不符合《风筒涂覆布》(GB/T 20105—2006）许可温度，而且高温会熔化风筒，烫坏风机电缆、风机叶片及掘进工作面电缆等电气设备，同时在接风筒时会烫伤操作人员。

为了降低惰气发生装置烟道口的温度，在惰气发生装置的第 1 节烟道与冷却降温节之间设计改造了 1 节喷淋降温节，如图 5－9 所示。喷淋降温节为外径 600 mm、内径 580 mm、长 1500 mm 的圆筒形钢制材料，筒身设计成双层，能储存循环水，内壁设计有均匀的放水环及喷雾，既可通过筒身循环水降温，又可向惰气喷水降温。经试验，通过增加喷淋降温节，可使惰气发生装置发出的惰气温度由 85～90 ℃降低至 50 ℃左右（表 5－1、图 5－10），使烟道出口高温惰气温度降至符合《风筒涂覆布》(GB/T 20105—2006）许可温度以下，保证电缆、电机、风筒等能够正常工作，不至于熔化损毁造成设备不能正常运转，同时在接风筒时不至于烫伤操作人员。在直供法中，在装置烟道口和掘进工作面风机之间安设全断面喷雾对产生的惰气再次进行降温，确保风机内部风叶等设备的完好。

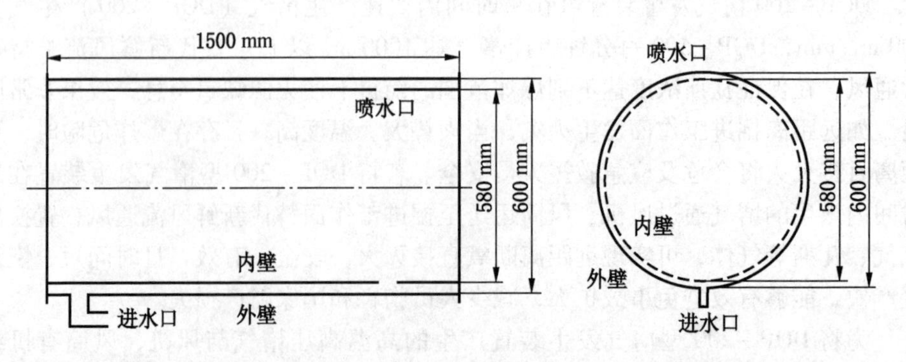

图 5－9　喷淋降温节结构图

表5-1 喷淋降温节使用前后惰气发生装备所发惰气出口温度统计表

装置发惰时间/min	未加装喷淋降温节时所发惰气出口温度/℃	加装喷淋降温节后所发惰气出口温度/℃
0	0	0
1	20	9
2	32	13
3	38	20
4	46	23
5	53	29
6	56	31
7	63	35
8	66	37
9	69	40
10	73	42
11	74	44
12	76	45
13	78	46
14	80	47
15	81	48
16	82	49
17	84	50
18	85	50
19	85	50
20	85	50

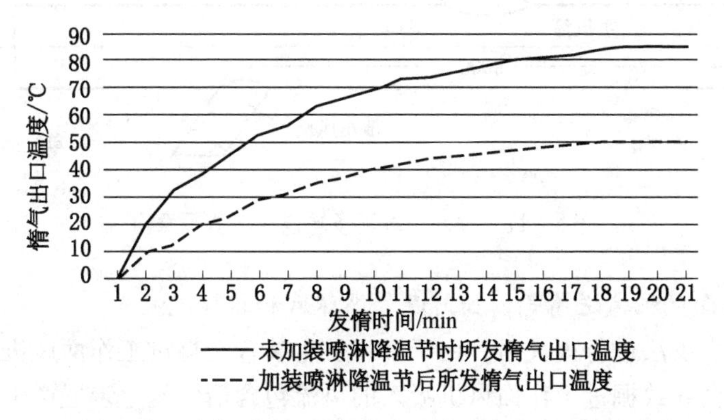

图5-10 喷淋降温节使用前后惰气发生装备所发惰气出口温度变化曲线

2. 惰气发生装置烟道口压力大和内部循环水无法及时排除

惰气发生装置烟道口压力大，影响风筒连接速度，而且直接与掘进工作面风筒连接后内部积水不易排出。当惰气发生装置开启后，会瞬间产生较大的风流使烟道口压力增大，当人员进行接风筒操作时，无法快速有效地将风筒与烟道口进行连接。而且，装置内部会产生大量循环水，如果强制将风筒与烟道口连接，内部的循环水无法及时排出，会导致风筒内部产生大量积水，从而增加风筒的重力，出现风筒落地、脱节等现象。

针对烟道口压力大和内部循环水无法及时排除的问题，研制出排水、泄压多功能导向器，如图 5 - 11 所示。排水、泄压多功能导向器采用软质风筒布设计，有 4 个口（1 个进气口、1 个泄压口、1 个放水口、1 个出气口）。为便于连接惰气发生装置出口接头，设计直径略大于惰气发生装置出口，且在惰气出口端埋置直径 800 mm 的钢制风筒圈，以实现与原风机风筒快速连接固定，同时拥有 1 个直径 400 mm 的排水软带和 1 个直径 600 mm 泄压软带。经多次试验，惰气发生装置发惰时，惰气出口喷出的降温水落水点距惰气出口 6 ~ 7 m，加装喷淋降温节后落水点在距惰气出口 7 ~ 8 m，故将泄水风筒设置距进气口 9 m 位置。先将多功能导向器固定在惰气发生装置烟道口，在正常发惰气后先将排水、泄压多功能导向器排水口和泄压口敞开，通过泄压口将一部分风流进行分支，降低出口压力，使人员能够快速进行风筒的连接。装置内部产生的循环水，通过排水口及时排出风筒外，避免风筒内部产生积水。当装置正常运行后，可将多功能导向器的泄压口逐渐进行封闭。

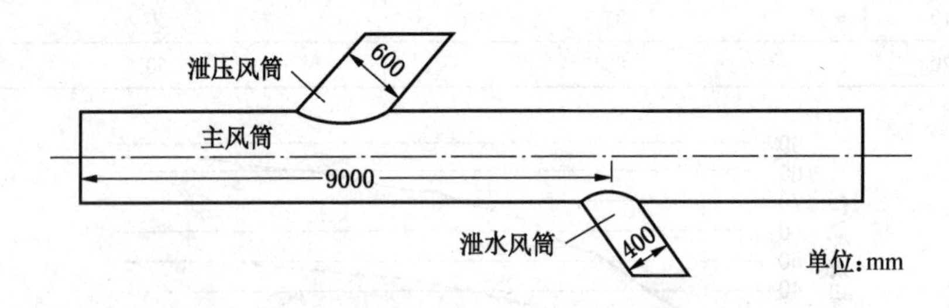

图 5 - 11　排水、泄压多功能导向器示意图

3. 直接向风机输送惰气，如何避免循环风和新鲜风流

当采用直供法进行灭火时，由于惰气发生装置与掘进工作面风机之间具有一定的空间，会导致掘进工作面风机吸入的风流包含惰气发生装置产生的惰性气体和一部分巷道内的新鲜气体，且会在两者之间形成循环风流，使掘进工作面风机

向火区输送的惰性气体浓度无法达到灭火的要求。

为有效避免直接向风机供惰气产生循环风和新鲜风流的进入，采用骑装置建设带风门的木板墙，当惰气发生装置正常工作后将风门关闭，使外部新鲜风流隔离，同时减少内部产生的惰性气体向外泄漏，保持内部的压力平衡，避免产生循环风，充分将产生的惰气通过风机，运送至火区。

4. 判断火区熄灭的依据

由于独头巷道内的气体为惰性气体，而且惰气发生装置距离巷道着火点较远，巷道内部顶板、瓦斯等有害气体情况不明，人员无法进入巷道进行探察，从而无法判断火区是否熄灭。

为了安全准确地掌握火区是否熄灭，可通过对温度和氧气浓度的监测进行判断。直连法在烟道口和回风口内 10 m 位置处安设温度和氧气监测器；直供法在掘进工作面局部通风机前和回风口内 10 m 位置处安设温度和氧气监测器。通过对温度和氧气浓度进行实时监测分析，当进、回两处的温度和氧气浓度逐渐趋于相同，即可判定内部火区已经熄灭。

（三）直连法灭火

直连法灭火是将惰气发生装置与独头巷道风机风筒相连，由风筒送入惰气进行灭火。

1. 适用条件

安设地点不受灾区影响，设置在大断面、近水平、新鲜风流、无瓦斯巷道，且附近水源充足，排水系统完善，便于快速安装和使用惰气发生装置，着火掘进工作面内所有人员全部撤出情况下方可使用，根据距离灾区远近选择相应型号惰气发生装置。

2. 连接方法

根据煤矿井下独头巷道地点供风方式不同有两种连接情况：①巷道地点供风为单风机连接；②巷道地点供风为双风机连接。

（1）单风机连接方法。首先将排水、泄压多功能导向器连接固定在 DQP－200 型惰气发生装置烟道口，导向器的排水口、泄压口和出气口敞开，尽量使出气口和掘进工作面风筒保持平行。在惰气发生装置正常产生惰气后，立即将掘进工作面风筒从风机上拆卸，迅速连接到装置惰气出口，此过程相当于风机自动倒台操作，不影响正常供风，不至于引起瓦斯超限而发生爆炸事故。河南能源鹤煤公司救护大队经过训练，风筒对口时间达到 1. 5 s 以内，完全连接时间少于 40 s。单风机与惰气发生装置连接方式如图 5－12 所示。

（2）双风机连接方法。在保持掘进工作面通风机正常通风的情况下，直接

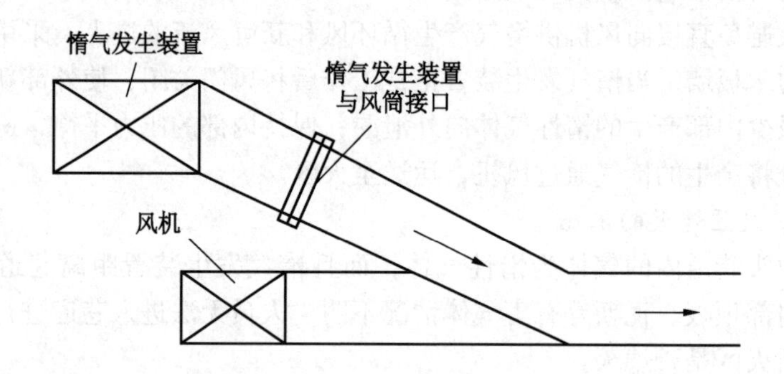

图 5-12　单风机与惰气发生装置连接方式示意图

将惰气发生装置、排水、泄压多功能导向器和掘进工作面备用风机风筒依次进行连接，在启动惰气发生装置后关闭掘进工作面原风机，即可实现为掘进工作面不间断持续供风（惰性气体）。双风机与惰气发生装置连接方式如图 5-13 所示。

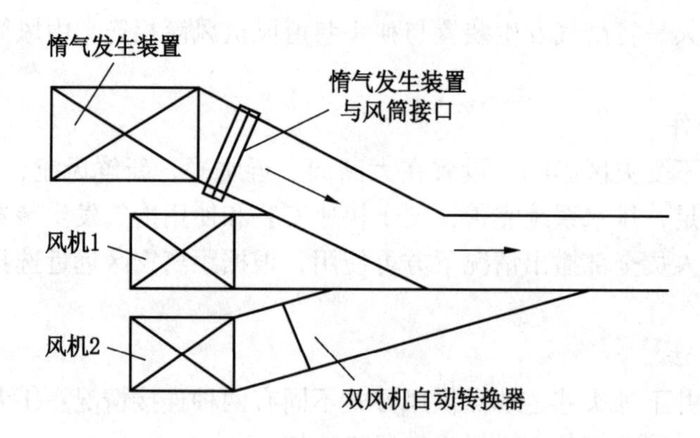

图 5-13　双风机与惰气发生装置连接方式示意图

（四）直供法灭火

直供法灭火即利用惰气发生装置产生的惰气向独头巷道风机直接供风，由原风机将惰气运送至掘进工作面灭火。

1. 适用条件

安设环境受限，灾害波及范围大，惰气发生装置无法运输至风机附近，着火掘进工作面内所有人员全部撤出情况下方可使用，根据距离灾区远近选择相应型号惰气发生装置。

2. 连接方法

采用直供法进行灭火，不需要对掘进工作面原有供风设备进行改装，只需要向原有风机供应惰气即可。将惰气发生装置安装在掘进工作面风机进风侧，距离根据实际情况进行确定，骑惰气发生装置建设带风门的木板墙，当惰气发生装置正常工作后，将风门关闭即可。风门板墙安设位置如图 5－14 所示。

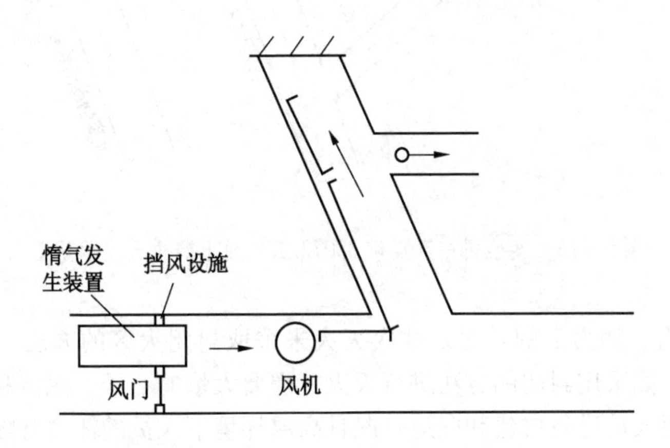

图 5－14　风门板墙安设位置示意图

（五）应用实例

某公司中泰煤矿 33072 工作面上顺槽设计长度 723. 2 m，下顺槽设计长度 681. 3 m，工作面上顺槽 5 月份开口掘进，事故发生前已掘进 216 m，掘进工作面采用 FBDNo6. 3/2 ×30 型对旋式局部通风机，安设在 33072 上顺槽反向风门外，风筒 ϕ800 mm。2017 年 10 月 12 日四点班，该矿煤一队因爆破引起掘进工作面发生瓦斯燃烧火灾，如图 5－15 所示。

救护大队采用 DQP－200 型惰气发生装置处理了该次瓦斯燃烧事故，取得不错的效果。

（1）灭火时间上的效果。该事故发生在独头的煤巷掘进工作面，测得掘进工作面甲烷浓度为 0. 25% 、CO 浓度为 85 ppm、温度为 62 ℃。因巷道内温度太高，现场不具备直接灭火条件，一般采取封闭火区的方法，但封闭火区的方法灭火时间长，通过救灾指挥中心研究决定，采用 DQP－200 型惰气发生装置直接对掘进工作面现有风机发惰，一个小时后火熄灭，未进行封闭措施，大大缩短了灭火的时间，为恢复生产赢得了大量时间，缓解了中泰煤矿接替紧张的局面。

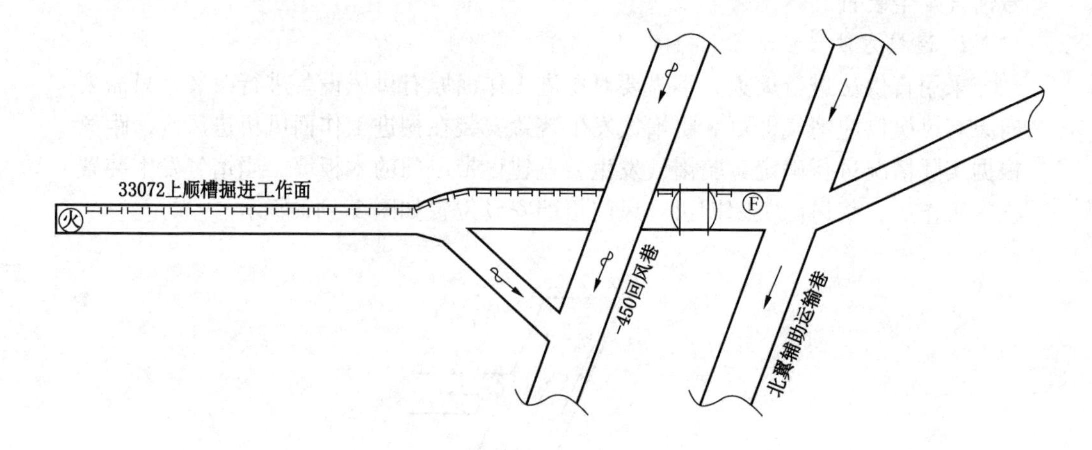

图 5－15　某公司中泰煤矿 33072 工作面上顺槽火灾示意图

（2）人力、物力上的效果。这次灭火未采取封闭火区的方法，大大节省了人力、物力。如采用封闭的方法进行灭火，需要大量的石子、泥沙和砖，建造密闭墙时更需要人员进行修建和搬运，况且高温环境下人员的体力有限。通过采用 DQP－200 惰气型惰气发生装置发惰进行灭火，省去了建造密闭墙所需要的人力和物力，灭火时只需将 DQP－200 型惰气发生装置进行安装即可，很大程度上节省了人的体力和物力。

（3）安全上的效果。采用封闭火区的方法时，人员在火区附近进行修建密闭，巷道内的气体变化复杂，温度高，很容易发生瓦斯爆炸现象，危害灭火人员的生命安全。采用 DQP－200 型惰气发生装置进行灭火，在远离火区的地点进行安装，通过装置向巷道内注入惰气灭火，人员相对安全。

（六）惰气发生装置灭火注意事项

（1）所有救援人员熟悉惰气发生装置的安装和操作规程，掌握惰气发生装置远距离灭火技术的流程。

（2）使用前，检查惰气发生装置所有部件是否齐全，检查各部件零件是否有松动、缺丝少垫等现象，确保装置齐全完好。

（3）安排专人负责运送惰气发生装置，注意保护装置部件，防止磕碰水压表、油压表等关键部件，既要保护技术装备安全，又要保证个人自身安全，防止自身伤害。

（4）到达事故地点后，首先检查现场气体含量，通过分析火灾情况和巷道内风机供风方式，选择合适的远距离供惰的方法进行灭火。

（5）要根据巷道掘进情况和火灾情况，找准合适位置进行装置的安装，同时保证装置工作时，供风、供水、供电齐全可靠。

（6）人员要迅速、准确地进行惰气发生装置的安装，安装过程中严禁对电缆各管路进行生拉硬拽，油管、水管避免出现打弯、滴漏现象。

（7）严格按照操作规程进行装置的安装，各连接部件按标准拧到规定位置，避免装置之间出现松动现象。

（8）安装好后，整机进行一次试运行，操作人员要认真观察操作台开关、各项指示项目、供风、供水、供电系统是否正常，煤油是否充足。

（9）采用直供法灭火时，要骑惰气发生装置建造带风门木板密闭墙，在惰气口安装全断面喷雾。

（10）当惰气发生装置正常工作后，要确保全断面喷雾正常工作，将木板密闭墙风门关闭，严禁出现开缝现象。

（11）采用直连法灭火时，惰气发生装置与风筒连接完毕后，要派专人观察多功能导向器泄压口情况，随着惰气发生装置的正常工作，进行封闭泄压口，同时要观察泄水口流水情况。

（12）操作人员要经常观察操作台烟道口温度和氧气浓度变化情况，要派专人佩戴氧气呼吸器观察回风侧温度和氧气浓度检测器。

（13）惰气发生装置工作后，操作人员要时刻观察监控台各项指标数据，发现异常迅速停止装置。

（14）当回风侧温度和氧气浓度逐渐稳定后，要进行 30 min 的观察，确保两项指标不再变化，操作人员接到现场指挥员的命令后停止惰气发生装置。

第三节　火区窒息性气体灭火

燃油惰气发生装置灭火是利用专门装置将煤油燃烧，除掉空气中的氧气，将燃烧产物压入火区进行灭火。矿井发生火灾事故后，利用火区燃烧产物，即含氧量低于新鲜空气含氧量的火区窒息性气体，通过停止掘进工作面的局部通风机运转，或在采煤工作面上、下顺槽建一道密闭，使窒息性气体停滞于火区，也可达到灭火的目的。

一、火区窒息性气体分析

矿井火灾事故中，煤类燃烧为主的火灾一般为富氧类火灾，坑木类燃烧为主的火灾存在两种火灾的可能，其燃烧生成混合物中氧气浓度均低于新鲜空气的含氧量。生成物如果停滞于火区，多次参与燃烧，氧气浓度会越来越低，可以窒息火源。

（一）火区熄灭过程分析

发生在掘进巷道中的火灾，在停止风机运转后，或发生在采煤工作面的火灾，封闭上顺槽或下顺槽后，火源无外部供氧，火源上部空间温度高，气体即烟流受热膨胀，比重小，由火源向外扩散；同时火源附近、下部空间温度相对较低，由巷道底部流向火源，如此，形成烟流的滚退。烟流的滚退将火源附近的氧气拉入火区，继续维持火源的燃烧。如图 5－16 所示，以独头巷道迎头着火为例，烟流滚退的最大影响范围 L 与火势大小、温度及巷道断面积有关。随着时间推移，L 范围内的空气循环、重复进入火源，氧气浓度下降，火势减小，L 也随之逐渐缩短，火势又随之进一步减弱，以致成阴燃或熄灭。随着时间的推移，瓦斯正常涌出，在火源附近积聚，L 范围内空气中的氧气浓度不断下降，在瓦斯积聚达到 5% 以前，氧气浓度下降到 12% 以下，则不会发生瓦斯爆炸。

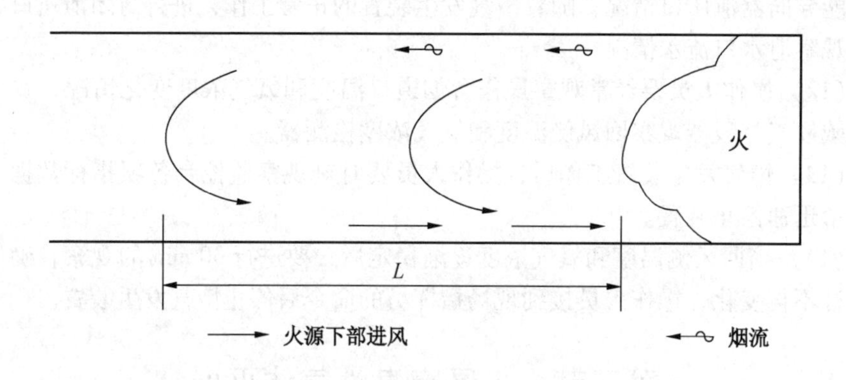

图 5－16　烟流滚退现象示意图

（二）火区爆炸性分析

在火区风流停滞后，火区空间尚存一定量的空气，使火区还能维持一段时间的贫氧燃烧。根据现场测试，如果不采取任何措施，高温煤体或岩体温度下降非常缓慢，只要煤温、岩温不下降到引起瓦斯爆炸的最低点火温度以下，火区内点火源始终存在。而火区附近瓦斯浓度随时间延长而增加，但增加速度不断减慢。由于燃烧使氧气被消耗，氧浓度随时间延长而逐渐降低，但浓度下降率不断减小。

从瓦斯爆炸条件可以看出，火区的爆炸危险性主要取决于火区内混合气体浓度是否满足爆炸条件，这主要由具体情况下瓦斯和氧气浓度的变化速度确定的。

如图 5-17a 所示，停风后，在 t_1、t_3 时瓦斯浓度分别达到爆炸上、下限浓度，在 t_2 时，火区内氧气浓度下降到火区瓦斯失爆氧浓度。在 $t_1 \sim t_2$ 时间段，瓦斯与氧气两种气体浓度同时变化到各自爆炸极限范围内，则可能发生瓦斯爆炸。如图 5-17b 所示，瓦斯浓度在上升到爆炸限之前，即 t_1 时之前的 t_2，$t_2 < t_1$，氧浓度已经下降到安全氧浓度以下，就不会发生瓦斯爆炸。

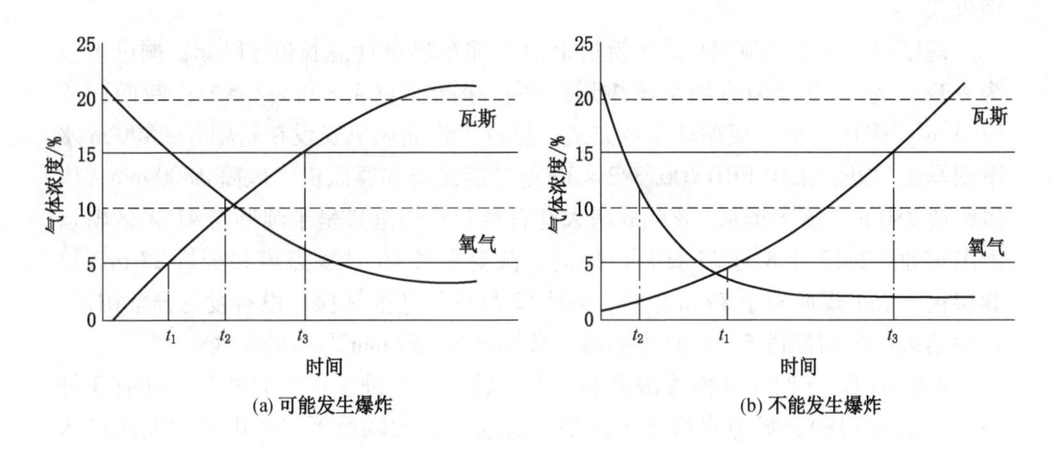

图 5-17　停风后火区瓦斯、氧气浓度的变化曲线

二、扑灭岩巷掘进工作面瓦斯燃烧火灾

（一）窒息瓦斯燃烧火灾可行性分析

用瓦斯燃烧产生的窒息性气体来窒息火源，是基于浓度低于 5% 的瓦斯在煤矿井下不会燃烧这一前提。在正常情况下，低浓度瓦斯不会燃烧，如果能燃烧，在处理火灾时则无须考虑瓦斯的积聚而引发瓦斯爆炸，瓦斯燃烧事故能发生，说明瓦斯浓度达到 16% 以上。

瓦斯燃烧属 C 类火灾，不宜用水扑救，不得用能引起气流扰动的方式进行灭火，限制流向火区的空气（氧气）是灭火的关键。窒息性气体灭火时，瓦斯浓度在 16% 及以上继续上升，而氧气在最大值 17.6% 的基础上逐渐下降，瓦斯越来越背离 5% ~16% 的爆炸区间，不存在爆炸的可能性。而窒息煤体燃烧时，瓦斯浓度上升，氧气浓度下降，可能会存在瓦斯浓度 5% 以上、氧气浓度 12% 以上的区间。所以，相比窒息煤体燃烧，用瓦斯燃烧产生的窒息性气体来窒息瓦斯燃烧，更安全、更有效。

停止供风后，瓦斯燃烧有氧即着，无氧即灭，不存在煤体着火的阴燃现象。虽然瓦斯燃烧熄灭，但高温依旧存在，烟流的滚退可能会发生，如此时受扰动影响，将瓦斯与空气混合，有达到爆炸界限的可能，遇到被烧至高温的岩石或物体，可能会引发局部爆炸。所以，停止供风的一段时间内，一般为 2 ~3 h，不得有可能引发灾区内气体扰动的一切行为，如注水、放水而引起的气体体积变化。

（二）扑灭鹤壁煤业公司三矿 41 采区轨道上山下部车场掘进工作面瓦斯燃烧火灾

鹤壁煤业公司某矿 41 采区轨道上山下部车场设计总长度 114 m，掘进坡度为 +3‰；巷道设计为直墙半圆拱形断面，净断面宽 4. 8 m ×3. 5 m；断面面积 14. 3 m^2，采用一掘一成循环作业方式。掘进工作面风机安设在新副井 -800 m 水平南马头门处，采用 FBDNO6. 3/2 ×30 型对旋式局部通风机，风筒 ϕ800 mm，供风距离 780 m。该车场从 -800 m 南大巷右帮开口掘进，呈半圆形与 41 采区轨道上山贯通。2017 年 8 月 23 日开口掘进，截至 9 月 16 日零点班共掘进 28 m。该巷层位于二1 煤底板下 19 m 位置，9 月 12 日进行超前钻探，没有发现异常构造，钻探结束后向前掘进 5 m，窝头揭露一条厚度为 250 mm 左右的煤线。

9 月 16 日 15 时工作面爆破未响，进入后发现掘进工作面向外 3 m 处有 3 处明火（图 5 -18），矿方自行灭火未果，请求救护大队救援。矿山救护大队进入灾区，发现掘进工作面多处钻孔向外喷火，火焰 1 m 多高，断面全部被火苗覆

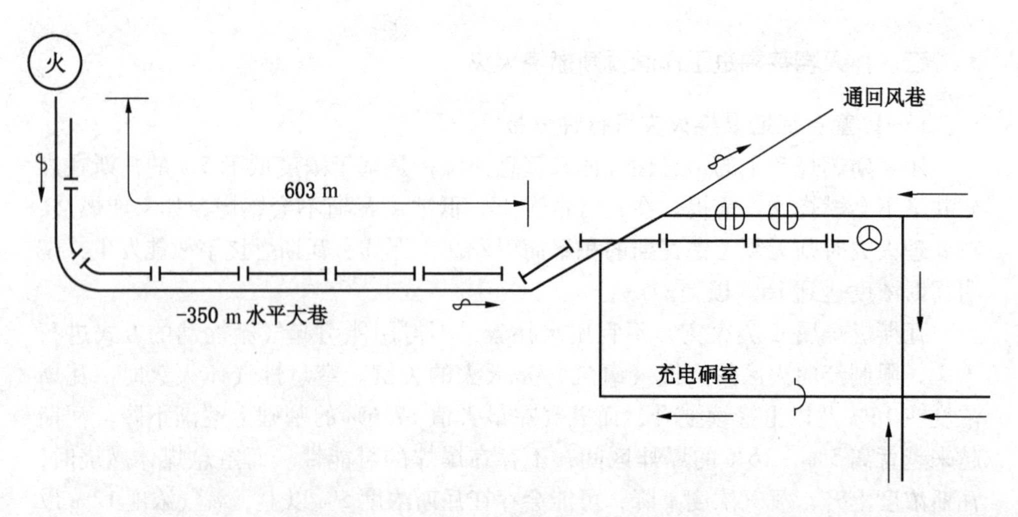

图 5 -18　某矿 41 采区轨道上山下部车场掘进工作面瓦斯燃烧事故示意图

盖，可见被烧红的矸石，掘进工作面通风正常，人员已全部安全撤出。测得掘进工作面为 CH_4 浓度为 0.25%、CO 浓度为 85 ppm、O_2 浓度为 20%、温度为 62 ℃，因巷道内温度太高，水管水量太小，干粉灭火器喷出的干粉根本无法达至火焰附近，现场不具备直接灭火条件。

（1）采取构筑围堰水淹的方案灭火。在掘进工作面向外约 80 m 处建挡水墙，建好后向挡水墙内注水。因巷道有 +3‰的坡度，水不能完全淹没窝头，经检测，挡水墙处回风流中 CH_4 浓度为 0.11% ~0.24%、CO 浓度为 48 ~85 ppm、O_2 浓度为 20% 左右、温度为 40 ~42 ℃，水温 28 ℃，无变化，分析判定，水淹灭火不成功。

（2）计划建墙封闭。考虑到是瓦斯燃烧，如果远距离封闭，封闭空间大，建墙人员相对安全，但对矿井正常生产影响大；近距离封闭，建墙时人员处于火烟之中，安全无保障，且在最后封口、停风机时，灾区内气体受扰动大，发生瓦斯爆炸的可能性大。

（3）聘请专职从事矿井灭火的公司灭火，尽管使用高压动力，但灭火材料无法喷至火源附近，灭火失败。

（4）9 月 19 日，在充电硐室回风口往里的 -350 m 水平大巷中 10 m 处，设置好瓦斯、CO、温度探头后，于 23：35 停止风机供风，采取瓦斯燃烧产生的窒息性气体来窒息瓦斯燃烧。停风 2 h 后，瓦斯浓度开始上升，又历时 4 h20 min，瓦斯浓度由原来的 0.52% 逐渐上升达 1.2%、2.4%、3%、5.2%、8.2%，达到 8.2% 时基本稳定下来；CO 浓度变化从停风 5 小时 30 分钟后开始，由原来的 0 ppm 大幅度上升，在 2 小时 15 分钟的时间之内，上升到 527 ppm，然后缓慢下降，历时 17 小时 40 分钟，下降到 0 ppm。温度则在停风 8 小时 55 分钟后，由原来的 34.5 ℃逐渐下降，历时近 20 小时，降至 33.1 ℃后稳定下来。

分析瓦斯、CO、温度变化规律：停风后瓦斯缺氧燃烧，然后熄灭，产生大量的 CO 气体，在工作面高温作用及因存在气体浓度差而致分子定向热运动，瓦斯、CO 缓慢向外扩散，瓦斯内外浓度差大，CO 浓度差小，所以瓦斯先行出来，直至平衡，CO 浓度先上升，排出缺氧燃烧所产生的 CO，后降，然后为 0；温度则完全依靠热传导而出，更加缓慢。并且可判定，在停风以后瓦斯燃烧熄灭，没有发生过局部瓦斯爆炸。后来稳定 9 d 后恢复通风时，也证实除工作面有着火痕迹以外，迎头以外巷道没有着火或发生过爆炸的证据。

三、扑灭瓦斯及煤体燃烧火灾

2009 年 5 月 4 日 3 时 30 分，安阳鑫龙煤业公司某矿 21141 下顺槽掘进工作面爆破引起瓦斯燃烧火灾事故。事故发生后，救援队出动进入现场，使用干粉灭火器和水直接灭火。直接灭火无效后又引燃煤体，火势发展迅猛，火焰不断从四处喷出，CO 超过 3000 ppm，CH_4 浓度为 1.5%，烟雾越来越大，巷道能见度约 3 m。考虑到该巷道已掘进 1080 m（图 5－19），有一处拐弯，为了控制火势发展，遂决定在局部通风机吸风口散扬干粉灭火剂 100 kg，30 min 后，停止局部通风机供风，利用火区窒息性气体窒息灭火。

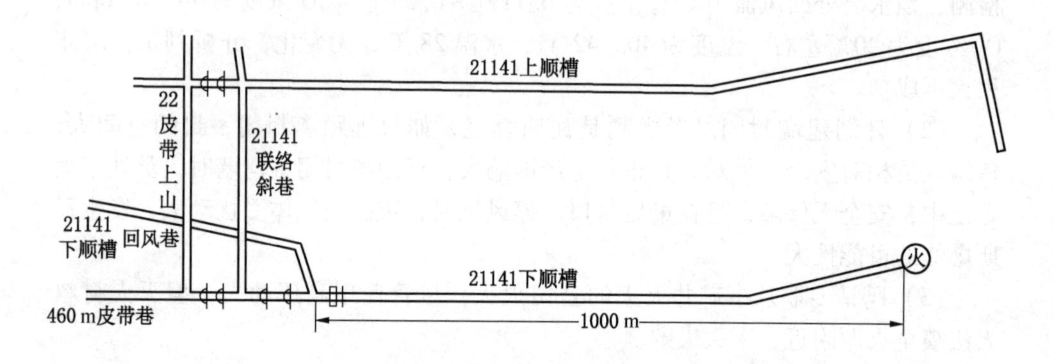

图 5－19　某矿 21141 下顺槽火灾示意图

停风 27 h 后，火区内无爆炸，于是在 21141 下顺槽回风巷以里 12 m 处构筑木板墙隔离，然后在其外用编织袋装黄土构筑了密闭墙。后来恢复通风后检查，过火巷道长度 310 m，支护完好，其外的巷道巷帮、巷顶有少量白色粉末，为沉降的干粉灭火剂。

1997 年 7 月 15 日，鹤壁煤业公司某矿 23031 工作面下顺槽在掘进到 118 m 位置时，因爆破残爆引起瓦斯燃烧，后又引发煤体燃烧（图 3－1）。火烟弥漫整个岩石回风上山。为营救 23031 工作面上顺槽的 10 名矿工，停开了为下顺槽供风的风机，在人员救出后建墙封闭下顺槽期间，下顺槽火区内共发生了 5 次瓦斯爆炸，但威力不大，爆炸最强时致正建防爆墙的人员翻倒。

分析这两起事故，同为瓦斯燃烧，后继发煤体燃烧，同样停止掘进工作面供风，一个未爆炸，一个爆炸，其原因是巷道长度不同。21141 工作面下顺槽达 1080 m，23031 工作面下顺槽仅为 118 m，停风后，火源点烟流滚退作用吸入氧气量不同，巷道长的吸入氧气量少，达不到爆炸所需最低氧气量，所以未爆炸；巷道短的，火源点附近烟流滚退影响到整个巷道，吸入氧气量大，达到爆炸所需氧气量，故而爆炸。

对于采煤工作面火灾，彻底封堵上顺槽或下顺槽后，与独头巷道火灾的处理机理相同。但需考虑采空区漏风，可封堵回风的上顺槽，将工作面风压升高，防止采空区漏入氧气引发爆炸。

第四节 高倍数泡沫灭火机灭火

高倍数泡沫灭火机灭火，是利用高倍数泡沫灭火机产生空气机械泡沫，连续不断地发射形成泡沫塞，直接充满巷道内，输送数百米的距离淹没火焰；或通过风筒输送至火区，从而将火灾扑灭。高倍数泡沫还能排烟、降温、消尘、隔氧及排放瓦斯。

一、高倍数泡沫灭火机

（一）结构原理

高倍数泡沫灭火机简称发泡机，BGP－200 型高倍数泡沫灭火机如图 5－20 所示，通过潜水泵 13，将抽取的高倍数泡沫剂与水混合，加压至 0.15～0.4 MPa 经旋叶式喷嘴 5，均匀地喷洒在棉线织成的双层发泡网 1 上，借助于风机风流的吹动，连续地产生气液两相物质，致使气液两相物质的体积成百至千倍地膨胀起

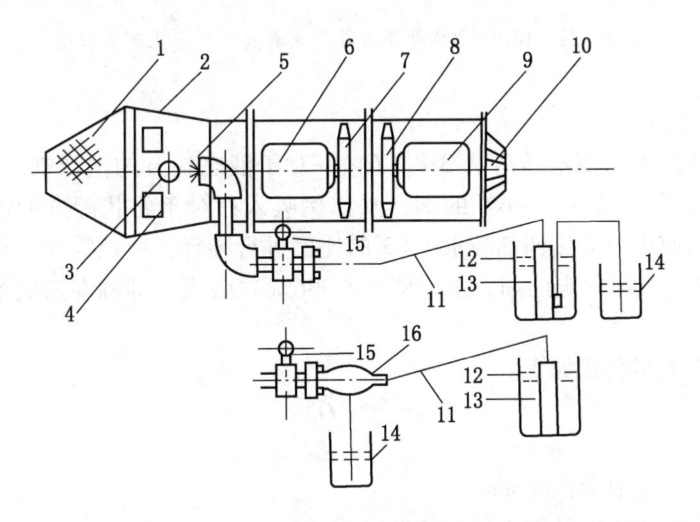

1—发泡网；2—折叠式发泡器；3—驱动压力计接口；4—观察孔；5—旋叶式喷嘴；6—前级电机；7—前级风轮；8—后级风轮；9—后级电机；10—调节风板；11—水龙带；12—供水池；13—潜水泵；14—泡沫剂药桶；15—压力表；16—负压比例混合器

图 5－20 BGP－200 型高倍数泡沫灭火机结构示意图

来（即空气机械泡沫），将空气机械泡沫输送至火区可灭火。

发泡机也可安装负压比例混合器吸入泡沫剂。负压比例混合器是一个应用文丘里射流原理的泵，压力水从水嘴喷出，由于管嘴效应和高速射流的作用，使水流周围产生真空，泡沫溶液被吸入并与水混合，再由负压比例混合器喷出。

图5-21为BGP-200型高倍数泡沫灭火机发泡工艺流程图。

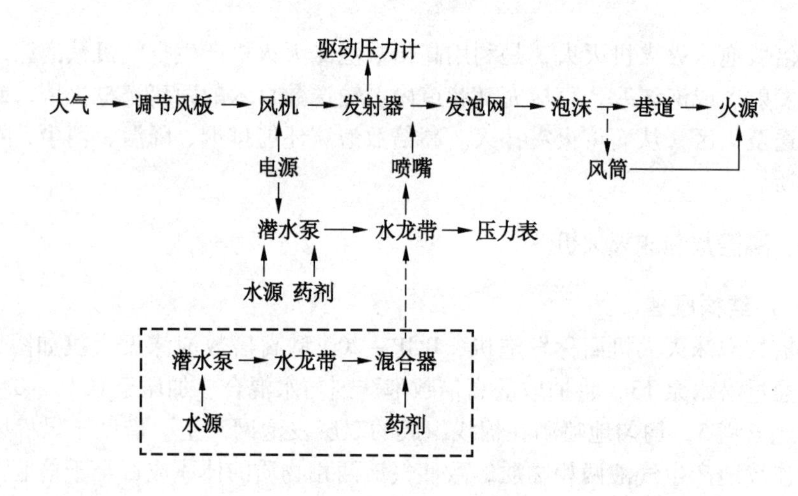

图5-21　BGP-200型高倍数泡沫灭火机发泡工艺流程图

（二）性能

（1）使用泡沫溶液浓度为3%～6%。对于液态配方的泡沫剂，如TYP-1及TYP-2，直接按3%～6%的剂、水比例吸入；对于粉状配方的泡沫剂，如TFP-1，因使用前需按药剂与水1∶3的比例进行稀释，所以需扣除稀释时的水分，再按该配方所规定的剂、水比例（2.336%）吸入，即稀释后的溶液与水按9.4%吸入。

（2）发泡量公式如下：

$$Q_P = \frac{Q_L}{K}$$

式中　Q_P——发泡量，m/min；

Q_L——相应型号产品的供风量，m^3/min；

K——风泡比，风泡比应为1.1～1.3倍。

（3）泡沫倍数为500～800倍，泡沫稳定性不小于30 min，成泡率大于95%，在水平巷道中输送泡沫的驱动压力不小于1 kPa。

（三）灭火布置形式

发泡机灭火布置形式有两种：一是靠近火源，骑发泡机建板墙，直接向巷道中发泡灭火；二是通过变头，将风筒连接上发泡机，由风筒输送泡沫至火源灭火。

1. 向巷道中发泡灭火

据测量，泡沫在巷道中运动，对于6 m^2 断面的巷道，可推进340 m；对于倾斜15°的上山巷道，泡沫可推进的最高极限为185 m。在实际使用中，要尽量缩小发泡机与着火点之间的距离。泡沫在巷道中运输越远，耗损的泡沫量越高，水分消失越严重，空间积存氧的含量越高，所以发泡距离越远，灭火效果越低。反之，发泡距离着火点越近，灭火效果越好。

2. 风筒输送泡沫灭火

在独头巷道发泡灭火时，须通过风筒将泡沫输送到掘进工作面，泡沫充满掘进巷道后可将有害气体向外排除。要求风筒吊挂坚固耐用，利用风筒由下往高处发射泡沫时，应采取相应措施，以防止停止发泡时，造成泡沫反流影响工作。

（四）泡沫灭火的特点

（1）在发射泡沫时，泡沫塞充满巷道形成泡沫隔墙，切断往火区供给的空气，使明火减弱。

（2）泡沫塞在巷道运动时，可将巷道内积存的烟雾、高温、有害气体迅速排出火区。

（3）泡沫通过巷道时，浮尘及落尘被泡沫黏液吸附，并胶结沉积，可阻止煤尘飞扬，防止煤尘爆炸。

（4）泡沫所携带水分遇到高温后，被蒸发成水蒸气，使火区气体膨胀，增大火区压力，从而阻止煤体中瓦斯涌出。同时，水分变成水蒸气时大量吸热，起冷却降温作用；且稀释火区空气中的氧含量，当火区空气中的氧浓度降到16%以下，水蒸气上升到35%以上时火就会熄灭。

（5）泡沫有良好的稳定性和隔热作用，能够阻止火区内热传导、热对流与热辐射，防止火势的发展与蔓延，同时泡沫能将燃烧的物质覆盖起来，隔绝空气与燃烧物接触，起到封闭火区和窒息燃烧的作用。

（6）泡沫无毒无腐蚀作用，成本低，灭火后恢复工作比较容易。

二、扑灭采煤工作面火灾

（一）扑灭因瓦斯燃烧引起的外因火灾

某矿为有煤与瓦斯突出矿井，相对瓦斯涌出量61.7 m^3/t,工作面走向240 m,

倾斜 60 m，采高 2.4 m，单体液压支架、金属铰接顶梁，爆破落煤，风量563 m^3/min。1173Ⅱ采面由于瓦斯燃烧引起外因火灾（图5－22）。工作面回风A处检测甲烷浓度为3%，一氧化碳浓度为0.001%，温度50 ℃左右。

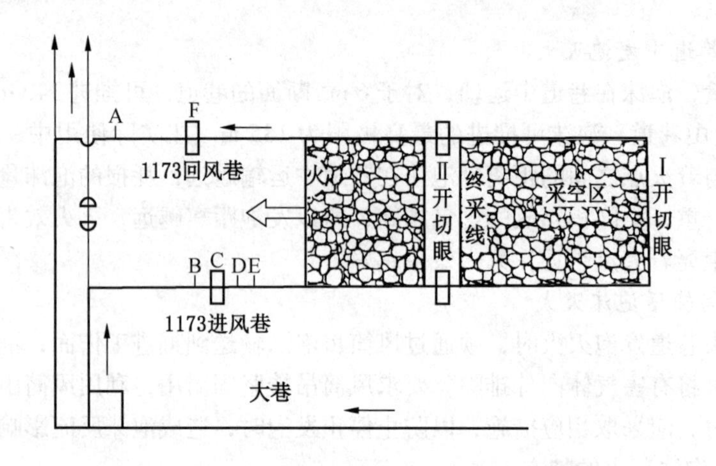

图5－22　某矿瓦斯燃烧引起的外因火灾示意图

事故处理方法：

（1）先封1173进风巷，建密闭E，以便向采面火源发射高泡灭火。

（2）同时在B处安设高泡灭火机向火区发泡，待火区稳定后再封闭1173回风巷。

（3）为保证封闭后尽可能减少向火区供氧，1173进风机巷密闭用麻袋建筑沙袋墙，并在其外再建一木段黄泥墙密闭D。共发射高炮药剂350 kg，总发射时间为266 min。

（4）为进一步减少向火区供氧，决定在D木段密闭外增建一道砖密闭C。

（5）在回风侧监测得到：二氧化碳浓度不断增加，甲烷浓度已超过爆炸上限，一氧化碳浓度和温度降低。

（6）在安全的情况下，在1173回风巷中建木段黄泥墙密闭F，至此火区处理封闭结束。

（二）扑灭电缆短路引起的火灾

某矿为低瓦斯矿井，A工作面在生产过程中因电缆破口造成短路引起火灾，该面工作的工人将明火扑灭后迅速撤离作业现场。救援队接到事故召请电话后，立即派值班队下井侦察，发现火点复燃，因火势较大，温度较高，CO浓度上升，人员难以靠近等情况，为了尽快恢复生产，采用高倍数泡沫灭火装置向火区发泡沫快速灭火。

如图5－23所示，在A工作面进风巷骑发泡机建木板密闭1，在回风上山分别建木板密闭3，退后挂网障，然后建木板密闭2，3道木板密闭建好后立即发泡。经过2 h的发泡，发现回风上山烟雾开始逐渐变淡，有害气体含量逐渐下降，说明高泡灭火已经起到作用；再经过1 h的发泡烟雾消失，救援队佩用氧气呼吸器从回风上山进入，在2号板闭的泄压孔能看见泡沫；又发泡1 h后，救援队员佩用氧气呼吸器进入A工作面侦察，发现明火已经熄灭，空气中各项气体数据检测正常。连接水龙带利用开花水流对巷道内的泡沫进行清理，对着火点进行挖除、破开，确认着火点完全熄灭。

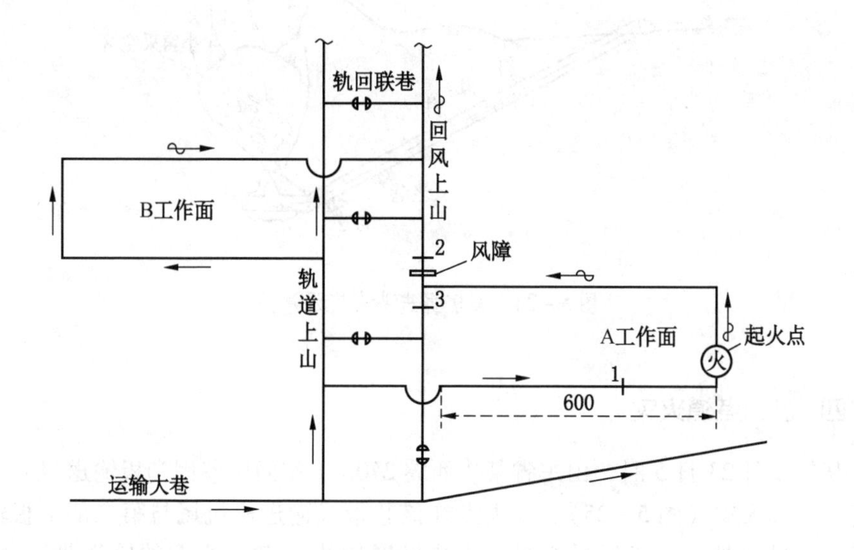

图5－23　某矿电缆短路引起的火灾示意图

三、扑灭掘进头火灾

某矿设计年产45万t，主焦煤，厚煤层，煤质自燃倾向严重，发火期3～6个月。露头小窑多，浅部煤层遭到严重破坏。在开拓回风系统时，掘回风斜井，25°下山掘进115 m，平巷掘进12 m。斜风井底板贯通两处采空区，平巷顶板贯通一处采空区，顶板采空区联通小窑并与地面串通。采用11 kW局部通风机从地面往井下送风，新鲜空气不断地往采空区供氧，从地表裂缝排出，使采空区入风侧浮煤不断氧化而自然发火，火源逆着风流燃烧蔓延到该矿正掘进的平巷，如图5-24所示。

救援队采用直接灭火无效，火势不断发展，烟雾蔓延到斜风井50多米，且温度高，难于接近火源无法采取直接灭火。最后，安装发泡机并利用原有风筒实施发泡灭火。第1次发泡100 min，第2次发泡80 min，中间暂停发泡20 min，井口由浓烟变为微量的水蒸气，共耗药量800 kg。等候20多小时后，下井探察，火灾全部熄灭。当即恢复通风，迅速清理巷道，并处理好通向采空区、老巷通道，以防后患，继续开工掘进，恢复了矿井正常生产。

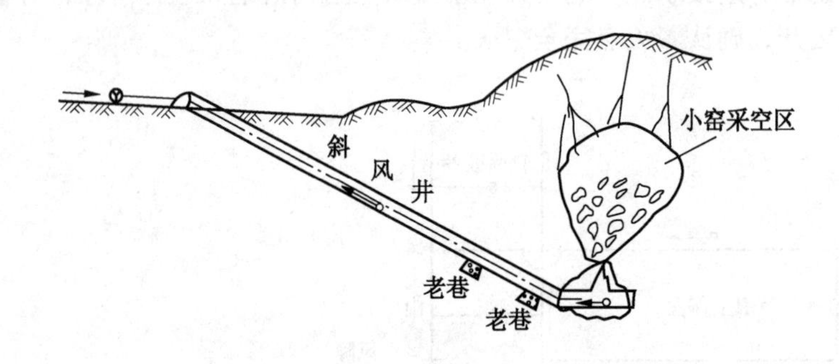

图5-24　某矿掘进头火灾示意图

四、扑灭巷道火灾

某年2月23日5时，山东省某矿西翼2706工作面中巷因刮板输送机故障过负荷，引起火灾（图5-25）。发火点在该巷带式输送机机尾与第二部刮板输送机机头的搭接处。由于风量充足，火势发展较快，2706中巷的输送带、浮煤、木棚等很快被引燃。开始时，用干粉、泡沫灭火器灭火，不能控制火势发展。由于水源不足，用水灭火也未能奏效。

矿山救援队为了控制火势的发展，于火灾发生的当天，在火源进风侧（图5-25中的A、B点）挂风障两道，以减少进入火区的风量。接着，又在2706中巷将火源进回风处（图5-25中的1、2处）各打两道板闭，将400 m长的火区巷道临时封闭。24日，打开火区进风侧的板闭和探断层切眼的密闭，分两路进入火区探察，均发现火区还在燃烧，决定采用高倍数泡沫灭火。

由于工作面探断层切眼处有砖闭1道，且处于进风流，因此将高泡灭火机设

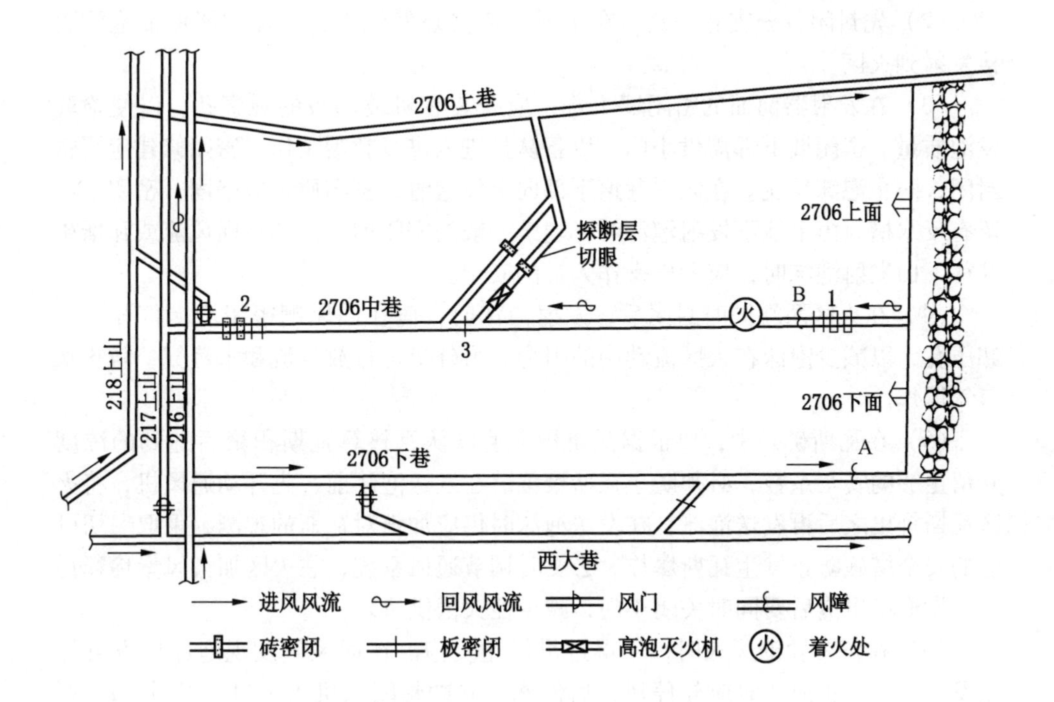

图5-25 某矿巷道火灾示意图

在该巷道内。发泡灭火的方案：分两次发泡，先灭西部200 m巷道的火。在发泡前，于25日和26日分别在火区进、回风侧的板闭外各建造两个砖闭，在密闭上留泄压孔，并做好高泡灭火的各项准备工作。26日20时5分开始第1次发泡，发泡57 min，耗药量270 kg，西部约200 m长的巷道内充满泡沫。发泡时将西边密闭上的泄压孔打开，高泡从孔中出来后即关闭。23时，由探断层切眼处进入在3处打1板闭，将西部巷道200 m发泡区封闭。27日21时，进行第2次发泡，发泡时间为63 min，耗药量为315 kg，泡沫充满东部200 m巷道。发泡时将东边密闭上的泄压孔打开，高泡从孔中出来后即关闭。发射高泡后，应急救援人员进入灌满泡沫的巷道内，冒着高温用3路水管破泡沫灭残火。4 h后，残火全部扑灭。28日4时，灭火战斗胜利结束，工作面恢复正常通风。

五、发泡灭火的注意事项

（1）选择发泡机安装地点时，应符合以下条件：①要求距离火区最近的安全地点；②水、电供应方便；③通向火区的沿途支巷少，顶帮牢固。

（2）先封闭各分支巷，然后在主要巷道安装发泡机，这样才能保证泡沫直接发射到火区。

（3）在发射器前面的密闭墙上部，应安装有机玻璃板的观察孔，以便检验发泡质量。密闭墙下部需设小门，以备队员进入进行救援工作。密闭修建应严密封闭，防止泡沫反流。在倾斜巷道下部向上发泡时，密闭质量应坚固，密闭下部留有反水槽。由上往下发射泡沫时，建筑一般的密闭即可。如在回风流或瓦斯矿井往下山发射泡沫时，应考虑操作人员的安全。

（4）在火区两端同时封闭后，发射泡沫时，应在回风侧密闭墙上打开一个卸压孔，以减少泡沫在火区流动中的阻力。另外也可排放烟流和水蒸气，防止水蒸气爆炸。

（5）在瓦斯矿井中，要根据瓦斯积聚速度认真核算瓦斯积聚后达到的浓度并留足够的安全系数，必须防止瓦斯聚集。在发送泡沫前，先开动通风机，将火区瓦斯排出之后再发送泡沫；在发送泡沫时仍应加强对瓦斯的观测，采取一切可能的安全措施防止发生瓦斯爆炸。必要时调节通风系统，往火区加大风量稀释瓦斯，发泡机出泡后要同时关闭小门，减少往火区供风。

（6）在正常发泡灭火时，不得过早停止发泡。在回风侧发现泡沫后方可停止发泡。在停止泡沫时应先停风，后停水，立即封闭风机入风口，经过 1 h 后，再连续发射泡沫。

（7）发泡时，要有专人看管发射器，观察驱动压力计、叶轮喷枪旋转和喷出雾状体情况，以及发泡质量、喷嘴压力等。对潜水泵、吸药管、配药、供水、电源开关等都要有专人看管，明确分工，统一指挥。

（8）在发泡中，时刻注意驱动压力计水柱变化情况。正常发泡时，水柱逐步上升，当泡沫与火相遇时，泡沫遇热将破裂并蒸发，水柱计暂平稳；泡沫继续前进，水柱随着上升，当泡沫通过火区时，随着巷道越远或往上山巷道运行中，阻力越大，风机消耗功率高，水柱计也随着泡沫行进而升高。如果火区突然发生冒顶，空间受冲击，水柱也突然升高。冲击波消失后，水柱仍回到原来位置。如果发泡数分钟后，水柱计停止上升时，这说明空发泡（供风不出泡），必须引起重视和进行处理。当驱动压力超过极限时，风机超过负荷，应立即停止发泡，以免烧毁电机。

（9）在开动风机发泡时，首先开动前级风机，后开动后级风机，避免同时启动，引起超负荷。在短距离发泡时，也可采用后级单机发泡。

（10）采用比例混合器供水吸药发泡时，必须将水的压力调整适当，压力低则减小吸药量甚至不能吸药；压力高时，由于喷嘴流量大大增加，排水管细，且阻力大，水便充满负压膛室，产生不吸药或吸药管出水的现象。

（11）发泡后，进入探察、灭火或撤出发泡机时，应在外部重新建筑一道密闭墙，锁风进入。

第五节 均 压 灭 火

通风压力是风流流动的动力，若存在漏风风流，必有漏风风压的作用。为了降低流过易燃碎煤堆的漏风，必须对漏风风压予以调节，从而减少漏风达到抑制碎煤自燃。这种设法降低采空区漏风通道两端压差，减少漏风，以达到抑制甚至扑灭煤炭自燃的方法就称为均压防灭火。对采取隔绝法灭火的区域，可进行闭区均压，使封闭区域进回风路两端的密闭处风压差趋于0，封闭区内风流停止流动，从而加速封闭火区火源的熄灭；对正在生产的采煤工作面自然发火，可采取开区均压，建立调压系统，减少采空区漏风，抑制火势发展，并使采空区煤自燃产生的有害气体不进入工作面，从而保障工作人员的安全，保证工作面正常生产，在开区均压的同时，再采取其他灭火措施，扑灭火源点。

一、漏风量分析

一般而言，漏风到生产系统主要通过4种途径：①经过进风侧密闭；②经过回风侧密闭；③经过火区下采煤工作面的采空区；④经过地面裂缝。

根据阻力定律，作用于漏风通道两端的风压差：

$$H = RQ^n$$

式中 H——漏风通道两端风压差，Pa；

Q——漏风风量，m^3/s；

R——漏风通道风阻，kg/m^7 或 $N \cdot s^2/m^8$；

n——漏风风流流态的指数，$n = 1 \sim 2$。

为减少采空区漏风量，使 $Q \to 0$，可以采取措施增加漏风风阻，使 $R \to \infty$，也可以采取措施使漏风通道两端风压差 $H \to 0$。第一种措施属于封闭防灭火，第二种措施则属于均压防灭火。实际中，采用均压法防灭火时，并不可能使采空区通道两端漏风压差绝对等于零。这是因为采空区漏风通道两端压差会随时受到矿井通风压力、大气压力、火区风压等因素的影响；同时，均压时也没有必要使采空区漏风通道两端压差一定等于零，只要使漏风通道两端压差降低到某一能够防止采空区煤炭自燃或火势发展的安全值即可，据有关测试，其值为 1 ~ 2 mm水柱。

二、采煤工作面开区均压灭火

（一）采空区漏风

回采工作面采用全部垮落法走向长壁 U 形通风后退式回采时，随工作面的推进，顶板逐渐垮落压实。采空区内空气的流动或采空区漏风随与工作面距离的加大逐渐减弱，此时采空区内可以划分为冷却带、氧化带、窒息带三带，如图 5－26 所示。

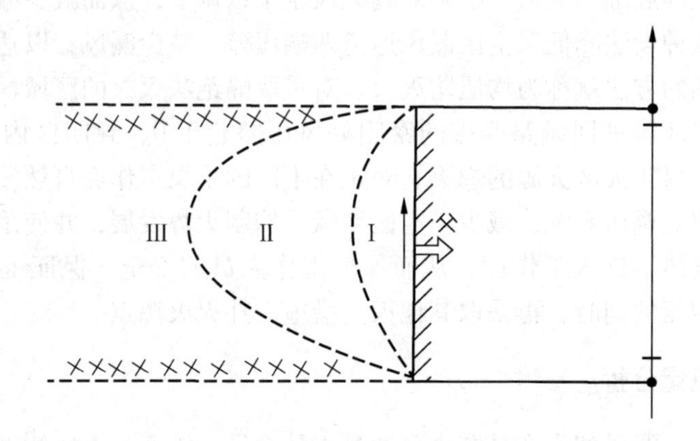

Ⅰ—冷却带；Ⅱ—氧化带；Ⅲ—窒息带

图 5－26　采空区“三带”分布图

（1）冷却带。最靠近工作面，一般以工作面中心计算 1～5 m 范围。由于最接近工作面，冒落岩石的孔隙大，漏风量大，尽管有浮煤堆积，但无蓄热条件，即煤炭氧化产生的热量被较大的漏风及时带走，加之浮煤与空气接触时间较短，因此冷却带内的煤炭一般不会自燃。

（2）氧化带。此带一般由冷却带开始延伸 25～60 m，冒落岩石逐渐压实，漏风强度减弱，漏风风流呈层流状态，浮煤氧化生热，热量易于积聚，温度逐渐上升，有可能发生自燃。氧化带的宽度取决于顶板性质及岩石冒落后的压实程度、漏风量的大小等。

（3）窒息带。从氧化带外缘往里即为窒息带。此带内冒落的岩石由于时间较长而逐渐压实，漏风基本消失，氧气浓度下降至煤炭自燃临界氧浓度以下，煤炭难以自燃，即使在氧化带内有部分煤炭已经自燃，但随着工作面的推进逐渐进入窒息带内，已经自燃的煤炭也会因缺氧而逐渐熄灭。

（二）采煤工作面开区均压措施

采煤工作面发火时，常见的开区均压措施有调节风门调压、风机调压、风机－风窗联合调压和风机－风筒均压等。

1. 调节风窗调压

如图5－27a所示，在风巷安设调节风窗，工作面的通风状况即发生变化。

安设风窗前后压力坡线变化如图5－27b所示。

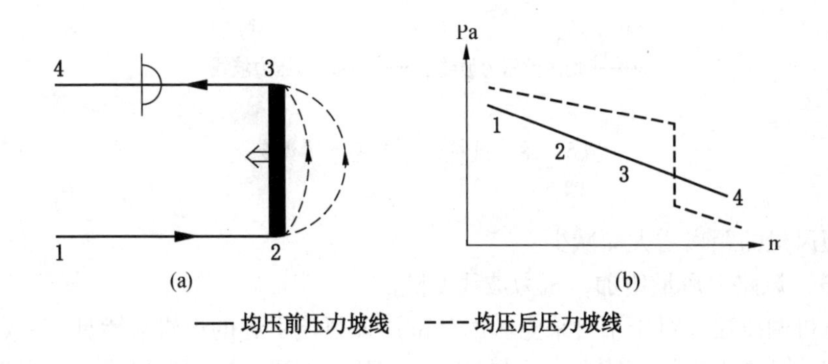

图5－27　风窗调压前后压力变化曲线

（1）风窗的上风侧风流的压能增加，风窗下风侧的风流压能减小，增加与减少的幅度随距风窗距离的增大而减小。

（2）风窗前后风路上因风量减小压力坡线变缓（即工作面两端压差变小）。

采用风窗调压方法，若风门位置设置恰当，在采空区风阻不变时，则工作面的扩散漏风必然减少，从而使采空区“三带”中的氧化带变窄；如加快工作面的推进速度，可使氧化带快速过渡到窒息带，使采空区中的自燃熄灭。

2. 风机调压

风机调压就是在需要调压的风路上安装风机，利用风机的增风增压作用，改变风路上的压力分布，达到调压目的。风窗是耗能装置，风机是动力装置，两者调压原理相反。

如图5－28a所示，均压风机安装在进风巷中，且使风量大于原来风量，则调压前后工作面压力坡线发生变化，如图5－28b所示。

（1）在安装风机处风流的压能突然增大，其增大值等于风机的全压。

（2）风机的上风侧段风流压能降低，下风侧段风流压能增加，其变化的幅

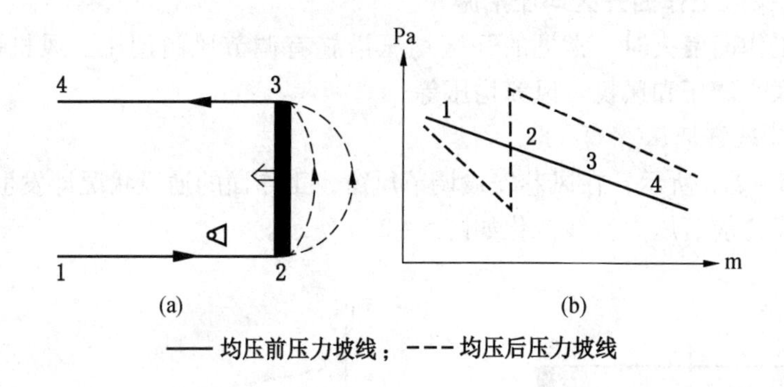

图 5-28 风机均压后压力坡线变化

度随距风机的距离增大而减少。

（3）风路上风量增加，压力坡线变陡。

风机调压法，对于来自采空区的外部注入风流引起的煤炭自燃具有一定的抑制作用，且增大工作面压力，抑制自燃产生的气体进入工作面风流，有利于工作面工作人员安全。

3. 风机-风窗联合调压

单独使用风窗或风机调压，不能满足灭火对风压、风量大小要求时，可使用风窗和风机进行联合均压，风机应安装在风窗的上风侧。风机-风窗联合调压分为风量不变和风量减少两种调节方法。

1）风量不变

为了维持调压风路风量不变，必须使风窗增加的阻力等于风机产生的压力。在图 5-29 中，图 5-29b 为风路中安装风窗和风机风量不变前后的压力坡线。因风量保持不变，故两调压装置的外侧风路上的压能与调节前相同，即调压前后的压力坡线重合；用调压装置之间风路上的风流压能增大，并与调压前压力坡线平行。

2）风量减小

如果被调节风路的风量允许减少，则可使风窗的阻力大于风机的压力。如图 5-29c 所示，风路调压前后的压力坡线与调压前相比，调压后的压力坡线的坡度变缓；在风机与风窗之间，压能的增加值等于风机的压能增加值与风窗压能增加值之和，风机的上风侧风流的压能因风路中风量减少而增加，风窗下风侧风流的压能因风窗阻力大于风机的压力而降低。

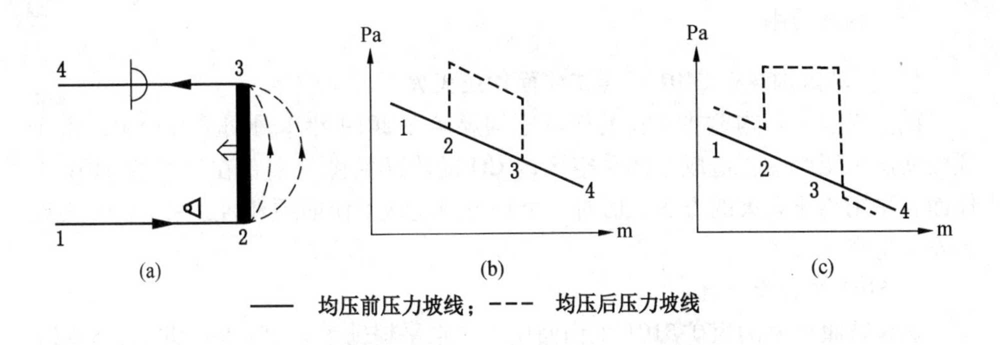

图 5－29 风机－风窗联合增压调节压力坡线变化

在实际灭火中，多采用风量减少调节方法，在事故处理期间允许风流中瓦斯含量上限，要远远高于正常生产时被允许的上限，故适当减少风量是被允许的，也方便操作，更有利于灭火。

4. 风机－风筒调压

如图 5－30a 所示，在进风巷安设风机并接一段风筒至工作面下端头。安设风机前压力坡线为 1－2－3，当安设风机后且风量保持不变时，风路上压力坡线变为 1－2－3′－4′，即 1－2 段风路的压力坡线与原来重合；若风流全部流经风筒，则 2－3′段压力坡线呈水平线，风筒出口压能增大。当风量减少时，压力坡线的变化为 1′－2′－3″－4″。在实际运用中，可以将风筒接至工作面中火灾气体涌出最大处附近，借助风筒出口的压能，提升该处风流压力，抑制火灾气体涌出，保障工作人员的安全。

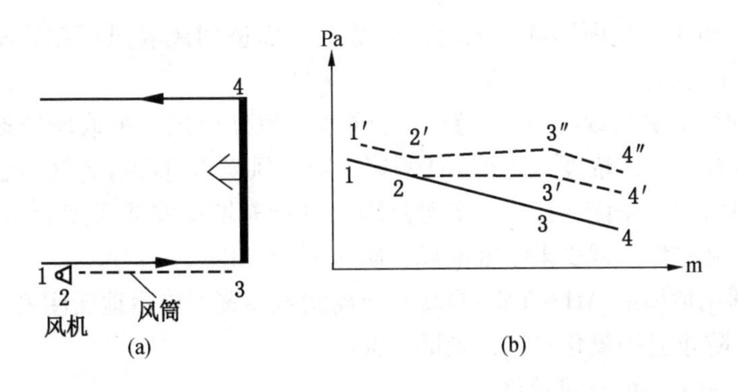

图 5－30 风机－风筒调压压力坡线变化

三、实际应用

（一）苏家沟煤矿5101采煤工作面均压灭火

鹤壁煤业公司内蒙古达拉特旗苏家沟煤矿在2019年1月回采过程中，由于顶板初次来压垮落，造成上部采空区内CO随垮落裂隙入侵正在生产的5101工作面，采用均压灭火的方法，历时一个月时间使该工作面顺利通过采空区，实现了安全生产。

1. 5101工作面概况

达拉特旗苏家沟煤矿5101工作面位于二水平辅助水平251盘区北部，$5-1_{上}$煤层第一个回采工作面，煤层埋藏深度74.58～97.28 m，上部为原苏家沟煤矿$4-2_{中}$煤层采空区，煤层层间距20.87 m。5101工作面设计走向长度为1588.3 m，平均采高2.9 m，工作面长203 m，采煤工艺为一次采全高全部垮落法管理顶板。2019年1月14日八点班开始回采，于1月19日推进20 m时顶板初次来压垮落，1月21日4时45分，当工作面推采（距切眼位置）34 m时，上隅角风障内CO浓度100 ppm、风障外CO浓度35 ppm，矿井立即停产撤人，并采取了CO治理措施。

2. 均压灭火及安全监护

2019年1月24日，鹤壁煤业公司救护大队远赴千里，至苏家沟煤矿处理火灾。经检查，5101工作面上隅角架尾处CO浓度500 ppm，C_2H_4浓度600 ppm，决定采取均压灭火措施，均压灭火示意如图5－31所示。

（1）在5101工作面上下隅角采空区侧垛黄泥袋、吊挂风障。一是减少进风巷向采空区漏风，以减少漏入风量置换出CO进入工作面；二是阻挡上隅角有毒有害气体溢出进入工作面。

（2）在回风巷建两道调节风门，降低工作面进回风巷风压差，减少采空区有毒有害气体溢出量。

（3）利用上隅角现有压风管路向上隅角风障外压风，采取增压稀释上隅角风障外有毒有害气体浓度，防止CO积聚，减少风障内有毒有害气体溢出。

（4）5101工作面机尾20台支架范围内进行充填堵漏或采用封堵墙后注浆、胶体等防灭火材料，减少采空区漏风，防止CO溢出。

（5）利用地面的AH－YM－600膜分离制氮装置实施由地面注氮，使采空区隔绝氧气，防止遗煤氧化自燃，辅助灭火。

（6）加快工作面推进速度。

在实施均压灭火期间，矿山救护大队负责监护工作面安全，并取样化验工作

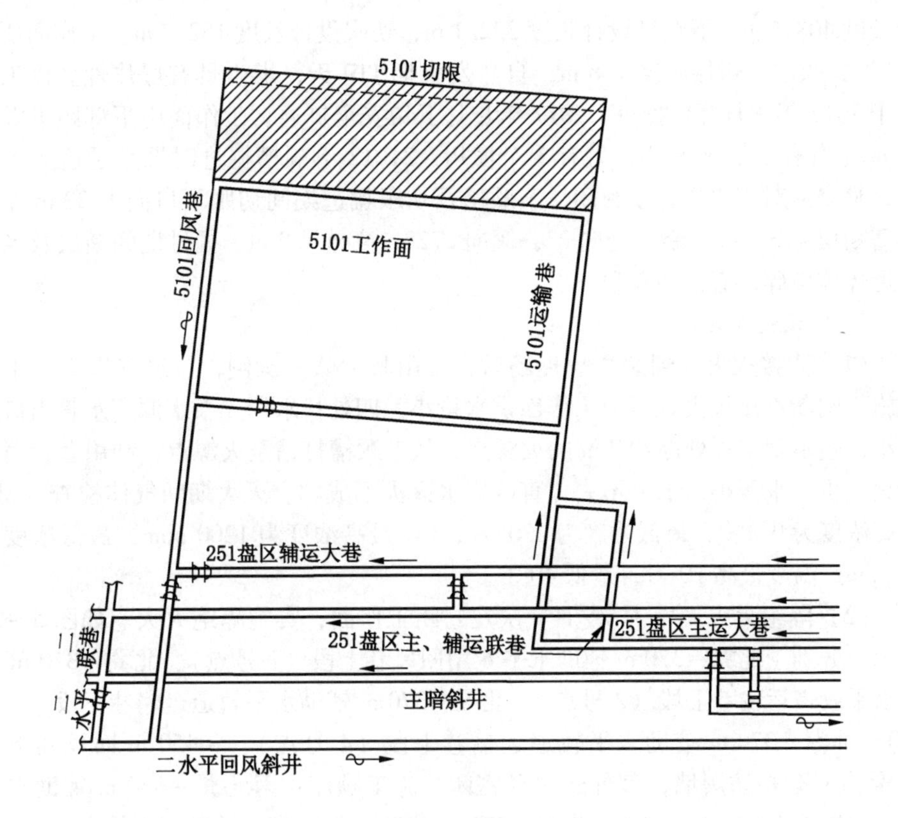

图 5－31　苏家沟煤矿 5101 工作面均压灭火示意图

面风流中气体。2019 年 1 月 25 日至 2 月 25 日，工作面上隅角 138 架超前支护探头处有害气体浓度最大，CO 浓度由最高 534 ppm 降低到 19 ppm，C_2H_6 浓度由最高 755 ppm 降到 95 ppm。历时一个月时间，随着工作面的快速推进，将初次来压形成的漏风通道置于采空区窒息区，保证了该工作面以后的安全生产。

（二）中泰公司 31012 工作面均压灭火

2017 年 12 月 23 日 12 时许，鹤壁煤业公司中泰矿业公司 31012 工作面 16～17 号液压支架架间缝隙出现 CO，浓度为 120 ppm，回风 CO 传感器显示 25 ppm，CO 涌出异常，矿山救护队直接灭火不成功，后封闭，启封后着火，最后采取均压灭火方法，安全回采完该工作面。

1. 事故地点概况

中泰矿业公司 31012 工作面是 31 采区最后一个工作面，该工作面上顺槽设计长度408.5 m，下顺槽设计长度332.1 m，切眼设计长度152.7 m。工作面所采煤层二$_1$煤层，煤层厚度7.8 m，自然发火期119天，煤尘具有爆炸性。该工作面于2017年2月开口掘进，2017年8月下旬安全贯通。工作面中下部距下顺槽23 m左右有一沿顶老巷，另有3个横川，31012下顺槽掘进时揭露了这3个横川，整修后对横川进行了封闭，下顺槽及切眼掘进期间切眼下口向上22 m左右揭露断层4F31－7，断层走向2°，倾向272°，高差1.2 m。掘进期间断层及老巷附近煤体破碎，有空顶现象。

2. 事故处置经过

（1）直接灭火。到达事故现场后，矿山救护队三班倒，每班安排2个小队实施不间断直接灭火。但因工作面供水量小，四处找水均无新水源，水管出口压力小，喷不到空顶处高约7 m的火源点；从下顺槽打钻至火源点，利用套管喷水灭火，也因水压小，水上不去，直接用水灭火不成功。灭火期间气体检查，CH_4最高浓度为0.2%，最低浓度为0.05%；CO最高浓度为1200 ppm，最低浓度为60 ppm；温度最高70 ℃，最低40 ℃。

（2）隔绝灭火。12月25日，决定封闭工作面，实施隔绝灭火。如图5－32所示，分别于北翼－370 m辅助水平专用回风巷上段（1号点）、北翼－370 m辅助水平胶带运输巷上段（2号点）、北翼－370 m辅助水平轨道运输巷下段（3号点）、北翼－370 m辅助水平轨道运输巷上段（4号点）、－450 m回风巷下段（5号点）建造防爆墙，其外建永久密闭。施工顺序：因北翼－370 m辅助水平专用回风巷上段（1号点）、北翼－370 m辅助水平胶带运输巷（2号点）、北翼－370 m辅助水平轨道运输巷下段（3号点）密闭墙不影响工作通风，平行施工；同时，为了在建筑－450 m回风巷下段（5号点）密封墙的运料方便，将－450 m回风巷下段中原有的密闭墙改为两道风门；北翼－370 m辅助水平轨道运输巷上段（4号点）、－450 m回风巷下段（5号点）防爆墙同时建造，最后预留4 m^{2}孔洞，然后同时快速封堵。至26日8点，工作面封闭工作全部安全完成。之后，中泰矿业公司用膜分离制氮机对封闭的31012工作面注氮，至启封前，共注氮气20多万立方米。

（3）均压灭火。2018年5月14日，中泰矿业公司31012工作面启封准备生产；5月30日，工作面再次出现CO气体。经矿山救护队检查，工作面18～21号液压支架处CH_4浓度为0.3%、O_2浓度为20%、CO浓度为26 ppm、CO_2浓度为0.1%、温度为28 ℃，原来的火源点附近CO达130 ppm，于是，采取均压灭火方案。

在－450 m回风巷设调节风门2道，在下顺槽的进风巷道安装局部通风机，

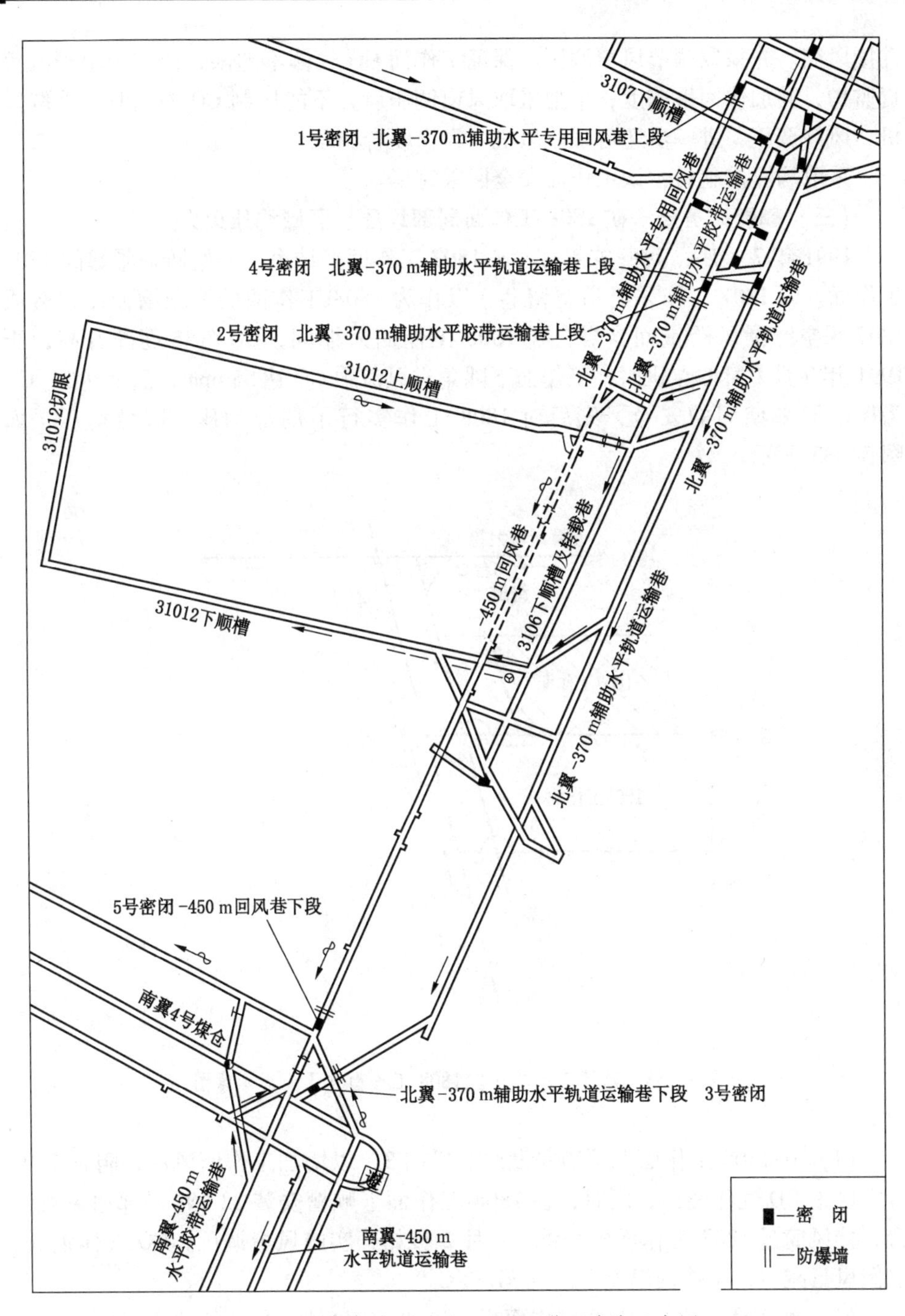

图5-32 中泰矿业公司31012工作面火灾示意图

并接风筒。先采取调节风窗调压，保证工作面 CO 气体不超限，由矿山救护队负责监护，并加快回采速度；单独采取风窗调压后，不能压制 CO 涌出时，采取风机 - 风筒调压，进一步还可采取风机 - 风窗联合调压。

采取均压措施后，该工作面安全回采完毕。

（三）鹤壁矿务局一矿 1808 工作面局部均压、区域均压灭火

1991 年 7 月底，鹤壁矿务局一矿 1807 工作回采结束，开始回采紧邻的 1808 工作面。因 1807 工作采时沿空留巷，以作为 1808 工作面的下顺槽使用，造成 1807 采空区漏风严重而自燃，在 1808 工作回采期间，CO 气体逐渐升高，于 1991 年 9 月 1 日八点班时，工作面下隅角进风流中 CO 达 55 ppm，温度达 31 ℃。为保证回采期间的安全，先后对 1808 工作实行了局部均压、区域均压，如图 5 - 33 所示。

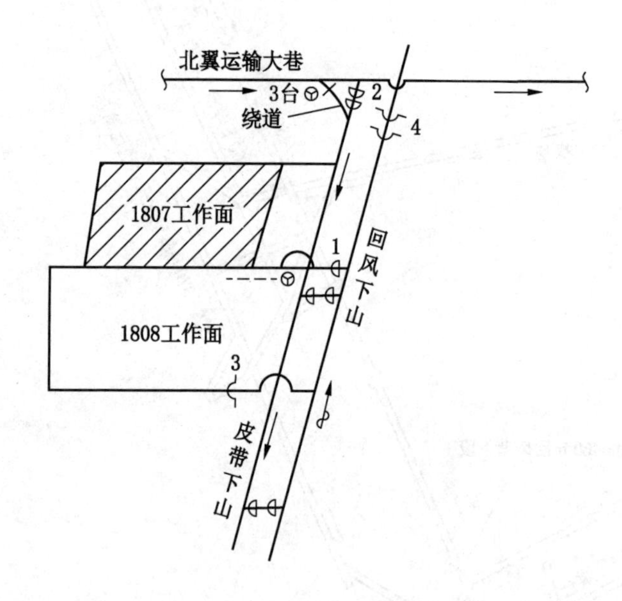

图 5 - 33　鹤壁矿务局一矿 1808 工作面均压灭火示意图

（1）在 1808 工作面上顺槽安设调节风门 3，以增加工作面风压，阻止 1807 采空区中 CO 气体涌出，同时，在 1808 工作面下顺槽安装 22 kW 局部通风机一台，接风筒过 1807 工作面停采线。9 月 2 日始，实施风窗调压，CO 气体消失，但因风量减少，工作面温度升高到 31. 9 ℃。

（2）到 9 月 26 日，1808 工作面再次出现 CO 气体，最高处达 38 ppm，于是开启了安装在下顺槽风机，实施风机－风筒调压，安全采至11月20日，工作面再次出现险情，CO气体浓度超标，温度升高，风流中出现薄烟，且在放顶时从顶板上流出零星火炭。

(3) 11月20日，启用调节风门3，对工作面进一步升压，CO气体浓度大幅度下降，但温度基本没变化，工作面作业环境恶劣。

(4) 11月28日，实施了风机－风窗联合增压的区域均压方案。在皮带下山建风门2，回风下山建调节风窗4，于绕道处并列安装3台28 kW局部通风机，骑风机建墙。开启风机后，1808工作面温度下降，CO气体消失，1808工作面顺利回采完毕。

在实施区域均压期间，制定了严格的安全措施，工作面设专人检查气体及温度，设专人看管绕道处的风机及调节风窗4。1992年×月×日，因下班期间，经过风门2的人多，同时打开两道风门，造成均压区域突然泄压，CO及烟雾涌出，该矿通风区一班长正在回风上山巡查该地区通风设施，突然发现有烟来袭，忙向下跑向风门1，计划过风门1到达进风系统。但受CO毒害，到达风门1时已无力开门而遇难。

第六节 水 淹 灭 火

水淹灭火既安全，也彻底，但需根据火区所处位置，分析地势标高，保证水能全部淹没火区。建筑挡水墙时，需牢固可靠，防止坍塌造成事故扩大。

一、水淹扑灭掘进工作面火灾

2000年8月5日4时20分左右，鹤壁煤业公司某煤矿21101工作面北上顺槽掘进爆破后，工作面发生瓦斯燃烧，然后引燃顶帮煤体及荆笆、杭子，矿山救护队先后多次探察，最后水淹灭火成功。

1. 事故地点概况

21101工作面北上顺槽位于南五采区南中段，至发生事故时已掘进380 m（中切眼以里295 m），矿用工字钢支护，断面2.4 m×2.4 m，棚距0.5 m，两台28 kW风机供风，瓦斯绝对涌出量为5.5～6 m^3/min。

2. 事故发生经过

8月5日0点班，在21101工作面北上顺槽掘进施工的煤二队出勤6人，进班测定甲烷浓度，发现有一个探眼甲烷浓度超过规定，于是按措施规定，在迎头打了15个3.5 m深的瓦斯释放钻孔，后测定甲烷浓度不超，开始打眼装药，全断面共布置炮眼 25 个，6 个掏槽眼，19 个顺帮眼，眼深 0.7 m，共装药 24 卷。爆破前甲烷浓度 0.26%，爆破后甲烷浓度 1.2%，20 min 后，发现回风流中出现烟雾，才知发生了瓦斯燃烧事故，于是迅速报告矿调度室，并撤人至安全地点。事故情况如图 5-34 所示。

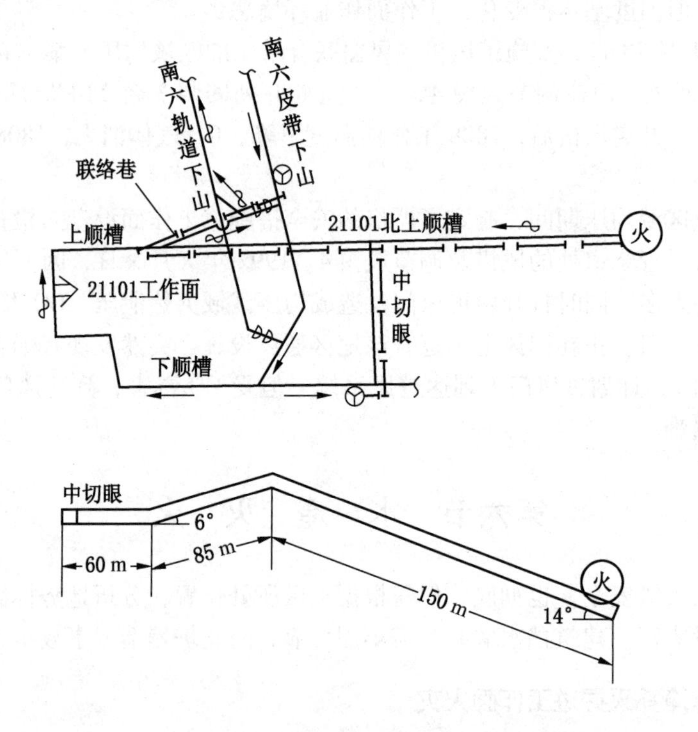

图 5-34　某矿“8·5”火灾示意图

3. 事故处理经过

矿山救护大队接到召请后，值班的 2 个小队迅速出动，奔赴事故地点。1 个小队由南六皮带下山经 21101 工作面下顺槽进入中切眼待机。另 1 小队由联络巷进入 21101 北上顺槽探察，中切眼以外有薄烟，CO 浓度为 0.002%，CH_4 浓度为 0.6%，温度为 27 ℃；中切眼以里 2 m 处，CO 浓度为 0.1%，CH_4 浓度为 1%，温度为 37 ℃，且烟雾弥漫，能见度不足 1 m。该小队摸索前进，行进约 270 m，经检查，CO 浓度为 0.5%，CH_4 浓度为 1%，温度为 40 ℃，因烟雾大，能见度为 0，且底板不平，为防止出现意外，该小队退出。

指挥部听取汇报后，命令再探察一次，争取到达火源地点用水直接灭火。

待机小队进入，弯腰行进约280 m，发现了明火，巷道左帮、风筒出口前方火苗高达1 m，已发展至迎头往外约8 m处，顶及右帮亦有火，但火势比左帮弱，滞后约2 m，右帮有冒落煤块压住该帮风筒，出风不畅。测得CO浓度为0.04%，CH_4浓度为0.9%，温度为58 ℃。打开左帮一水管阀门，计划用水直接灭火，但水管无水。该小队于7时30分退出汇报。

矿方领导分析认定：供水管路有水，可能是端头阀门坏。在矿方一再要求下，1小队再次进入灾区，取下钻机（距中切眼约200 m）上20 m长软管拉至火源地点，然后用钢锯锯开水管，仍无水，接上软管后退出，此时CO、CH_4浓度无大的变化，温度达60 ℃。

指挥部命令矿方迅速向灾区供水，采取水淹灭火方案。矿方立即组织有关人员检查向灾区供水的管路，经过半小时的忙碌，毫无收获。矿方决定将21101北上顺槽的供水管路改接到21101工作面的注浆管路上，由地面注浆站注入清水，至9时改好，但仍无水！矿方又决定从21101工作面泵站接高压水管至灾区。

经矿方多方检查、疏通，高压管于11时05分出水，注浆管于11时10分出水，开始实施水淹灭火方案。

12时50分，矿山救护队至中切眼以里5 m处检查，CO浓度为0.014%，CH_4浓度为1%，温度为38 ℃。

按指挥部命令，一小队进入探察，发现火源要立即扑灭。该小队进入灾区后，发现水位已至顶板，巷道左帮有零星明火，右帮风筒出口被水淹没，CH_4浓度为3.5%，CO浓度为0.02%，温度为57 ℃。该小队立即用电工刀割开右帮风筒通风，稀释瓦斯，防止爆炸，又用水扑灭了明火。经检查，CH_4浓度很快降为1.5%，CO浓度为0.017%，温度为55 ℃。

13时40分指挥部再次命令进入探察，另一小队进入后发现火区已被水淹没，CH_4浓度为0.7%，CO浓度为0.002%，温度为40 ℃，烟雾几乎消失。该小队对水位线外20 m范围的巷道顶、帮进行喷水降温，于14时20分完成，15时又陪同矿方领导进入察看，经测定，CO浓度为0，CH_4浓度为0.7%，温度为34 ℃，确认火区已灭。

二、水淹扑灭巷道火灾

2001年2月10日，鹤壁煤业公司某煤矿2202a工作面下顺槽发生了自燃火灾事故（图5－35），矿山救护队用水直接灭火、水淹灭火，经3昼夜处理完毕。

1. 事故地点概况

2202a工作面东、西部分别为2204、2202工作面采空区，南部为两采空区

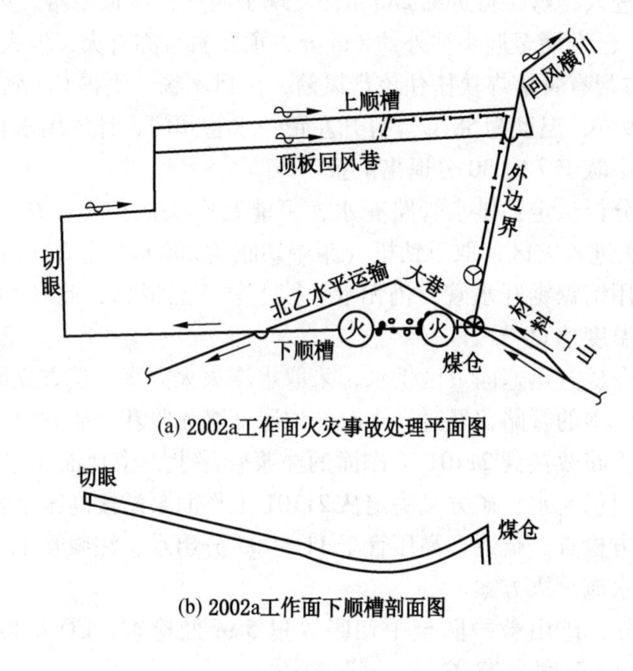

图 5－35　某矿“2・10”火灾示意图

交界处，北部是北二下山煤柱。工作面走向长 255 m，倾斜平均长为 63 m。工作面位于向斜构造内，上、下顺槽穿过向斜轴掘进，造成顺槽两头高，中间低。煤层产状变化较大，煤层倾角 16°～20°，煤厚平均为 10 m。煤层节理裂发育，自然发火期为 6 个月。

2. 事故发生经过

2002a 工作面下顺槽在掘进时着火地点曾发生过冒顶，温度一直偏高，矿通风、安检部门加强了对该地点的管理。在回采期间出现微量的 CO 气体，2 月 9 日四点班交接班时，检查员发现工作面 CO 气体超限，又发现原冒顶处有薄烟，便立即组织撤人，同时报告矿调度室。

3. 事故处理经过

2 月 10 日 0 时 55 分，鹤壁煤业公司矿山救护大队接到召请，值班的 2 个小队立即出动，火速奔赴事故地点。在现场了解情况后，一小队在基地待机，另一小队进入下顺槽探察。受火风压作用，下顺槽风流已反向，烟雾扑面而来，能见度极低。在煤仓上口以里约 20 m 处发现了明火，顶板火势较大，左右帮上部亦有火星掉落。经查，温度为 50 ℃，CO 浓度为 0.16%，CH_4 浓度为 1.4%。退出向指挥部建议：立即接通灾区的水源，用水直接灭火。为控制火势，该小队再次进入用干粉灭火，无效果。立即由煤仓以里 10 m 处接软管至着火地点，用水浇火，由于水量太小，进展十分缓慢。

2 h 后，矿方疏通水源，灭火水量有所增加，并带来留有尖头的钢管。矿山救援队员将钢管插进顶板裂缝中灭火，终将明火扑灭。此时检查气体，CO 浓度为 0.0024%，CH_4 浓度为 0.3%，温度为 35 ℃。又向前浇水降温，推进约 15 m 处巷道冒顶，透过冒顶的煤、矸孔隙可见以里巷道火势正猛，检查冒顶处气体，CO 浓度为 0.004%，温度为 38 ℃。救护大队组织力量清理冒顶处杂物，前进 5 m 到达火区边缘，温度达 40 ℃，CO 浓度为 0.012%，CH_4 浓度为 0.3%，因后路不畅，退出处理冒顶，至 6 时交班。期间该小队对上顺槽进行了探察，进入 20 m，CO 浓度为 0.3%，CH_4 浓度为 1.6%，CO_2 浓度为 1.3%。

接班队继续处理冒顶，11 时 30 分，按指挥部命令探察上顺槽，进入约 200 m，烟雾大，能见度为 0。CO 浓度为 2%，CH_4 浓度为 5%，CO_2 浓度为 4%，温度为 38 ℃，无法再进，退出至下顺槽继续处理冒顶，于 13 时 30 分完成。但前方 3 m 处亦冒顶，且有明火，CO 浓度为 0.002%，CH_4 浓度为 0%，温度为 18 ℃，风向明显朝向工作面。于是迅速用水灭火，至交班时扑灭了明火。

四点班，指挥部根据发火巷道正处于低洼区段这一情况，命令矿方由地面注浆站、工作面泵站接水管至火区，准备水淹灭火，经矿方努力，得以实施水淹灭火。同时命令矿山救护队至 2202a 工作面上顺槽探察，以确定下一步的抢险计划。

矿山救护队两个中队协同作战，定时 1 h，一个中队待机，另一中队 8 人佩戴正压氧气呼吸器由外边界进入探察。至上顺槽与回风横川交叉口，检查风流，CO 浓度为 0.3%，CH_4 浓度为 0.5%，温度为 35 ℃；进入上顺槽往里探察约 100 m 处，到达上顺槽通顶板回风巷口，进入 5 m 检查，温度为 35 ℃，CO 浓度为 0.3%。返回上顺槽，再往里，燃雾大，能见度不及 0.5 m，温度达 45 ℃，无法检查气体；手摸巷帮水管前进，拐了两个弯至工作面上安全出口，大约探察 260 m，因温度太高（脸部、喉部发烫，难以忍受、估计温度至少大于 50 ℃），无法前进即返回。当返回至距基地约 130 m 处时，1 名救援队员突然感到吸气困难，按手动补气阀仍无气，立即换上 2 h 呼吸器，顺利退出了灾区。

11 日零点班，于下顺槽（距煤仓上口约 3 m）建 1 m 厚砖墙，11 日八点班完成并开始注水，实施水淹灭火。

经连续检测工作面气体情况，分析火已熄灭，矿山救护队于 13 日八点班至

2202a 工作面上顺槽利用原有风机风筒排放上顺槽、切眼有害气体。经查，2202a 工作面 CO 浓度最高为 0.0012%，温度最高为 25 ℃，火确已灭。

三、经验与教训

在这两起火灾事故处理中，都存在问题：一是着火地点水源不足甚至无水，影响救灾进度，扩大了事故范围；二是灾区无遇险人员，矿山救护队多次顶着高温进入，严重违反《矿山救援规程》的规定。但也有值得推广的经验。

（1）"2·10" 火灾事故处置中，矿山救护队在探察上顺槽及切眼后返回时，一队员呼吸困难，全小队人员忙而不乱，迅速为其换上 2 h 呼吸器，安全撤出灾区。

（2）"8·5" 火灾事故处置中，矿山救护队进入灾区后发现风筒出口被水淹没，出风不畅，且瓦斯浓度接近爆炸界限，有明火存在，立即采取果断措施，切开风筒，稀释瓦斯，避免了瓦斯爆炸事故的发生。

第七节　其他方法灭火

在扑灭矿井火灾中，利用干冰扑灭采煤工作面采空区自燃火灾，利用 CO_2 及氮气灭火，通过风筒输送干粉抑制火势发展，均有成功案例。

一、干冰扑灭采煤工作面采空区自燃火灾

2017 年 8 月 22 日 10 时 30 分，阳泉市上社二景煤矿在安全监控系统平台上发现 15106 工作面高抽巷瓦斯抽采管道内 CO 浓度为 14 ppm，为采空区自燃，于是在 15106 进风巷入口处设置风障以降低工作面风压，同时将工作面风量由 1100 m^3/min 调整为 600 m^3/min，减少向采空区漏风。但是，8 月 24 日 2 时，15106 工作面采空区内部回风侧 CO 浓度急剧上升至 46 ppm，均压防灭火措施效果不甚理想。自 8 月 24 日 9 时开始，实施干冰灭火。

（一）干冰灭火技术机理

（1）冷却降温作用。在常温常压下，干冰通过吸收周围的热量直接升华；1 kg 干冰升华成气态 CO_2 时，至少需要吸收 573.6 kJ 的热量，其体积会增大约为原来的 750 倍。堆置在采空区进风侧的干冰迅速气化，吸收流动空气中大量的热，同时气态 CO_2 向采空区深部运移过程中也会吸热，降低采空区遗煤温度，促使煤的氧化反应因燃烧条件的破坏而终止。

（2）窒息效果好。干冰升华成气态 CO_2 后进入采空区深部，可快速降低高

温点范围内原有氧气的浓度，促使煤的氧化反应因持续供氧条件的破坏而终止。

（3）抑爆阻燃性强。相对于 N_2 来说，CO_2 抑爆的临界氧气浓度（14.6%）较高，且火区熄灭的临界氧气浓度（11.5%）也较高。这表明 CO_2 的抑爆、阻燃性能明显优于 N_2。气态 CO_2 进入采空区高温点后，不但会不断降低可燃可爆气体和氧气浓度的同时，还不断增加该空间内混合气体的惰性，从而使采空区气体失去可爆性、可燃性。

（4）成本低廉，易于操作。与 CO_2 直注技术相比，干冰灭火无须配套钻机、注液系统，成本较低。同时，干冰具有运输方便安全，工艺简单，成本低廉等优点。

（二）干冰灭火方案实施

如图 5－36 所示，为确保 CO_2 不进入工作面，将干冰置于距风障不少于 5 m 处。在采空区内距下隅角风障约 5 m 处设置 1 号观测点，以监测 CO_2 浓度变化情况；在工作面回风侧采空区内部距离上隅角风障约 8 m 处，设置 2 号监测点；3 号监测点位于高抽巷低负压抽采管道上，以监测 CO 气体浓度变化情况。

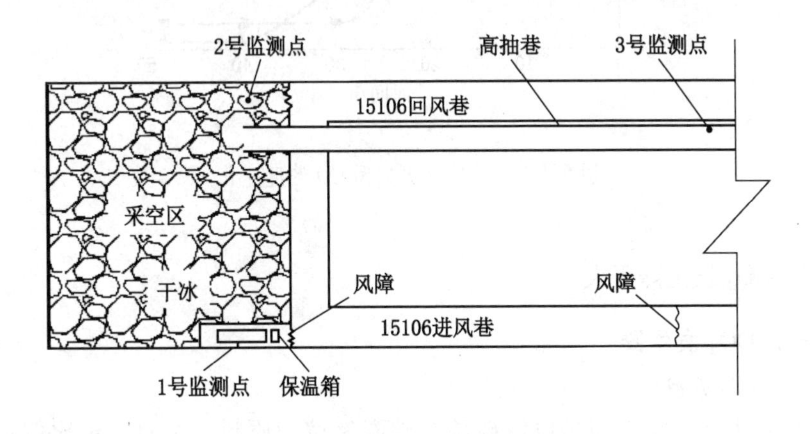

图 5－36　干冰扑灭采煤工作面采空区自燃火灾示意图

选用直径为 3～16 mm 颗粒状的干冰，用保温箱进行盛装运输。该保温箱 24 h 损耗 4%～7% 干冰，即释放气态 CO_2 体积为 24～42 m^3/min。依据工作面风量 600 m^3/min，工作面回风流 CO_2 总量应控制在 9 m^3/min 以下，工作面进风流 CO_2 应控制在 3 m^3/min 以下。确定单次投入下隅角的干冰总量为 120 kg，并根据 1 号监测点 CO_2 浓度变化情况及时补充干冰。在 15106 工作面下隅角及进风巷设置风障，控制采空区漏风量，并确保工作面侧风压高于采空区，在采空区内外压差的作用下，使气态 CO_2 向采空区深部扩散。

自 8 月 24 日 9 时开始，单日干冰投放量为 12 t，累计投放干冰 35 t。

（三）干冰灭火效果

15106 工作面下隅角投放干冰后，随着 CO_2 向采空区深部不断扩散运移，在一定时间后从工作面回风侧进入回风流中，随着高浓度 CO_2 不断涌入采空区，在对煤体吸热降温的同时充分降低氧气浓度，使得 2 号、3 号监测点的 CO 浓度逐渐降低到 8 ppm 以下并呈现平稳态势（图 5－37），说明 15106 采空区灭火成功。

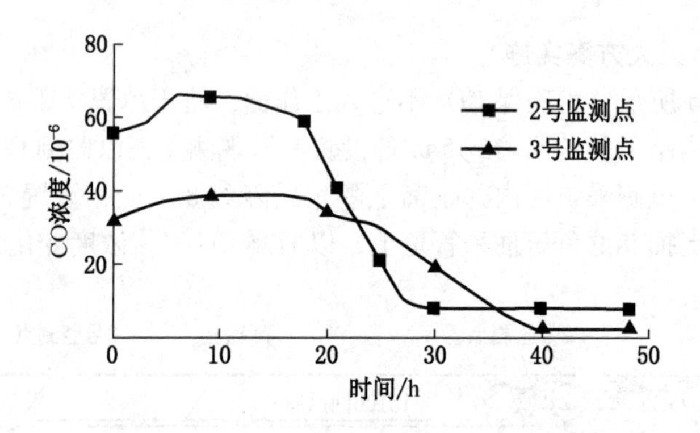

图 5－37　干冰灭火期间 CO 浓度变化

二、CO_2 发生器灭火

（一）CO_2 发生器

1. 结构与原理

CO_2 发生器工作原理是以浓硫酸与碳酸氢铵为原料，按照一定比例关系配备，通过化学反应产生 CO_2 气体，从生成物中收集 CO_2 气体用以灭火。MKY－Ⅱ型 CO_2 发生器产气量 360 m^3/h，产生的 CO_2 浓度达到 98% 以上，温度不超过 30 ℃，气体压力 0～0.55 MPa。

MKY－Ⅱ型 CO_2 发生器结构如图 5－38 所示。

2. 设备安装

在井下或地面并联安装 2 台或 2 台以上 CO_2 发生器，将设备上的 CO_2 输出阀与压风管管路或专用输气管路相连接，形成 CO_2 注气系统。

3. 使用方法

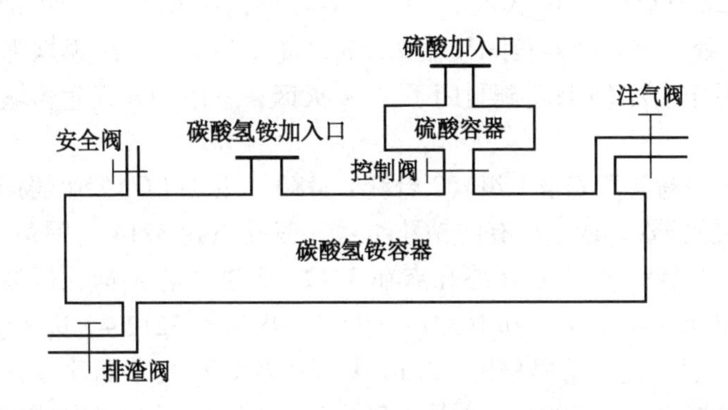

图 5－38 MKY－Ⅱ型 CO_2 发生器结构图

（1）先关闭 2 台机器上的所有阀门，同时检查连接是否密实牢固。

（2）将 250 kg 碳酸氢铵加入大容器中，用 200 kg 的普通水溶解，然后关闭加料口。

（3）将 155 kg（浓度为 98%）或 165 kg（93%）的浓硫酸加入硫酸容器中，然后关闭加料口。

（4）将 2 个容器之间的控制阀缓慢开启，使浓硫酸徐徐流入下部容器中，此时即有 CO_2 生成，并产生一定压力。当压力超过 0.55 MPa 时，安全阀会自动开启卸压，在此过程中，将 CO_2 通过管路灌注至火区。

（5）上述物料可在 10 min 以内全部反应完毕，同时在气压的作用下输出 76 m^3 CO_2 气体，所输出的 CO_2 中带微量水蒸气。2 台发生器轮替使用即可不间断产生 CO_2 气体。

（二）实际应用

窑街煤电公司天祝煤矿三采区 3214 工作面于 2002 年 5 月 18 日初采，开采煤层为上层煤首分层，煤层厚度为 4.2 m，属解放层开采，开采期间最大瓦斯涌出量为 4.16 m^3/min，煤层具有自燃倾向性，自然发火期为 4～6 个月。2002 年 10 月 9 日，3214 工作面上隅角回柱放顶时发生瓦斯燃烧，进而引起煤体发火，当时虽曾用水进行直接灭火，但未能控制火势的蔓延，因 3212－2 进风巷与 3214 回风巷之间的隔离煤柱宽度仅为 10～30 m，使火灾波及 3212－2 采煤工作面，为此先后封闭了 3214 和 3212－2 采煤工作面，形成了 3214 火区。

2002 年 12 月 1 日，3214 火区封闭工作结束后，采用打钻灌浆、注水等措施进行灭火，并对火区各观测点进行了取样化验分析，认为火区已经熄灭，于

2003 年 3 月 22 日启封 3214 火区。4 月 11 日夜班，在 3222 - 1 进风巷（与 3212 - 2 进风巷透巷处，该处两巷相隔仅仅 2.5 m，高差约 2 m）出现烟雾，火区有复燃征兆，随后于 4 月 16 日重新封闭了 3214 火区，采用 CO_2 发生器输送 CO_2 进行灭火。

在 2380S 中巷并联安设 1 组（2 台套）MKY - Ⅱ型 CO_2 发生器产气，管路采用 108 mm 无缝钢管，通过已有的钻孔 4 号（终孔点在 3214 上隅角）、7 号（终孔点在 3214 回风巷）、20 号（终孔点在 3212 - 2 进风巷）向火区灌注 CO_2。灌注 CO_2 量总计为 43472 m^3，其中 3214 火区 20748 m^3，3212 - 2 进风巷 22724 m^3。

注入 CO_2 后，经过采样分析，3214 火区随着 CO_2 的不断注入，火势逐渐得到控制并趋向熄灭，至 2003 年 9 月火区内已无明火，火区着火带已完全熄灭，完全符合《煤矿安全规程》火区启封条件。因此于 11 月 3 日对该火区采用锁风法进行启封。火区启封后，经救援队连续探察，火区内 CH_4 浓度为 24.05%，CO_2 浓度为 6.79%，O_2 浓度为 5.2%，C_2H_4、C_2H_2 均为 0，CO 浓度最高为 3 ppm，温度 30 ℃，无烟雾和其他复燃征兆。根据上述火区启封前后的化验分析和观测，认定火区内火已完全熄灭。

（三）应用 CO_2 灭火应注意的问题

（1）应用 CO_2 发生器产生的 CO_2 灭火时，在条件许可的情况下，应尽量将 CO_2 发生器安装在地面，通过压风管路送入火区，这样操作更方便，减少材料运输环节。

（2）向火区压注 CO_2 时，应保证注气的连续性，需将 2 台 CO_2 发生器并联，在 1 台加料时另 1 台发生器工作。

（3）要找准火源点，使注入的 CO_2 气体能够尽可能地到达火源点，立即起到灭火的作用。

（4）在向火区压注 CO_2 前，应对火区各密闭、钻孔的内外压差进行全面检查，严密封堵火区的漏风通道，确保注入火区的 CO_2 气体能够在火区内存留一定的时间，达到更好的灭火效果。

三、风筒输送干粉抑制火势发展

（一）干粉灭火原理

干粉是可用于灭火的粉状物，常用的干粉灭火剂有碳酸氢钠、硫酸铵、溴化铵、氯化铵、磷酸铵盐等，其中以磷酸铵盐用得最多。干粉灭火就是综合利用干粉的物理化学性质和机械的双重作用达到灭火的目的。

磷酸铵盐用于灭火时，将其喷洒到燃烧的火焰上，立即分解吸热，扑灭火焰，其灭火原理如下。

（1）磷酸铵盐粉末以雾状飞扬在空气中，火焰遇到即可熄灭，所以能破坏火焰连锁反应，阻止燃烧的发展。

（2）化学反应时能吸收大量热量，降低和冷却燃烧物。

（3）化学反应时分解出氨气、水蒸气，使燃烧体附近空气中氧浓度降低，延缓燃烧的发展。

（4）反应最终产生的糊状物质五氧化二磷覆盖在燃烧体表面，减少燃烧物与氧气的接触。

（二）风筒远距离输送干粉灭火

干粉灭火一般用于火灾初始阶段、火势范围不大、人员能接近火源的情况下，通过风筒可以远距离输送干粉至火源点，以减缓火势发展，为下一步救灾赢得时间。

1. 局部通风机吸风口输入

2009 年 5 月 4 日 3 时 30 分，安阳鑫龙煤业公司某矿 21141 下顺槽掘进工作面爆破引起瓦斯燃烧火灾事故（图 5 – 19），火势发展迅猛。为了控制火势发展，遂决定在局部通风机吸风口散扬干粉灭火剂 100 kg，30 min 后停止局部通风机供风，利用火区窒息性气体窒息灭火。灭火成功后检查，过火巷道长度 310 m，支护完好，其外的巷道巷帮、巷顶有少量白色粉末，为沉降的干粉灭火剂。说明干粉通过风筒有部分输送到火源点，起到了一定的减缓火势发展的作用。

2. 风筒挖口输入

2008 年 4 月 19 日 16 时 18 分，神火集团薛湖矿 2102 工作面上顺槽煤巷掘进 50 m 时，掘进工作面工人用钻机打释放孔，掘进工作面需爆破，打钻人员撤出，一个小时后回来时发现钻眼冒烟，并向外喷火，里边人员已全部安全撤出，局部通风机保持正常通风，如图 5 – 39 所示。

矿山救援队立即出动，到达事故现场，进入灾区侦查。在风门内 30 m 处测得：温度为 48 ℃、CO 浓度为 0.03%、CH_4 浓度为 0.34%、O_2 浓度为 18%，并发现正前方煤壁向外喷出一股火苗，约

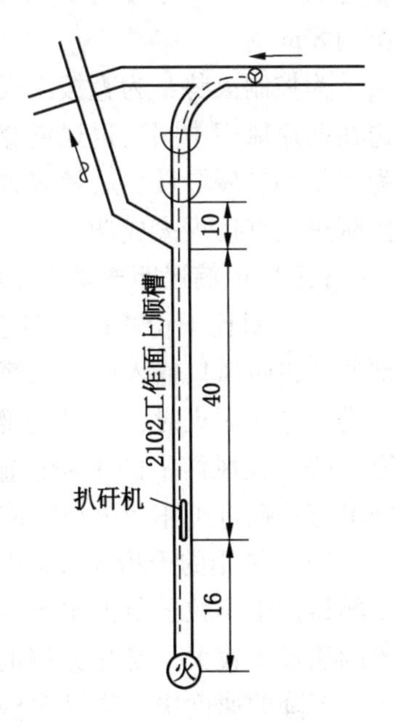

图 5 – 39 薛湖矿 2102 工作面上顺槽火灾示意图

1.5 m，地板积煤也在燃烧、冒烟。由于温度过高无法前进，人员撤出。拟定了灭火方案：先用干粉灭火器扑灭明火，再用水直接灭火。

为减缓火势发展，降低火区温度，首先在两个风门中间的风筒开一个小口，将干粉灭火器的干粉打入风筒，经风筒吹向火源（风筒出风口距火源约5 m的距离），先后两次共用了25个8 kg干粉灭火器。然后进入探察至扒矸机前3 m处，测得温度为48 ℃、CO浓度为0.024%、CH_4浓度为0.35%、O_2浓度为19%。地板明火已被扑灭，但煤壁喷出的火焰没有减弱，温度较高。对比输送干粉前后灾区情况，第一次探察风门内30 m处，第二次达扒矸机前3 m处，多深入了23 m，温度也为48 ℃，说明通过风筒输送干粉到火源点起到作用。

此后矿山救援队分两班轮流进入用高压水管实施喷水降温，但由于温度高，水管口径小、流量有限，降温效果不明显，第一组进入风门内30余米处，被迫撤出。经检测：温度为60 ℃、CO浓度为0.025%、CH_4浓度为0.38%、O_2浓度为19%。第二组进入，但也只是能到达扒矸机前，检测：温度为59 ℃、CO浓度为0.025%、CH_4浓度为0.39%、O_2浓度为18%。第一组经过暂时休息后，第二次进入，向前推进约3 m检测：温度为57 ℃、CO浓度为0.029%、CH_4浓度为0.3%、O_2浓度为19%。经过两组人员轮番进入灾区洒水降温，只能到火源约8 m远。

为控制火势，为直接灭火创造条件，矿山救援队一边进入用水直接灭火，一边在两道风门中间通过风筒输入干粉（用了17个8 kg干粉灭火器），但依旧因为水量小进展缓慢。后经多方改水管，全力向灾区供水，加大了水量后，矿山救援队进入直接灭火成功。

（三）风筒远距离输送干粉灭火效果分析

（1）对比干粉通过局部通风机吸风口输入与风筒挖口输入的灭火效果，局部通风机吸风口输入后在风筒中沉降较大。安阳鑫龙煤业公司某矿21141下顺槽掘进工作面灭火时，通过局部通风机吸风口输入干粉，扑灭火灾后，经大致核算，残留在风筒中的干粉达输入量的1/3。观察神火集团薛湖矿2102工作面上顺槽煤巷掘进工作面灭火时使用风筒上挖口输入情况，风筒里基本无残留干粉。

（2）常用的干粉灭火剂的粒径为15～75 μm，60%的粒径在40 μm左右，定量的粉体中小粒子所占比例小，所具有的比表面积也相对小。同时，由于每个粒子的质量比较大，受热分解的速度慢，因而其灭火能力受到限制。粒子质量较大，沉降的速度快，弥漫性相对差，所以，通过风筒输送时易在风筒中沉降，不能到达火区。超细干粉灭火剂90%粒径小于或等于20 μm，通过风机吸入送至火区，效果会更好。

（3）通过风筒远距离输送干粉到火源点，可以起到减缓火势发展作用，彻底灭火的可能性较小。

第八节 灭火技术展望

矿山火灾事故的突发性表现在火灾发生地点与发生时间的不确定性，在灭火实践中，很多起矿井火灾是因为灭火时水源供给不充足，甚至无水可用，导致事故扩大。煤矿在正常生产过程中，不需要也不可能将矿井各个可能发生火灾的地点事先布置各类高效的灭火设备、设施或管道。有些自然发火严重的矿井，配备了制氮机、液态二氧化碳地面汽化防灭火装备及相应输送管线，但因其流量小或产气量小，也只适用于防火或辅助灭火，很难直接成功灭火，故需要开发、研究新的灭火技术。

一、灭火技术研究方向分析

矿井火灾处置中，通过冷却、隔离和窒息、稀释、中断链反应等手段达到灭火目的。用水灭火，冷却起主要作用；隔绝法灭火、水淹灭火，隔离和窒息居灭火主体作用，并且这类灭火技术成熟，手段多样；超细干粉灭火，可中断链反应；稀释，只适用于预防火灾时期的瓦斯爆炸。运用深冷技术快速冷却火区，应该是研发方向，我国有科研人员正在摸索，且有所收获。

二、灭火技术适用要求

矿井火灾可能造成巷道支架损坏、电源供应中断、运输路线受阻等，所以矿山救援队在实施灭火时，所用灭火设备设施须满足一定条件。

（1）要便于运输，体积小、重量轻，人力可短距离搬运或整机可快速拆卸组装。

（2）尽量不依靠外界动力。

（3）远距离管道输送灭火材料至火源点时，管道须能快速连接。

三、液态二氧化碳直喷灭火技术

现有的液态二氧化碳灭火采取了两种方法。

（一）液态二氧化碳转为气态后灭火

在地面或将液态二氧化碳由高压罐体运输到井下，使用汽化器将液态二氧化碳转化为气态二氧化碳，通过管道输送井下灭火地点灭火。例如：辽阳正阳机械设备制造有限公司研发生产的矿用液态二氧化碳地面灌注防灭火装备系统，在地面利用空温汽化器及电加热汽化器，将储罐中的液态二氧化碳加热汽化，输送井下灭火；淄博祥龙测控技术有限公司研发的 KSS - YEM1000 系列矿用移动式 LC02 降温防灭火系统，利用矿车运输到井下，在井下用空温汽化器将储罐中的液态二氧化碳加热汽化，输送至火区灭火。

液态二氧化碳汽化后可以用来窒息火区,但因为汽化量小,最大为5000 m^3/h，需长时间向火区输送，且设备体积庞大，运输不方便，可作为火区封闭后辅助灭火手段。汽化时消耗能量提升二氧化碳温度，消除了液态二氧化碳低温冷却作用，是灭火资源的浪费。

（二）液态二氧化碳灌注灭火

在地面或将液态二氧化碳由高压罐体运输到井下，利用液态二氧化碳蒸汽压、旁路增压系统或低温泵增压，由管道将液态二氧化碳灌注封闭火区灭火。例如：辽阳正阳机械设备制造有限公司研发生产的井下直注式液态二氧化碳防灭火装备系统，利用液态二氧化碳蒸汽压、旁路增压系统将液态二氧化碳注入火区；西安天河矿业科技有限责任公司生产的矿用移动式液态 CO_2 防灭火装置，利用低温泵（即矿用液态二氧化碳输送泵），将液态二氧化碳注入火区。

将液态二氧化碳直接以液态注入火区，充分发挥了液态二氧化碳的冷却、抑爆、窒息作用，但有的此类设备也存在如下不足。

（1）管路易结冰堵塞。二氧化碳相态由温度及压力确定。如图 5－40 所示，在温度为 -56.6 ℃，压力为 0.417 MPa 时，二氧化碳处于三种状态的相态分界

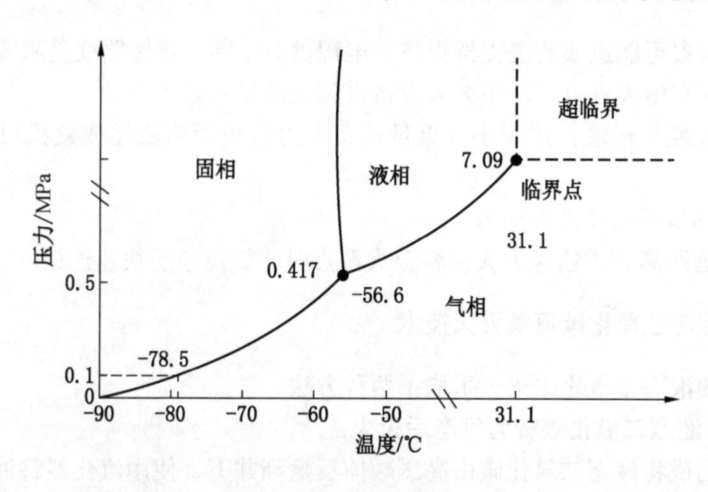

图 5－40　二氧化碳相图

点，该点称为三态点。在温度为31.1 ℃，压力为7.09 MPa时，二氧化碳处于液态和气态的分界点，该点称为临界点。当温度高于31.1 ℃时，其压力无论如何变化，二氧化碳只能以气态存在，这种温度叫做临界温度。在三态点和临界点之间，即在温度 -56.6 ~31.1 ℃、压力0.417 ~7.09 MPa之间，二氧化碳才能以液态存在。为了保持以上压力和温度范围，二氧化碳只能存于密封的低温、带压容器内。液体二氧化碳在低温和受压状态下才可以以液态状态长期储存。运自化工厂的液体二氧化碳运输槽车上贮液罐内的温度、压力一般为 -30 ~ -40 ℃、1.5 ~2.2 MPa。在相图上二氧化碳状态分为气态、液态和固态三个区，所处的相态不是绝对固定的，而是随着压力大小和温度高低而变化，并决定其所处的相态。一旦压力和温度发生变化，其相态就会转移，液态可能变为固体干冰，亦可能汽化。通常贮液罐、旁路增压系统（汽化器）和输送管路内温度大于三态点对应的温度（即 -56.6 ℃），此时相态仅决定于压力，一旦压力降低，就会大量汽化，汽化过程中大量吸热，会转化为固相而使输送管道结冰堵塞。

（2）液态二氧化碳释放至灾区后，也会因汽化大量吸热转为干冰，不利于救灾。如在处理2008年9月20日黑龙江省鹤岗富华煤矿特别重大火灾事故中，封闭火区注入液态二氧化碳后，矿山救援队进入探察，发现巷道堆满了干冰，冰结长度达21架棚，高度接近顶板，进不去人，矿山救援队只好刨冰清理巷道。

（3）实施灭火时安装困难。液态二氧化碳灌注灭火设备体积大，需专用矿车运输，不能直接到达火源附近，再铺设专用保温管道，耗时耗力。如采煤工作面着火，一般进风巷不设轨道，回风巷有轨道但不能冒险迎烟进入，更需接长距离输送管道。管道长，阻力大，出口液态二氧化碳流量小，不能满足灭火需要。

综上需完善液态二氧化碳灌注灭火工艺，防堵塞，便于实际安装；同时应研究、开发低温高压泵，保证远距离输送的液态二氧化碳在出口处保持一定压力，能直接向火源点喷射，如此，管道内不会固化成干冰，喷射出来后直接到达火源点，灭火效果好；研究、开发分体式液态二氧化碳喷注灭火装备，将二氧化碳罐体小型化，能人力运输，运输到达灭火地点后，再与旁路增压系统或低温泵快速组装，将液态二氧化碳直接喷射到火源点灭火。

四、液氮直喷灭火技术

液氮是一种优良的低温冷却剂，原料来自空气，无色、无嗅、无腐蚀性。将液氮注入煤矿火区后可以高压隔氧、汽化降温、惰化抑爆，具有防灭火迅速、效果显著、安全可靠、操作简单等优势，所以在煤矿应用十分广泛。

目前，液氮灭火的方法与液态二氧化碳相同，汽化后注入，或通过管道输送液态氮入火区，虽然没有转化为固相而堵塞管道现象，但出口压力小、流量小，不能直接喷射到火源点直接灭火，故需完善管道输送液态氮入火区灭火的工艺：一是研究、开发液氮直喷灭火设备，保证液氮出口压力，便于直接喷射入火源点；二是研究、开发分体式液氮喷注灭火装备，将液氮罐体小型化，能人力运输，运输到达灭火地点后，再与旁路增压系统或低温泵快速组装，将液氮直接喷射到火源点灭火。

研究、开发液氮直喷灭火装备，需解决以下问题。

（1）解决输送管道压力降问题。在采用液氮防灭火方式时，为了使液氮喷出时具有较高的速度，输氮管出口处必须具有较高的压力，但管道传输液氮过程中液氮会受热汽化，形成气液两相流，同时产生很大的摩擦压降，该压降比单相流压降大很多，这样就会造成很大的压力沿程损失，导致管道出口处压力不足。需准确计算液氮管道传输的压降，就可以根据这一传输压降确定合适的液氮入口压力，以选定相应型号的低温泵，从而避免液氮出口压力不足的情况。

（2）液氮泵的选择。液氮输送不同于其他的介质，液氮泵的选择至关重要。基于液氮的性质，当温度超过 -196 ℃时即开始汽化，所以液氮泵的选型要做研究和分析。由于该系统为不连续运行，当系统停止运行时，管道中的液氮会不可避免地发生汽化，同时在运行初期随着管道环境温度的变化，液氮的相态也会发生变化。运行初期或者随着周围大气环境温度的变化，液氮泵进口会是液氮和氮气的混合物，此时对液氮泵的运行影响很大，会造成气蚀，严重时液氮泵将无法启动。

（3）低温安全保障。在常压下，液氮温度为 -196 ℃，人体皮肤直接接触液氮超过 2 s 会冻伤且不可逆转，液氮的低温，会损坏巷道及工作面支架及其他设备，所以在管道输送液氮直喷灭火时，必须采取可靠的安全措施，防止液氮泄漏，伤人伤设备。

第六章 火灾救援能力建设

矿井火灾事故的处置，是一项难度大、技术要求强、任务艰巨的工作，同时也是对矿山救援队全面的考验，考验其日常管理、学习训练开展成效、救援人员的身体、心理素质及技术、操作水平、协作水平、执行力等。加强火灾救援能力建设，不断提升应急救援人员综合素质，以应对复杂多变的、环境恶劣的矿井火灾，冲得上，打得赢，并确保自身安全。

第一节 凝 聚 力

团体凝聚力对于团体行为和团体效能的发挥，对完成团体任务起着重要作用。团体凝聚力是衡量一个团体是否有战斗力，是否能获得成功的重要标志。矿山救援队作为处理矿山生产安全事故的专业救援队伍，在日常学习、训练、考核中，每名应急救援人员均需密切合作，相互配合，才能在规定时间内完成学习、训练的要求项目。在火灾事故处理过程中，任何一名应急救援人员的失误，都可能导致救援行动的失败，甚至人员伤亡。因此，培育矿山救援队凝聚力，做到团结合作、同舟共济、同心协力，至关重要。

一、确定明确一致的目标

矿山救援队整体的、最终的目标是通过日常的学习、训练，不断提升抢险救灾能力，随时准备安全、有效地处理矿山各类灾害事故，抢救遇险遇难人员，减少国家财产损失。每名矿山应急救援人员均需围绕这一目标去努力，开展各项工作。

（1）明确的目标。矿山救援队整体的、最终的目标笼统抽象，属于评价指标不明确、要求比较含糊的模糊目标。矿山救援队要依据自己队伍实际情况，制定明确的目标，就是有具体要求或成绩标准的目标，如学习、引进、拓展水上救援、山地救援等项目，大、中队年底要达到的质量标准化标准，小队、中队在月度考核中在大队的排名成绩或具体项目达标率，在国家、省及市级技术比赛中的名次，在事故处理中清理煤量、冒顶巷道的维修量、排放瓦斯巷道长度等。一般地，明确的目标比模糊目标具有更大的激励作用，更具有吸引力。

（2）一致的目标。矿山救援队在制定目标时，要有矿山应急救援人员、后备保障人员参与，一是加强其责任心，二是加深其对目标的理解，然后接受、内化。在目标制定后，要广泛发动教育、宣传、解释工作，使矿山救援队每名应急救援人员明白，矿山救援队的美好前景和对个人事业发展的重要意义，将矿山救援队的发展与应急救援人员个人的成长紧紧结合起来，建立应急救援人员对矿山救援队发展的共同责任意识。

二、强化教育，促进观念转变，保持价值观一致

价值观是主体按照客观事物对其自身及社会的意义或重要性进行评价和选择的原则、信念和标准，是一个人思想意识的核心，对个人的思想和行为具有导向或调节作用。由于受家庭、交友、学校、所在社会团体及社会政治、经济与文化的影响，每个人的价值观均有所异同，每个人都是在各自的价值观的引导下，形成不同的价值取向，追求着各自认为最有价值的东西。“富强、民主、文明、和谐，自由、平等、公正、法治，爱国、敬业、诚信、友善”是十八大提出的社会主义核心价值观的基本内容，现在已经成为每一个中国公民用以约束自己行为、指导自己为人处事的行为准则。其中，爱国、敬业、诚信、友善，是公民个人层面的价值目标、价值取向和价值准则。

作为矿山应急救援人员，要自觉、主动忠诚矿山救援事业，热爱矿山救援工作，团结同志，积极学习、训练，不断提升抢险救灾整体水平，在事故处理过程中，密切配合，积极主动，勇往直前，抢救遇险矿工，保护国家财产，要主动地将自身价值的实现与矿山救援队的发展、矿山救援队整体工作绩效融合起来。

在矿山救援队组织层面上，要经常开展理想信念、爱国主义、集体主义教育，通过教育，使应急救援人员明白当前矿山救援队现状，清晰认识到目前工作中存在问题与不足，明确努力方向，进一步增强使命感、责任感；通过教育，让应急救援人员熟悉和遵守矿山救援队管理制度和规范，引导应急救援人员增强遵纪守法的观念，从而增加维护集体利益的主动意识；通过教育，让应急救援人员进一步认识到个人利益与矿山救援队集体利益的密切联系，在处理个人同集体、个人同他人的关系时，坚持集体主义原则，强调集体利益高于个人利益，大力倡导爱岗敬业、诚实守信的职业道德。

三、注重以人为本

以人为本，是把人的生存作为根本，或者把人当做社会活动的成功资本，

“天地万物，唯人为贵”。在矿山救援队工作中，就是重视应急救援人员的个人需要，注意培养其进步，以鼓励应急救援人员为主，工作中以人为中心。以人为本，才能聚拢人心。

1. 满足生存和发展需要

充分考虑应急救援人员的生活需求，在薪酬、队内就餐条件、营区建设等方面给予保障；实施小队互助金、中队互助金制度，解决应急救援人员临时性经济困难；为应急救援人员提供与其能力素质相适应的工作岗位及继续学习的机会；有计划地实施蹲苗、育苗计划，加强中队与科室之间的人员交流；全方位多角度开展培训活动，包括为人做事方面、理论与实践方面，实现知识共享和增值，达到全员提升的目的。

2. 丰富业余文化生活

要以高雅、丰富的业余文化生活充实矿山应急救援人员。首先，为矿山应急救援人员创造一种良好的学习氛围，如建立图书馆、阅览室，进行知识竞赛、演讲活动等，把应急救援人员引到读书学习、增长知识、开阔视野上来，以充实他们的业余生活，丰富他们的精神生活。其次，进行陶冶情操的文艺活动，如经常组织唱歌会、舞会、各种游戏，以增强应急救援人员之间的了解与友谊。再次，要开展有益于身心健康、增进团队团结的体育活动，如组织拔河比赛、篮球比赛、乒乓球比赛，以培养集体荣誉感和创先争优的精神。

3. 发挥员工的主动性和积极性

民主管理与矿山救援队严格的管理并不矛盾，要充分调动应急救援人员的主观能动性，让熟悉业务知识、掌握实际情况的应急救援人员参与救援队决策，鼓励应急救援人员开动脑筋、创新思路，为救援队排忧解难。特别是在事故处理中，更要动员应急救援人员献计献策，制定安全、可行、有效的事故处理方案及行动准则。

4. 善于鼓舞

在救援队日常工作过程中，领导人员应该学会鼓舞职工，适当地给予应急救援人员表扬，让应急救援人员觉得自己受到重视；表现优异的，可以通过公开表扬的方式或者奖金等方式，让应急救援人员能够得到适当的肯定，产生积极情绪，积极的情绪能提高人的积极性和活动能力，并能够增强救援队的向心力。

四、完善公平公正激励约束机制

公平就是不偏袒，一视同仁，要杜绝歧视对待。公正是维护正义，防止徇私舞弊。激励约束，即激励约束主体根据组织目标、人的行为规律，通过各种方式去激发人的动力，使人有一股内在的动力和要求，迸发出积极性、主动性和创造性，同时规范人的行为，朝着激励主体所期望的目标前进。激励约束机制是以员工目标责任制为前提、以绩效考核制度为手段、以激励约束制度为核心的一整套激励约束管理制度。公平公正的激励约束机制的实施，能提升职工工作的积极性，有效规范职工的行为，增强凝聚力。

1. 目标责任制

目标责任制是激励约束机制建立和实施的前提和依据。矿山救援队要针对不同的岗位，制定科学、合理的责任制，如中小队长责任制、队员责任制，在制定过程中，要充分考虑岗位的不同，考虑当前的实际能力、水平及科学定位其提升空间的大小。

2. 绩效考核制度

绩效考核制度是连接目标责任制与激励约束机制的中间环节，是科学评价、认定目标责任完成情况的主要手段。矿山救援队在评价、认定中、小队及队员个人目标责任完成情况时，要严格按照考核制度进行，时间安排上要合理，尽量保证各中、小队及队员个人处于同等的考前状态；考核人员在事先集中培训，以统一认定标准；建立监督及申诉制度，及时纠正考核中出现的失误。

3. 激励约束制度

激励约束是目标责任制和绩效考核制度所要达到的目的。矿山救援队依据目标责任制，统一以绩效考核制度为标准对中、小队及队员个人进行考核后，要严格按激励约束制度兑现奖罚。在兑现奖罚时，要坚持做到：①诚信，矿山救援队领导诚实、无欺、守信，不折不扣地兑现规定的激励与约束，应急救援人员才能回应以忠诚，才能增强救援队凝聚力；②谨防相对剥夺，救援队领导如有老好人思想，应该罚的不罚，不应该奖的奖了，尽管没有影响其他应急救援人员的奖励数量或晋升步伐，但也会给其他应急救援人员造成不好的感觉，从而削弱了凝聚力。

五、建立有效沟通

通过建立矿山救援队领导接待日、小队每周例会制度及定期召开座谈会，加强上下沟通。沟通是了解并满足应急救援人员各种需求信息的前提和基础，通过沟通可以起到激励应急救援人员和提供一种释放情感的情绪表达机制，满足了其社交和归属感的需要，从而提高了工作满意度，增强了救援队凝聚力。同时，通过沟通让每名应急救援人员都掌握救援队的动态，了解救援队的工作重点，激发其主人翁意识。

六、提升矿山救援队领导非权力影响力

矿山救援队领导的引导在救援队凝聚力的形成和发展过程中发挥着巨大的作用，而矿山救援队领导的这种引导作用在相当大的程度上又依赖于领导个人的综合素质等非权力影响力，比如领导个人的内在思想品质、素质、能力、领导方式、方法以及领导者的产生过程等。领导的素质越高、能力越大、作风越民主，他们对应急救援人员的吸引力就越大，救援队的凝聚力就越强。

1. 严以律己、宽以待人

凡是要求应急救援人员做到的，领导者自己首先要做到；凡是要求应急救援人员不能做的，自己坚决不做；在规章制度面前人人平等，领导者要带头认真执行各项规章制度。领导者要以自己的人格魅力来赢得全体应急救援人员的拥护和信任，要用自己的言行影响员工的所作所为，从而起到上行下效的效果。

2. 全心全意为应急救援人员服务

矿山救援队领导要忠诚于党和应急救援人员，真正把自己放在公仆的位置上，一心一意为全体应急救援人员服务，自觉维护其合法权益。

3. 谦虚谨慎，从善如流

经常深入实际，虚心听取应急救援人员的意见和批评，了解应急救援人员的心声，接受应急救援人员的监督，及时改正自己工作中的缺点和不足。尊重应急救援人员的领导，终究会受到应急救援人员的尊重和爱戴，从而获取应急救援人员的全力支持。

4. 相互容忍，善于团结

矿山救援队领导要能容忍别人的批评和短处，要以大局和事业为重，善于团结意见不同的人，甚至犯过错误的人，及时疏通思想，交流感情，这样就能把所有的力量凝结成一股巨大的合力，指向一个既定的奋斗目标。

第二节　士　　气

“士气”这一术语可见于诸多领域，在军事心理学中，认为士气是构成军队战斗力的首要因素，士气越高，伤亡率越低；在企业管理中，士气是提高生产效率和工作效率的必要条件之一。矿山救援队可借鉴军事心理学及管理心理学有关士气的研究成果，结合矿山救援队的工作性质与职业特点，致力提升矿山救援队士气，提高日常学习、训练的效果，更快捷、有效及安全地处理事故。

一、满足需要

美国心理学家马斯洛将人的需要分为生理、安全、社交、尊重及自我实现5个层次，20世纪60年代美国学者赫茨伯格提出双因素理论，双因素是指保健因素和激励因素。保健因素是指对基本需要的满足，得到满足后能消除不满，避免士气下落，但满足保健因素，并不能提升士气；激励因素与发展需要的满足有关，满足激励因素，能有效增强士气。

1. 满足生理需要

（1）按时发放基本工资，保障矿山应急救援人员及其家庭基本生活开支，确系不能按时发放的，可实施借资制度；实行大队或中队全员困难互助金制度，解决应急救援人员临时性困难；对于有大病、子女上学造成经济拮据、生活艰难的，队工会可进行困难救助。

（2）强化后勤保障，妥善解决好应急救援人员的食宿问题。第二次世界大战中的美国步兵连长 Charlrs McDonald 总结道：我从未想到过，洗一个热水澡便能获得如此大的乐趣。拿破仑声称军队是靠胃来行军的。英国的 Bernard Fergusson 准将认为，连队的一顿热饭可以创造士气的奇迹。矿山救援人员经常开展体能及技术操作训练，一身汗水一身泥，要保证队内开水、热水供应，能随时洗澡；以中队或小队为单位配备洗衣机、烘干机，保证应急救援人员衣物洁净、清爽；食堂饭菜要卫生、品种多样、物美价廉、充足供应，特别是在事故处理时，要协调事故发生方，保证参与事故处理的应急救援人员在事故处理的间隙能得到充足、良好的食品以补充能量，有相对舒适的地方休息，洗上热水澡，以缓解疲劳、放松身心；队内值班室或宿舍配齐基本的生活用品，做到窗明几净，物品摆放整齐，灯光柔和，以保证应急救援人员休息与睡眠质量；因应急救援人员在值班期间不能外出，队内可组建义务理发室，以小队或中队为单位，委托非值班人员统一代购临时性生活用品。

（3）注重营区建设，努力改善工作条件，美化工作环境。配齐配足办公用品、体育锻炼器材，规范训练场地，搞好营区绿化，保持整洁卫生，创建舒适营区。

（4）科学安排训练计划，保持应急救援人员的休息时间。在事故处理中，要统筹安排力量，要按《矿山救援规程》规定，及时换班，以保证应急救援人员在灾区工作1个氧气呼吸器班后，应当至少休息8 h。

2. 满足安全需要

（1）矿山救援队要按规定及时为应急救援人员缴纳“五险一金”；对于超

龄、因病退役的队员，要妥善安置，消除其后顾之忧。

（2）在事故处理中，要制定科学的安全措施，杜绝“三违”，防止自身伤亡事故的发生；在体能训练时，要采取防护措施，特别是在进行爬绳、引体向上训练时，要安排专人进行保护，防止坠地；应用科学的体能训练方法，做好充分的准备活动，防止软组织挫伤、肌肉拉伤、腰扭伤等运动损伤。

（3）推广应用先进救援装备与个人防护设施，增加安全系数；按时、足额发放劳保用品；常备消炎、止血药品及包扎材料，以应对不时之需。

3. 满足社交需要

社交需要也叫归属与爱的需要，就是希望和人保持友谊，希望得到信任和友爱，渴望有所归属，成为集体的一员；如果得不到满足，就会影响人员的精神，导致高缺勤率、低生产率、对工作不满及士气低落。

（1）建立沟通渠道。设立矿山救援队领导接待日、小队每周例会制度及定期召开座谈会，开展体育比赛和集体聚会，组织成立读书、乒乓球、长跑等兴趣小组，有计划进行轮岗，提供应急救援人员间更多的社交机会，使应急救援人员相互接近、熟悉，增强人际吸引力。

（2）救援队党组织、工会组织可定期开展联谊活动，为单身队员创造恋爱机会，主动帮助他们成家立业。

（3）注重沟通技巧，学会倾听。适当地使用目光接触；对讲话者的语言和非语言行为保持注意和警觉；等待讲话者讲完；使用语言和非语言表达表示回应；用不带威胁的语气来提问；解释、重申和概述讲话者所说的内容；提供建设性的反馈；移情（起理解讲话者的作用）；显示对讲话者外貌的兴趣；展示关心的态度，并愿意听；不批评、不判断。

（4）妥善处理内部冲突，营造温馨、和谐、团结的内部环境。冲突涉及利益与矛盾，也涉及对他人行为的错误归因，不良的沟通方式等，发生冲突时，冲突双方要调整沟通方式，进行协商式沟通、利用中间人沟通，同时改变知觉方法，采取积极的归因分析问题，救援队领导也要发挥主导作用，及时处理好冲突，促使应急救援人员之间建立良好人际关系。

4. 满足尊重需要

尊重需要是有关个人荣辱的需要，包括自我尊重方面，如独立、自由、自信等；社会尊重方面，如名誉、地位、权力、责任等。

（1）建立公平、公正、畅通的晋升渠道。为应急救援人员提供继续学习的机会，全方位多角度开展培训活动；有计划地实施蹲苗、育苗计划，加强中队与科室之间的人员交流；注重德才兼备，用人标准要明确，阳光下操作，让广大应急救援人员看到希望，提拔一个对的人，能激活一大片；提拔一个错的人，能打击一大片。

（2）采取多种形式进行奖励和表扬。在救援队日常工作中，领导人员应该学会鼓舞职工，适当地给予应急救援人员表扬，让应急救援人员觉得自己受到重视，表现优异的，还可以颁发荣誉奖章、设立优秀员工光荣榜。让应急救援人员能够得到适当的肯定，产生积极情绪，积极的情绪能提高人的积极性和活动能力，并能够增强士气。

5. 满足自我实现需要

自我实现需求又叫创造自由的需要，希望能充分发挥自己的聪明才干，做一些自己觉得有意义、有价值、有贡献的事，实现自己的理想与抱负。

（1）为应急救援人员提供与其能力素质相适应的工作岗位，搭建施展才华的舞台，发挥其能力、潜力。安排具体任务或项目时，要富有挑战性，使其达到心流体验状态，满足胜任需要。

（2）充分发挥应急救援人员的主观能动性。让熟悉业务知识、掌握实际情况的应急救援人员参与救援队决策，鼓励应急救援人员开动脑筋、创新思路，为救援队排忧解难。特别是在事故处理中，更要动员应急救援人员献计献策，制定安全、可行、有效的事故处理方案及行动准则。

二、绩效考核

绩效考核是依照工作目标和绩效标准，采用科学的考核方式，评定员工的工作任务完成情况、工作职责履行程度和员工的发展情况，以此实现目标、发现问题、分配利益，促进员工成长、激励进步、鼓舞士气。

1. 制定目标

（1）矿山救援队在制定考核目标时，要有明确、具体的标准，应急救援人员参与制定，且能形成竞争机制，目标应具备困难性与可接受性。

（2）考核目标要具备子母目标完整的系统，即大队目标、中队目标、小队目标及个人目标。

2. 实施考核

（1）采取多种形式的考核方式，包括上级考评、自我考评、同事考评及下属考评，以取得真实、全面、有效的考评结果，真实反映目标的完成情况。

（2）严格控制考评过程，坚持公平公正原则，防止因主观因素的影响而产生考评偏差。

3. 绩效分配

（1）依据考评结果，严格按照绩效分配制度兑现奖罚和绩效工资。

（2）善用考核结果，作为评先、晋升的依据之一，延续、加强激励作用。

三、提升领导素质与水平

领导者的影响力是影响士气的主要因素，领导者大公无私、奋发图强的精神状态，能激发员工高昂的情绪，士气就高；领导者坚持原则，办事公道，亲民爱民，就能使团队正气上升，人际关系和谐，士气高涨；领导者管理民主，善于集思广益，可增强员工的认同感；领导敢于承担责任，可以增强员工对领导的信任，提高士气。

（1）注重品德与才能的修养，提高领导者的非权力影响力。

（2）正确使用权力性影响力。领导者要具有正确的权力意识、信任意识、用人授权意识、支持意识、关心下层意识、集体团队意识等。

（3）遵循领导的法则，提高领导与管理艺术。

四、争取社会支持

矿山救援队属“地下”工作者，在深达百米、千米的井下抢险救灾，但因宣传工作滞后，社会上对矿山救援队的认同、理解、支持与尊重有很大的增长空间。广泛的认同与尊重，有利于提升矿山救援队团队士气。

（1）加强宣传。从国家或省级层面上多举办救援赛事等活动，利用多种媒体，向全社会宣传、展示救援队风采；在事故处理中，不仅仅要进行事后播报，更要应用防爆相机、防爆录像机等设备加强事中、特别是井下的跟踪报道。

（2）展示良好形象。矿山救援队在野外爬山演习、万米行走，在去矿井处理事故或进行安全技术工作、预防性安全检查时，处处注意自身形象，统一着装，言行举止符合管理规定。

（3）积极参加社会活动。在保证战备值班力量的前提下，积极参加社会活动，如公安部门的反恐、人防部门的抗震、汛期抗洪等。

五、改变认知，乐观归因

应急救援人员士气的高低最终决定因素是应急救援人员自己，只有自己才能对自己的士气做主。不断调整自己的认知，保持着积极的心态，自己的士气才能更高。

1. 改变认知

美国临床心理学家艾伯特·埃利斯创建了认知 ABC 理论，A 代表发生的事件，B 是个体对事件的信念，C 代表结果。他认为逆境 A 只是引发后果 C 的间接原因，而直接原因是个体对事件的认知和评价而产生的信念 B。改变消极信念 B，从而获得更好的结果 C。

改变认知，杜绝随意推论、选择性断章取义、扩大与贬低、个人化的关系推理、乱贴标签的类比和极端化思考等逻辑错误，从而避免产生消极信念，带来积极情绪体验，增强士气。

（1）随意推论：没有充足的和相关的证据便过早和随意作出结论。

（2）选择性断章取义：根据整个事件中的部分细节和片段，或根据自己的偏见或喜好，选择性地抓住一点、不及其余，作出片面的、固执的结论。

（3）扩大与贬低：过度强调或忽视事件或情况的重要性。

（4）个人化的关系推理：没有足够的理由想象外在事件或情况与自己的行为具有关联的倾向性。

（5）乱贴标签的类比：具有根据过去不完美的经验或过失来否定对自己认同的倾向，或使用一组不切实际的替身乱贴标签，解释与评估情境。

（6）极端化思考：思考或解释事件时倾向于采取全或无，或“非此即彼”“是或否”“好或坏”的极端方式进行分类。

2. 乐观归因

心理学家阿伯拉姆森（Lyn Abramson）提出了抑郁型和乐观型的归因风格，抑郁型的归因风格把消极的事件归于内部的、稳定的和整体的因素，把积极的事件归于外部的、不稳定和局部的因素，所以具有这些风格的人常常从消极的方面去解释生活和理解他人，易陷入习得性无助状态；相反，乐观型风格的人把积极的事件归于内部、稳定、整体的因素，而把消极的事件归于外部的、不稳定、和局部的因素，则易拥有乐观情绪。

矿山应急救援人员遇到不顺、人逢逆境时，要多采取乐观归因分析，辩证地看问题，从不利中吸取积极成分，保持良好情绪，使自己士气饱满。

第三节　体　能　训　练

矿山救援队在处理矿井火灾时，作业环境恶劣，如高温、浓烟、缺氧、充满有毒有害气体；在奔往事故地点时，携带装备多，有时甚至需爬行过巷道，蹚水过低洼处；在对人员施救时，有的需从冒顶塌方中清出，有的需现场处理伤情，如心肺复苏、包扎固定，抬人升井；在灾区中所采取的技术措施，如建筑防爆墙、密闭墙，或木板墙、风障，这些劳动均需在尽量短的时间内完成，强度大，体力消耗大，故应急救援人员在平时必须进行体能训练，以保持健壮的身体，适应矿井火灾复杂、恶劣的环境，满足抢险救灾的需要。

一、科学训练，稳步提升体能

应急救援人员在进行体能训练时，应了解基本的体能运动理论，主要包括力量素质训练、速度素质训练、耐力素质训练、柔韧素质训练及灵敏素质训练等的方法及要求，从而使应急救援人员系统地掌握体能训练的重点，有针对性地提高个人的综合身体素质。

（一）重视核心力量的训练

核心区是指肩关节以下髋关节以上包括骨盆在内的人体中间区域（即人体的躯干），主要包括腰椎、髋关节、骨盆及其周围的肌群、韧带和结缔组织。核心肌肉群是指附着在人体核心区的肌肉，包括腹肌 5 对、盆带肌 8 对、大腿肌 11 对、背肌 9 对及膈肌 1 块。核心力量是指核心肌肉群在神经支配下收缩产生的一种综合力量。核心肌肉群担负着稳定重心、传导力量等作用，是整体发力的主要环节，对上下肢的活动、用力起着承上启下的枢纽作用。强有力的核心肌肉群，对运动中的身体姿势、运动技能和专项技术动作起着稳定和支持作用。提高核心力量，可以直接提高核心区域的稳定性，保持身体姿态，提高身体的控制能力和平衡能力，传递并提高肌力。

1. 稳定核心部位，稳定脊柱、骨盆，保持正确的身体姿态

核心稳定性是指核心区的联合稳定程度，有赖于核心肌肉群的调节。核心肌肉群可以分为稳定肌和运动肌。稳定肌主要有骶棘肌、横突棘肌、横突间肌、棘突间肌、多裂肌等，一般位于脊柱深部，起于脊椎，多呈腱膜状，具有单关节或单一节段分布的特点，通过离心收缩控制锥体活动并具有静态保持能力，控制脊柱的弯曲度，维持脊柱的机械稳定性；运动肌有背阔肌、腹外斜肌、竖脊肌及腰大肌等，位于脊柱周围的表层，呈梭形，具有双关节或多关节分布的特点，收缩时可以产生较大的力量，通过向心收缩控制脊柱运动，并应对作用于脊柱的外力负荷。

核心肌群也可分为整体肌和局部肌，整体肌多为长肌，包括竖脊肌、臀大肌，一般位于身体浅表位置，连接胸廓和骨盆。这些肌肉收缩可以产生较大的力矩并引起大幅度的运动，负责脊柱运动和方向的控制。局部肌通常起于脊柱或分布于脊柱深层，包括多裂肌、椎旁肌。这些肌肉控制脊柱的曲度以及维持腰椎的稳定性，收缩时一般不会造成肌肉长度的变化和运动范围的改变。

2. 构建运动链，为肢体运动创造支点

核心力量能将参与人体运动的不同关节、不同肌群的收缩力量整合起来，形成运动链，为上肢末端发力创造理想的条件。骨盆、髋关节和躯干部位的稳定性，可以为四肢肌肉的收缩创建支点，提高四肢肌肉的收缩力量，为上下肢力量的传递创造条件。

3. 提高运动时能量由核心向肢体的输出

核心力量可以稳定和强化髋部及躯干在力量转换时提供能量输出，以利提高身体的变向和位移速度。

4. 提高肢体的工作效率，降低能量消耗

核心肌群能够产生和储存大量的能源，四肢的肌肉有很大一部分起点固定在核心区上，当肢体发力时，核心肌群蓄积的能量从身体中心向运动的每一个环节传导，降低了能量的消耗；同时使身体刚化提高力作用的即时传递效果，如跳跃时在起跳离地瞬间、投掷时器械在出手瞬间，强调身体运动的突停或固定（即在瞬间使身体刚化），身体的刚化依靠核心力量。

5. 弥补传统力量训练的不足

核心力量训练能够提高肌肉间的协调、灵敏和平衡能力，补充了传统力量训练在发展速度力量、力量耐力等方面的不足。核心力量训练作为一种辅助力量训练手段，不仅能使人体核心肌肉力量得到提高，而且能促进专项技术水平稳步提高。

6. 预防运动损伤

提高核心力量，可以加强对人体脊柱这一薄弱环节的保护，缓冲及减小末端肢体与关节的负荷，预防和减少运动损伤的发生。

（二）重视身体机能指标的监控

身体机能指标是指机体各器官系统的功能，也是身体活动能力的基础。人体生理机能包括中枢神经系统、心血管系统、呼吸系统、消化系统、生殖系统、内分泌系统、物质和能量代谢、感官、体温等。当人体经过一定的体能训练后，身体机能指标会得到一定的改善，以身体机能指标来衡量体能训练的成效，更具科学性。

（1）体重指数。体重指数又称 BMI 指数，是用体重千克数除以身高米数平方得出的数字，也是目前国际上常用的衡量人体胖瘦程度以及是否健康的一个指数。体重指数（体重指数 BMI）= 体重（kg）÷ 身高（m）的平方。过轻：BMI 指数低于 18.5；正常：BMI 指数 18.5 ~ 23.99；过重：BMI 指数 24 ~ 28；肥胖：BMI 指数 28 ~ 32；非常肥胖：BMI 指数高于 32。通过训练，测量队员的体重指数是否达到正常范围，处于超重和肥胖的队员体重指数是否逐渐降低。

（2）肺活量。肺活量是指在不限时间的情况下，一次最大吸气后再尽最大能力所呼出的气体量，这代表肺一次最大的机能活动量，是反映人体生长发育水平的重要机能指标之一。肺活量受年龄、性别、身长、体表面积等的影响。通过训练，队员的肺活量是否得到提升。

（3）2000 m 竞赛全程平均心率。心率是指每分钟心脏跳动的次数，成年人安静时心率在 60～100 次/min 之间，平均为 75 次/min；当进行运动时，心率会达到 100～150 次/min，如进行激烈性运动，心率最大可达到 160～190 次/min。因此降低激烈性运动的平均心率可提升训练效果。通过训练，队员跑完 2000 m 全程，平均心率是否逐渐降低。

（4）2000 m 竞赛后心率恢复到正常值临界点的时间。恢复时间越短，说明身体机能水平高。心率的快慢和身体素质有很大的关系，经常运动的人，心率都偏慢。这是因为运动使心脏功能增强了，每次心跳的泵血量增多，可以保障身体需要，因而减少了心跳的次数。通常在运动后 5～8 min 就可恢复到运动前的心率水平。如果超过 10 min 还没有恢复，说明心肺功能弱，或者运动量过大。通过训练，队员 2000 m 竞赛后心率恢复到正常值临界点的时间是否逐渐缩短。

（三）重视心理因素的作用

应急救援人员在完成体能训练及技术动作都需要一定的心理素质。身体素质、运动技术和心理素质是决定矿山应急救援人员取得良好体能训练成绩的 3 个基本因素。身体素质是保证体能运动的物质基础，运动技术是基本条件，而心理素质是使两者能够发挥作用的内部动力。心理因素在控制自身的心理活动和技术动作中起着十分重要的作用。

1. 心理活动强度过低对体能训练的影响

应急救援人员在进行体能训练前心理活动水平不足，就会限制应急救援人员技术水平和身体素质的发挥。例如，有的队员在训练时，情绪低落，缺乏动机力量，注意力分散，记忆力差以及思路狭窄和迟钝等，在这种心理状态下，他们的动作表现为软弱无力，该控制的控制不住，甚至因注意力不集中，记忆不佳而发生错误动作或者技术事故；平时训练心理素质不足的队员，在参加各类技术比赛或考核时往往怯场，表现为信心不足、情感脆弱、容易动摇、注意力不稳定、记忆力差等，在这样的心理状态下，很难发挥技术水平。

2. 心理活动强度过强对体能训练的影响

在日常体能训练和技术比武竞赛中，有些应急救援人员由于心理活动过强，会造成技术动作失常。因为临场心理活动超强，将会促使情绪激动，动作不稳定，不是用力过猛，动作失去控制，造成技术动作失误，就是注意力太过集中，动作受注意强度干扰反而不能充分发挥技术水平。心理活动强度过大，造成队员不能有效地控制身体力量，使心理与动作失去平衡。

3. 心理障碍对体能训练的影响

在日常战备训练、考核或比武技术竞赛中，由于技术动作的失误或比赛的失败，往往对应急救援人员造成心理障碍，如临场情绪过敏、心理疲劳、动机不足、运动感觉迟钝等。这些心理障碍是由于运动中的挫折直接引起的心理伤痕，若忽视对队员在体能训练时心理障碍的分析和治疗，单纯从技术或身体素质方面找原因，往往还会加深心理障碍而成为心理创伤。例如，应急救援人员在进行引体向上训练时，由于双手未能抓紧单杠，导致从单杠上摔下，引起手部扭伤，给自己造成了心理障碍，每到训练引体向上时都会产生恐惧心理，无法控制自己训练时的动作，导致引体向上成绩较差。

二、研究制定中年队员训练方法

目前矿山救援队中普遍存在矿山救援人员年龄偏大的问题，需研究制定适用于40岁以上中年应急救援人员体能训练方法，以保证中年应急救援人员能够满足矿山应急救援人员基本体能要求，延长他们的服役年限。

（一）中年应急救援人员体质变化情况

人到中年，身体各系统和主要器官如心脏、肺、肾、脑等功能逐渐发生衰变，机体免疫力开始减退，机体各系统也将会发生一系列衰老的生理功能变化。

1. 神经系统的变化

人到中年后大脑皮层细胞每天死亡10万个（共140亿个）、神经传导减慢15%，神经系统的灵活性降低，会导致中年应急救援人员的记忆力减退，手脚不灵活，对各种刺激的反应比较迟钝，做事易疲劳，疲劳后恢复较慢。

2. 心血管功能变化

人到中年后，心脏泵血功能下降，动脉逐渐硬化，心脏每搏量减少30%，冠状动脉流量减少35%，心排血指数每年下降0.79%，收缩压每10年升高10 mmHg，心肌萎缩，动脉硬化，血管壁变硬，管腔变小，血流阻力加大，常易引起动脉压升高，心脏负担加重，致使中年应急救援人员出现高血压的频率较高。另外，心血管细胞的供养能力逐步减退，通常在30岁以后，心脏的供氧能力每年下降5%～10%，直接影响人的耐力，因此中年应急救援人员在进行体能训练时往往会出现耐力不足的现象。

3. 呼吸系统功能变化

人体到中年后，呼吸道黏膜萎缩、分泌液减少，免疫球蛋白含量降低，纤毛运动减弱，清除异物的功能减退、萎缩，肺弹性降低，肺泡活量减少，积存在肺泡里的残气量增加，容易造成肺气肿及呼吸困难。人体肺活量最大年龄是 25 岁，到 40 岁时，降至峰值的 85% ~87%，因此中年应急救援人员的肺活量较低，日常在进行体能训练时会出现体力不支的现象。

4. 肌肉力量和肌肉比重

男性的肌肉力量在 25 岁时达到顶峰，通常在 30 岁以后肌肉力量每 10 年会下降 10%，一个保持运动量的人则下降 4% ~5%；50 岁以后下降更快。中年应急救援人员随着年龄的增长，肌肉比重显著降低，每年差不多下降 1%。

5. 骨骼的变化

人的骨骼一般在 20 ~25 岁骨化完成，骨骼不再增长。通常在 30 岁以后，人的骨骼含钙量每 10 年减少 5% ~10%，这是任何训练都无法弥补的，只有补充营养。因此中年应急救援人员的骨骼会变得更加脆弱，在进行高强的体能训练时容易骨折。

6. 其他生理变化

除以上变化外，中年应急救援人员新陈代谢开始减慢，会出现体重增加；随着年龄的增加，队员视力减退，往往影响人的视觉范围，甚至影响运动中人手和眼睛的配合，对自己不熟悉的运动项目反应迟钝；肢体灵活性也随着年龄的增长而下降。据统计，一个普通人进入中年后背部下方和臀部的活动范围较其年轻时会减少 6 ~8 cm。

（二）训练重点

40 岁以上年龄段的矿山应急救援人员在进行体能训练时，更应该遵循科学的体能训练方法，需制定专门的方案，做到体能训练循序渐进，重点进行柔韧性及灵敏性的训练，避免因体能训练不当出现意外伤害的现象。

三、防止体能训练运动损伤

（一）运动损伤的原因

1. 准备活动不合理

应急救援人员在进行体能训练前缺乏准备活动或准备活动不恰当是造成运动损伤的重要原因之一。准备活动不恰当主要表现在以下两个方面。

（1）不做准备活动或准备活动不充分。在神经系统和其他器官、系统的功能没有准备的情况下，应急救援人员立即投入紧张的比赛与训练。由于肌肉的力量、韧带的伸展性都不够，身体的协调性差，因而易发生肌肉、韧带拉伤和关节扭伤。

（2）准备活动的内容与训练的内容结合得不好或缺乏专项准备活动。运动中负担较重部位的功能没有充分调动，条件反射的联系尚未恢复，如背负15 kg的氧气呼吸器进行连续体能训练前，应急救援人员没有提前做一些关于慢跑、肌肉拉伸等与连续体能训练项目相结合的热身运动，因而易发生肌肉、韧带拉伤和关节扭伤等现象。

2. 技术上的缺点和错误

技术动作违反了人体结构的特点和各器官系统功能的活动规律，以及运动时的力学原理，也容易引起机体组织损伤，如应急救援人员在进行2000 m跑步时，动作不规范容易引起膝盖软组织挫伤；拉检力器时，动作扭曲容易引起腰部损伤。再者，对于新招的应急救援人员，在刚接触各项体能训练项目时，个人神经活动的兴奋和抑制过程不均衡，分化抑制的能力差，容易发生各种错误动作而造成组织损伤。

3. 运动量过大，局部负担过重

安排运动量时没有考虑到锻炼者的生理特点，运动量超过了锻炼者可承受的生理负担，尤其是局部负担量过大，引起局部肌肉疲劳，从而影响动作质量，继而造成损伤。如应急救援人员在技术比武竞赛前进行训练时，为提升成绩往往会进行长时间大强度的体能训练，容易引起肾功能不全。

4. 场地、设备、服装的缺点

一是矿山救援队伍大多属于企业，普遍存在训练场地面积不足或训练场地不平整的问题，进行长距离跑步训练时会增加应急救援人员腿部受损的概率；二是应急救援人员长时间背负15 kg的氧气呼吸器进行体能训练，呼吸器不能有效贴附背部，也会造成应急救援人员身体受力不均造成损伤；三是应急救援人员在日常的体能训练中缺少运动鞋、运动衣，以及一些防护用品，也是造成运动损伤的原因之一。

（二）运动损伤的种类

矿山应急救援人员在进行大体量体能训练的同时，往往会出现一些运动损伤，常见有以下几类。

（1）软组织挫伤。一般是指钝性暴力直接作用于人体某处而引起的局部或深层软组织的急性闭合性软组织损伤。

（2）肌肉拉伤。肌肉拉伤是由于肌肉主动地猛烈收缩或被动地过度牵伸，超过了肌肉本身所能承担的限度而引起的肌肉组织损伤。

（3）关节韧带损伤。韧带主要附着在骨端上，用以连接关节两端的骨骼，外力致关节出现超越正常范围的异常活动时，韧带将不能承受过高张力而损伤。

（4）滑囊炎。滑囊炎指滑囊的急性或慢性炎症。

（5）腱鞘炎。腱鞘炎是由于外伤、过度劳累等，刺激肌腱在鞘内长期反复地摩擦而引起的一种创伤性炎症。

（6）急性腰扭伤。在负重活动或体位变换时，特别是在拉检力器时，使腰部的肌肉、韧带、筋膜、滑膜等受到牵扯、扭转，或肌肉骤然收缩，使少数纤维被拉伤或小关节紊乱，称为急性腰扭伤。

（三）矿山救援队伍体能训练项目易损伤部位

运动损伤的发生可因运动项目的不同而异，运动项目不同，人体发生损伤的部位也不同。在矿山救援队伍日常的体能训练中，队员主要进行爬绳、引体向上、举重、负重蹲起、哑铃、跳高、跳远、2000 m 中长跑、激烈行动及连续体能等运动项目，队员在进行这些项目的训练时，身体发生损伤的部位往往也不同，主要发生部位见表6－1。

表6－1　矿山救援队员体能训练易损伤部位表

序号	运动项目	易损伤部位
1	爬绳	①滑绳易捋伤手掌；②下绳时易扭伤脚踝；③上绳技术动作不标准会扭伤腰部
2	引体向上	①易拉伤肩部；②易摔伤头部；③易拉伤腕部；④借力引体向上时易损伤腰部
3	2000 m 跑	①长时间动作不标准易损伤膝盖；②损伤脚后跟、脚踝；③跟腱；④长时间负荷跑步易拉伤大腿、小腿肌肉
4	举重	①易扭伤腰部，会造成腰肌劳损和腰椎间盘突出；②易砸伤脚部；③易拉伤肩部
5	哑铃	①易拉伤腕部；②易拉伤肩部
6	负重蹲起	①易扭伤腰部，造成腰肌劳损和腰椎间盘突出；②易扭伤脚踝；③易拉伤颈部
7	跳高	①易拉伤大腿部；②易扭伤脚踝；③易摔伤膝部
8	跳远	①易扭伤脚踝；②易摔伤膝部和腕部
9	激烈行动	①易扭伤脚踝；②易拉伤颈部
10	连续体能	①滑绳易捋伤手掌；②下绳时易扭伤脚踝；③掉杠易摔伤头部和四肢；④过悬空架时，易拧伤手掌；⑤过水平梯时易摔伤腿部和扭伤脚踝；⑥爬小巷时易撞伤头面部；⑦拉验力器时，易拉伤肩部，扭伤腰部造成腰肌劳损和腰椎间盘突出，扭伤脚踝，钢丝绳易打伤手部

（四）运动损伤的预防

1. 核心区运动感觉及本体感受功能训练

核心区运动感觉及本体感受功能训练是肌肉张力的自主调节和控制能力训练，可以帮助在运动中迅速调节关节周围肌肉紧张度，使其动作更加协调，更快地从易受伤体位调整过来，从而避免损伤的发生。在矿山救援队伍的训练中，可采用平衡垫站立、单腿蹲和支撑箭步蹲等进行核心区运动感觉及本体感受功能训练。

（1）平衡垫站立。平衡垫为塑胶充气垫，由于里面有空气，所以如果没有收紧核心部位的肌肉，将很难保持稳定地站在上面。经过一段时间的练习，如果已能进行较为稳定的站立，则可以将眼睛闭上，这样对于本体感受神经的刺激会更为强烈，会给核心稳定带来更多的挑战。

（2）单腿蹲。单腿站立，屈髋向下蹲，膝盖不要超过脚尖。保证落地脚全脚掌自始至终不要离开地面。如想再增加难度，可以站在弯曲不稳定的表面上。

（3）支撑箭步蹲（单腿支撑前后箭步蹲）。将一条腿放在支撑物上，小腿与地面平行，另外一条腿向前迈出；然后腹部收紧，做箭步蹲的动作，注意膝关节不要超过脚尖，后面的腿要放松并且膝关节屈曲。

2. 运动保护措施

矿山救援人员在开展体能训练项目时，必须做好自主保安工作，可制定相应的体能训练保护措施，增强安全保护。如应急救援人员在进行跑早操时，中队长要认真负责、统一指挥，及时调整步伐、控制速度，防止视线不清滑倒伤人；早操队员要集中精力、听清口令、听从指挥。同时要对各体能训练项目制定相应的保护措施，具体保护措施如下。

（1）爬绳：吊绳下方必须放置海绵垫，周围必须有人保护。

（2）引体向上：单杠下方必须放置海绵垫，周围必须有人保护。

（3）跳远：跳远前要翻松沙坑，清理沙坑内石子、杂物等，沙坑周围必须有人保护。

（4）跳高：跳跃横杆落地一侧必须放置海绵垫，跳高架横杆侧不准站人。

（5）举重：两边和后边要有人保护，防止失手伤及自身或他人。

（6）跑步：首先将跑道杂物清除，然后根据自己实际能力调整步伐和速度，防止失控摔倒造成伤害。

（7）验力器：在操作前，应对验力器逐一检查，无故障方可进行操作，操作人员应戴手套，集中精力进行操作，防止造成伤害。

3. 运动保护装备

运动保护装备是体能训练中不可缺少的物质保障。保护装备不仅能够提高受训人员体能训练的成绩，更重要的是可以预防和避免一些运动性损伤，如在自行车、摩托车、攀岩等项目佩戴头盔，以减少发生意外时头部受伤的概率；足球运动员在比赛中佩戴护腿板以防止胫、腓骨损伤的发生。在矿山救援队的体能训练中，也需要相应的保护装备，如爬绳时佩戴手套防止握绳不紧脱落磨伤手部；做引体向上时佩戴防坠落保护套避免脱手造成摔伤等，矿山救援队体能训练可选用保护装备见表6－2。

表6－2　矿山救援队体能训练可选用保护装备表

序号	体能项目	保　护　装　备
1	爬绳	手套、保护垫
2	引体向上	手套、引体向上防坠落保护套、保护垫
3	跳远	护膝、护腕、运动衣、运动鞋、保护垫
4	跳高	护膝、护腕、运动衣、弹性运动鞋、保护垫
5	举重	护腰带、护膝、护腕、运动衣
6	跑步	护膝、护腕、髌骨带、跑鞋、运动衣

4. 自我保护动作

应急救援人员在进行体能训练时，都应该掌握一定的自我保护动作。根据人体各关节的解剖特点和生物力学原理，可采用如下方法。

（1）顺关节支撑法。当人体后倒或侧倒着地时，须屈膝坐臀，配合手臂顺撑（手指向前），不能出现直臂反撑；当一足踏在凹凸不平的地方上即将发生扭踝时，可顺势向扭踝足侧屈膝倾坐并顺撑，同时迅速转移身体重心，减少扭踝程度。

（2）顺惯性滚动法。当人体受惯性作用发生跌倒时，可顺势做滚翻或滚动，以免损伤。例如应急救援人员在沙坑跳远时，如果跳跃落地前冲力过大导致前倒，可以向前滚翻；如果落地后倒下，应团身后滚翻，并且滚翻时肌肉应保持适度的紧张。

（3）缓冲着地法。当人体从高处或器械上跌落时，可屈臂、屈膝、屈髋等缓冲着地。

（4）增大支撑面法。人体在跳落或跌倒时，应尽可能增大着地的受力面积，切忌用肘尖或膝盖着地，如人体从高处或远处跳落时，两腿应并腿屈膝落地；身体向前扑倒时，须用两臂屈肘双掌撑地，切忌用单腿、单膝撑地。

（5）缓降重心法。在球类竞赛中，当跳起时被他人推倒发生直体后倒，可顺势收腹屈膝降低重心，配合两臂支撑，做屈体后滚动落地（须收颌以防大脑受伤）；在做器械体操动作失败而掉落时，应尽量抓住器械不放，以便借助器械的挂撑转危为安或缓降重心落地；从爬竿、爬绳、木梯等高器械上掉落时，可先紧握器械，待接近地面时推开器械跳落地面或顺势跳滚落地。

（6）改变动作结构法。该方法改变动作构成要素。每个运动动作都有其特定的构成要素，当做某个动作失败而出现跌倒危险时，可顺势改变其中一个或几个构成要素；改变跌落动作部位，人体从高处跌落时，可利用小关节活动来改变下跌动作的着地部位，使两腿先着地。

第四节　救援业务理论学习

矿山救援队在处理矿井火灾事故时，应急救援人员只有拥有丰富的救援业务理论知识，才能灵活应对瞬息万变的灾情，制定科学的处置方案和具体的办法、手段，保证迅速、安全救灾。《矿山救援规程》规定，从大队指挥员到救援队员，都需进行业务理论学习，并经培训合格后，方可从事矿山救援工作，并将救援业务理论学习纳入质量标准化考核之中，同时，在历届各省级及国家级救援技术比武中，业务理论考试成绩所占比重也较大。

一、遵循记忆规律，提高学习效率

图 6－1 为记忆三级加工模型。在进行业务理论学习时，外界的刺激，包括教员的授课声音对听觉的刺激，书本的文字、公式及图像对视觉的刺激，首先进入感觉记忆，存储时间一般为 0.25～4 s，其中那些引起注意的感觉信息才会进入短时记忆（保持时间大致为 5～60 s），在短时记忆中存储的信息经过复述存储到长时记忆中，存储时间 1 min 以上，而保存在长时记忆中的信息在需要时又会

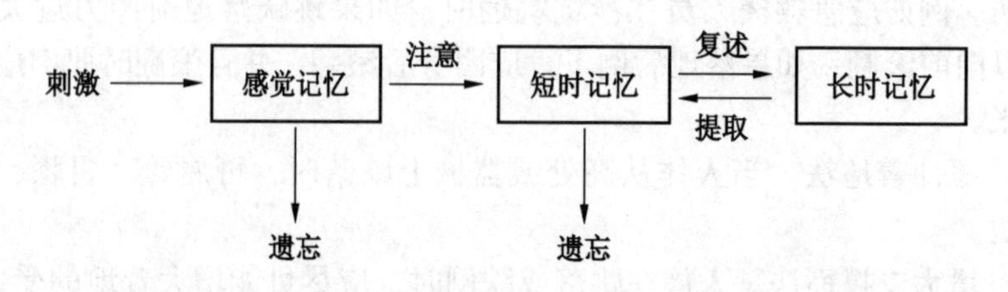

图 6－1　记忆三级加工示意图

被提取出来，进入到短时记忆中。

由图 6－1 可知，注意、复述在将刺激转为长时记忆过程中具有重要作用，同时短时记忆及长时记忆的效果与对学习内容的加工深度、组块学习、利用外部记忆手段、学习时的心理因素及大脑的健康和用脑卫生有密切关系。

1. 注意

感觉记忆中只有能够引起学习者注意并被及时识别的信息，才有机会进入短时记忆。相反，那些没有受到注意的信息，由于没有转换到短时记忆，很快就消失了。注意是心理活动或意识对一定对象的指向与集中，在进行业务理论学习时，要精力集中，专注于看书或听讲，才能有良好的学习效果。

2. 复述

短时记忆向长时记忆转化的条件是复述。复述分两种：一为机械性复述，是将短时记忆中的信息不断地简单重复，机械复述并不能导致较好的记忆效果；二为精细复述，对短时记忆中的信息进行分析，使之与已有的知识建立起联系，精细复述是短时记忆存储的重要条件。

如学习“矿井空气中氧气浓度降低的主要原因有哪些”一题，可联系以前的知识或经历，如排放巷道瓦斯、佩用呼吸器。排放巷道瓦斯，因为瓦斯浓度高而致氧气浓度低，即矿井中各种气体的混入，使氧含量相对地降低；佩用呼吸器，定量孔一直在连续不断地供氧，因为人的呼吸消耗了氧气，故人的呼吸也是氧气降低的主要原因之一。

3. 对学习内容的加工深度

对学习内容的加工深度不同，记忆的效果不同，加工越深，效果越好。

如在学习一氧化碳的危害时，先对其内容进行加工，找出规律：浓度越大，危害越大，中毒所需要的时间就越短，然后，以浓度 0.016% 为基数，数小时为起点，浓度为 1、2、8、25 倍（分别为 0.016%、0.048%、0.128%、0.4%）时中毒时间分别为数小时、1 h、0.5～1 h、很短时间，只需记住倍数及逐渐缩短的时间序列即可。

4. 组块学习

组块是指对需记忆或学习的内容进行有机组合，成一个整体，即组块化，或者扩大原来已形成的组块包含的信息量，均可以提高记忆的容量和效率。如压入式局部通风机的“三专、两闭锁”，可有机整合成两个组块：“三专”为“专用供给”，供给即包括变压器、线路及开关；“两闭锁”为“风、瓦斯闭锁”，即两个分别与电的闭锁。瓦斯的性质、危害可整个为一个组块，“比重 0.554”，4 无（5）气体（无色、无味、无臭、无毒），浓度达 40% 以上时，能使人窒息。

5. 利用外部记忆手段

为了更好地存储记忆的内容，可采取一些外部记忆的手段，如记笔记、记卡片和编提纲。

6. 影响学习的心理因素

（1）态度。学习时抱着积极的态度，学习的效果容易提升，相反，在学习时消极、疲沓，学习成绩很难提高。

（2）自信心。一个队员对自己的能力缺乏自信，抱负水平低，学习的成绩就不会有很大提高；过于自负、骄傲，也会降低自己的意志努力和注意的紧张度，因而影响学习效果。

（3）情绪状态。积极、欢快的心境能促进学习，而抑郁的心境会使学习成绩明显下降。

7. 注意大脑的健康和用脑卫生

大脑的健康状况及是否符合脑的生理特点用脑（即用脑卫生）直接影响记忆的好坏。

（1）保证充足睡眠。睡眠是脑细胞全面休息的过程，对于恢复精力和体力、消除疲劳是必不可少的。睡眠不足，则精力和体力不能完全恢复，影响第二天的学习和生活。

（2）要有适宜的学习环境。适宜的学习环境有利于大脑高效率地工作，延缓脑细胞疲劳的来临。适宜的学习环境主要是保持新鲜的空气、适宜的光线和良好的坐姿，使大脑得到充足的氧气，在柔和的光线下学习，减轻视觉的疲劳。

（3）注意学习和休息的相互调节。在学习过程中应该有让大脑休息的时间，有利于消除大脑的疲劳。此外，学习时还可安排不同的学习内容或知识交替进行，目的就是不让大脑某一区域单一地、长时间地工作。

（4）保证充分适当的营养。脑细胞的活动需要丰富的养料，但脑细胞本身又缺少储备营养物的能力，所以每天都应该供给大脑细胞充分适当的营养。

（5）不吸烟，不喝酒。大脑细胞对酒精和烟草中的尼古丁非常敏感，它们对神经冲动的传递起抑制作用，阻碍思维的发展，甚至使思维活动过早衰竭。

（6）积极参加体育锻炼。体育锻炼可以促进神经系统的灵敏性。

（7）养成规律的作息生活习惯。规律的作息生活习惯，可节省脑细胞的机能损耗，从而提高学习效率，预防过度疲劳。

二、勤于复习，减缓遗忘

图 6 – 2 为艾宾浩斯遗忘曲线，表示了在学习中记忆内容遗忘的规律性：遗

忘的进程不是均衡的，在记忆的最初阶段遗忘的速度很快，后来就逐渐减慢了，到了相当长的时候后，几乎就不再遗忘了，这就是遗忘的发展规律，即“先快后慢”的原则。

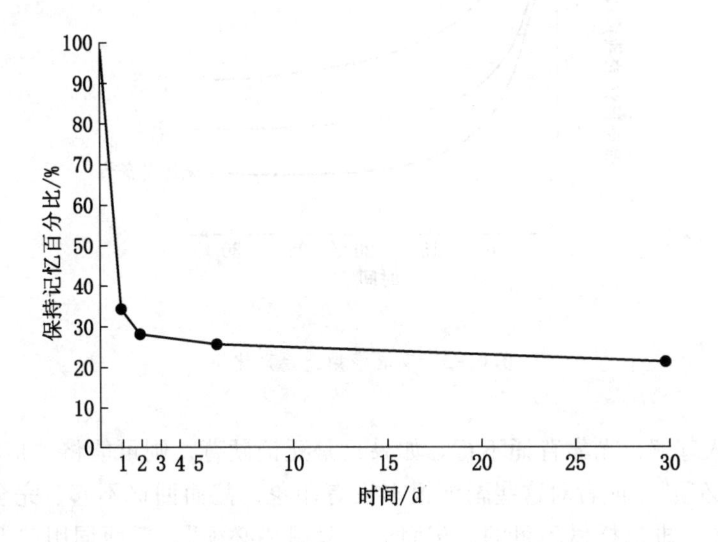

图6－2　艾宾浩斯遗忘曲线

（1）在救援业务理念学习时，要及时复习，以产生保持百分比的叠加效应，从而增加保持百分比，以保证学习效果，做到真学进脑，真记进脑。

（2）注意排除学习前后序列的影响。在复习时要注意学习内容的序列位置效应，对学习内容中间的部分要加强复习。在学习时，最先学习的内容、中间学习的内容及最后学习的内容记忆程度不同，遗忘多少也不同，为序列位置效应，最后学习的内容与最先学习的内容，记忆较深刻，遗忘较少，分别叫近因效应与首应效应，而中间部分则记忆不深，遗忘较多，故需加强复习。

三、深刻理解，牢固记忆

艾宾浩斯发现（图6－3），人比较容易记忆的是那些有意义的材料，而那些无意义的材料在记忆的时候比较费力气，在以后回忆起来的时候也很不轻松。所以，对于学习的知识，首先要理解，理解其含义，然后再进行记忆；理解了的知识，就能记得迅速、全面而牢固。死记硬背，费力却收效不大。

学习《矿山救援规程》时其中出现的“必须”“严禁”“应当”“可以”要正确

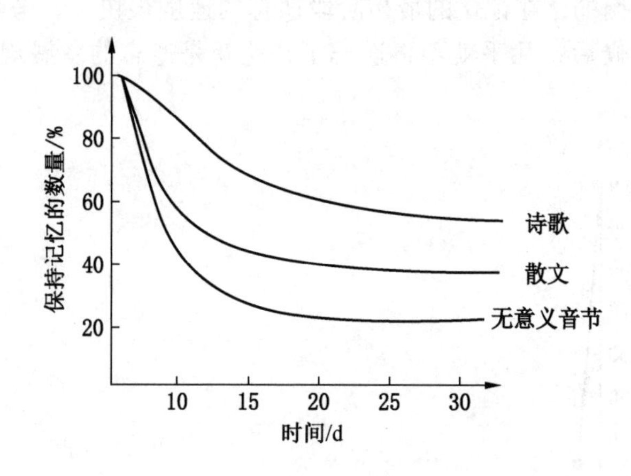

图6-3　艾宾浩斯遗忘对比图

理解、深入理解，光靠背诵不行。如果只是死记硬背，则可能将“应当”错误地记成“必须”，或者对这些副词根本没有印象，甚而回忆不起、完全遗忘了。表示很严格、非这样做不可的，正面词一般用“必须”，反面词用“严禁”；表示严格、在正常情况下均应这样做的，正面词一般用“应当”，反面词用“不应”或“不得”；表示允许选择、在一定条件下可以这样做的，用“可以”。

四、正确利用学习的迁移，防止相互干扰

人已掌握的知识或技能，可以影响到随后学习的另一种知识或技能，即为迁移。对随后学习起积极影响的，为正迁移，起消极影响的，为负迁移或干扰。一方面，主动、有意识地利用正迁移，可提高学习效率，如学会用光学瓦斯检定器测量瓦斯，而后学习测量二氧化碳就感觉容易；另一方面，要积极应对干扰，如采煤工作面采煤结束正常封闭，要求密封墙离巷道口不大于6 m，但在火区封闭时，则要求不小于10 m，原来所掌握的6 m容易引起干扰，因此，学习时需有意识地对抗干扰，将两个不同情况下封闭的规定放到一块进行对比，分析其数据不同的原因：一个是不大于6 m，其目的是防止形成盲巷；一个是不小于10 m，其目的是防止爆炸破坏了密闭墙、后退重建时有建墙位置，如此就不会引发干扰了。

在救援业务理念学习中，要遵循大脑记忆的规律，对学习的知识要勤于复习，深刻理解，并合理利用学习的正迁移，防范干扰，才能有效提升学习效率，

保持学习的效果，不断提升业务理论水平。

第五节　心　理　训　练

矿山救援队开展心理训练的目的，就是提升应急救援人员的心理素质，使其面对困难、危险、挫折时（如矿井火灾时的高温、浓烟及瓦斯爆炸的危险）能坦然面对，沉着冷静，有条不紊地开展救助、处置，达到绩效最大化，同时保证自身安全与身心健康。

一、心理训练的含义

心理训练是一种心理干预方法，是指采用专门仪器、动作等心理学手段，对训练对象进行有意识的影响，使其心理状态发生变化，达到最适宜强度、最佳状态，满足提高作业成绩、增强身心健康需要的训练方法。

心理训练是一种要求个人充分发挥自主性的自我改变历程，通过训练，使个人对自己有更真实的了解、更恰当的引导和更主动的控制，也就是让一个人自己掌握自己，而不是被环境、习惯和以往经验所控制。

心理训练的前提是将人视为正常人，将出现心理问题的原因归结于某些心理机能不足。训练目标是强化人的各项心理机能，使其变得更强大。

心理训练用实际操作帮助人们改变自己。

二、矿山救援队心理训练主要方法

矿山救援队伍是一支处理矿山灾害事故的专业化队伍。依据其职业性质，借鉴心理治疗、心理咨询相关技术，参考军人、运动员心理训练方法，选择适合矿山救援队使用的心理训练方法。

1. 认知调整方法

认知调整方法来源于心理咨询中的合理情绪疗法（RED）。合理情绪疗法由美国著名心理学家埃利斯（A. Ellis）于20世纪50年代创立，其理论认为，引起人们情绪困扰的并不是外界发生的诱发性事件，而是人们对事件的态度、看法、评价等认知内容。因此要改变情绪困扰，不是致力于改变外界事件，而是应该改变认知，通过改变认知，进而改变情绪。他认为外界诱发事件是A（Activating events），人们的认知是B（Beliefs），情绪和行为反应为C（Consequences）。通常，人们认为人的情绪及行为反应C是直接由诱发事件A引起的，即A引起C。但RED指出，诱发事件A只是引起情绪及行为反应C的间接原因，而人们对诱发事件所持有的信念、看法、解释 B 才是引起人的情绪及行为反应 C 的更直接的原因，故又称为 ABC 理论。

抑郁、焦虑、沮丧等情绪结果并不是由所发生的事件直接引起的，而是由想法、信念所产生的。故需要从认知的特点出发，调整认知，改变错误的认知方式，包括不合理的或非理性信念和认知过程的歪曲，从而避免不良情绪的产生，或及时克服已经出现的情绪问题。矿山应急救援人员平时学会合理思维，建立合理的信念，可以有效避免因不合理思维、不合理信念而引起的情绪困扰乃至障碍。

2. 支持性心理治疗

支持性心理治疗也称为一般性心理治疗，其理论基础是人的群体性本质，是人对感受其他人存在的心理需要的反映与表现。与他人合作，是每个人的心理需要，人类表现出来的孤独感、无助感、渺小感，以及对超自然神灵的莫名崇拜，就是心理需要的具体表现。每个人一生中都可能遇到挫折、困境、丧失亲人(朋友)、疾病，都有无法马上摆脱的烦恼和痛苦。这时，来自同类个体的支持、关心、帮助、同情，对于我们调整心态、走出困境，发挥着不可替代的重要作用。理解、同情、安慰、支持、肯定、鼓励、赞赏等表达方式，就是日常生活中人与人之间最值得提倡的最好的心理治疗方法。

3. 暗示训练

接受暗示和给人暗示是日常生活中的常见现象。暗示是当事人无意识地受客体和主体影响，从而使自己的心理、生理乃至行为发生变化的一种心理现象。暗示利用的是潜意识的作用原理。各种各样的暗示，会在潜意识下被接收。当然，潜意识也不是盲目的，意识和潜意识之间存在着沟通和联系。由于意识控制潜意识的能力各人不同，故各人接受暗示性强弱也不同。暗示在本质上是人的情感和观念，会不同程度地受到别人下意识的影响。暗示训练是利用言语、动作等刺激对人的心理施加影响，并进而控制行为的过程。

暗示是最简单、最典型的条件反射。每个人都有着或强或弱的自尊心，无论其强弱，当直接命令某人做某事时，他都会马上意识到有人要干涉他、控制他，他会不由自主地生出一种抵抗的力量，不愿就范。因此，即使方法再好，也不会完全按照命令去执行，这就使得一个好的方法不能充分发挥其应有的作用。

暗示恰恰绕开了人的自尊心产生的抵抗力量，由于它发出信息的方式含而不露，其发出过程是两个人的心理交流过程，个体无意中受到影响，其信息内容是一种被主观意愿肯定了的假设，不一定有根据，但主观上已经肯定了它的存在。因此，个体对暗示词的吸收就像海绵吸水一样毫不费力，并尽可能多地吸收，仿佛“融化到血液中”而成为自己固有观点的一部分，这样形成的观点在个体的头脑中会更具有权威性。成功的暗示可以对人的心理和生理产生双重效应，改善情绪，增强机体的免疫、生长与修复功能。

学习自我语言暗示及对他人语言暗示、表情暗示、动作暗示等，调节自己或他人的心境、情绪、意志和信心等，以保持积极向上的精神状态。

4. 疏泄训练

通过一定的方法和措施，如倾诉、打球、写日记、哭泣、呐喊、唱歌等，宣泄不良心理能量，使人从苦恼、郁结的消极心理中解脱出来，尽快地恢复心理平衡。

5. 放松训练

通过放松肌肉，间接地使主观体验松弛下来，建立轻松的心情状态，从而缓解紧张、焦虑情绪等。

6. 冲击训练

冲击训练是让训练者暴露在使其产生强烈恐惧或焦虑情绪的刺激情境中，最后适应刺激情境的训练方法。矿山救援队进行的冲击训练，就是使应急救援人员置身于最为痛苦、紧张或恐惧的情境之中，尽可能迅猛地引起应急救援人员强烈的恐惧或焦虑反应，并对这些焦虑和恐惧反应不再作任何强化，任其自然，最后迫使导致强烈情绪反应的内部动因逐渐减弱甚至消失，情绪的反应自行减轻或者消失。

7. 系统脱敏训练

系统脱敏训练是放松训练与冲击训练的有机结合，先进行放松训练，在放松状态下与引起个体焦虑或恐怖的刺激物结合，从而消除过敏反应。矿山救援队系统脱敏训练可采取授课训练及公共区域训练，授课训练是由心理素质稍差、易紧张的新队员上台授课；公共区域训练，是组织应急救援人员到在人流量大的公共场所，如公园、广场，进行易受外界干扰的项目训练，有军事化队列训练及席位操作、心肺复苏、安装苏生器、互换氧气瓶、更换 2 h 呼吸器仪器操作训练。

三、矿山应急救援人员的心理干预

在矿井火灾事故处理中，面对高温、浓烟、顶板不稳定、狭小的活动空间及有毒有害气体超限等不安全情况，受爆炸、倒塌、中毒等危险威胁，面对遇难者惨烈遗体、伤员的不良情绪感染，特别是处理应急救援人员自身伤亡事故时，应急救援人员可能会表现出高度紧张、苦恼、焦虑、愤怒等，个人无法应对、解决，自己的稳定状态被打破，即产生了心理危机。

（一）事故现场的心理危机干预

发生事故后，矿山救援队第一时间冲到事故现场，面对惨状，应急救援人员有震惊、恐惧、悲伤等反应，但必须快速处理好自己不良的情绪，压抑住自己的情感，投入抢险救灾中，包括对伤员的救助、心理安抚，对死者的处置。

1. 积极的自我暗示

对自己进行积极鼓励，如告知自己，我是支柱，精神上不能倒下，我一倒下，伤员就全倒了；对自己进行积极暗示，如我是告慰亡灵的，是挽救人生命的、减小人伤残的、降低人痛苦的，是功德无量的事儿，或者，人死如灯灭，我只需尊重躯体，死人不可怕。通过自我鼓励、自我暗示，以减轻恐惧、焦虑。

2. 深呼吸放松

在感觉极度恐慌、焦虑时，可短暂停止工作，站直身体，放松肌肉，闭上眼睛，进行深缓呼吸，感觉自己的呼吸气流，感觉自己所佩用氧气呼吸器细微的供气声音，可以有效缓解自己不良情绪与反应。

3. 应用积极的心理防御机制

（1）理智化。以抽象、理智的方式对待当前紧张、恐怖的情境，借以将自己超然于情绪困扰之外。对于眼前的情境，可当成自己作为矿山应急救援人员不可缺少的、必须经历的经历，是成长必经之路。

（2）升华。将不良情绪，如恐慌、焦虑，导向到对遇险遇难人员积极处置工作上。

4. 保持密切联系与交流

（1）带队的中队长、小队长，要时刻关注队员的情绪，及时给予鼓励与指导，有时一句温暖的话，一个小动作，如拍一下肩膀，就能安抚人心。

（2）严禁应急救援人员单独行动，救援人员保持在彼此能看到的或能听到说话声音的范围以内，以便于随时交流及发现救援人员的异常表现。

（3）视救援人员情绪与反应，适时调整具体工作分工。发现反应激烈的救援人员，可临时调整从事远离遗体或伤员的辅助性工作，并注意新、老救援人员的搭配。

（4）在进入灾区前，带队的指挥员应做好战前动员，多给救援人员鼓励与信心，并告知灾区可能的情况，让救援人员提前做好心理准备。

5. 准备好隔离物品，减小不良影响

在处理遇难者遗体或救治伤员时，进入前要准备好高度数白酒、毛毯、风筒布或白布。对伤员，有大出血的要及时止血；有内容物由伤口外露的，要用湿敷料卷或用矿帽、杯子将伤口和外露的器官扣住保护好，在其外再进行包扎；有断掉的肢体，要随伤员一同放到担架上，并按规定用毛毯覆盖保暖运出。发现遗体后，要在遗体周围喷洒高度数白酒消毒、掩盖气味，然后用风筒布或白布盖上、运出。

6. 安排好休息，提供充足的饮食

（1）佩用氧气呼吸器的人员工作 1 个呼吸器班，应至少休息 8 h。但在后续救援队未到达而急需抢救人员的情况下，指挥员应根据救援人员体质情况，在补充氧气、更换药品和降温冷却材料并校验呼吸器合格后，方可派救援人员重新投入救援工作。

（2）矿难发生后，所有人忙于应对事故，拯救人员，往往疏忽或不重视矿山救援队的饮食与临时休息，造成应急救援人员体力得不到恢复，甚至连续作战，从而严重削弱了其心理应对能力。矿山救援队领导要积极协调，为应急救援人员提供充足的饮食及舒适的休整场所。

（二）事故处理结束后的心理危机干预

矿山应急救援人员是典型的情绪劳动者，在事故处理中高强度的情绪劳动可能会产生心理枯竭等不良后果，在目睹事故现场惨状、参与处理后，也可能会产生心中阴影，或触发反应引起事故重现，或替代性创伤，有内疚心理产生，严重的甚至导致急性应激障碍（ASD），进而发展成为创伤后应激障碍（PTSD），所以需要进行心理干预。

（1）每次事故处理当班结束，中队长、小队长要召开座谈会，互相畅谈，互相沟通交流，每人均可发言，说说在救援中对自己影响最大的场景，包括所见所闻所感，重点表述自己内心的感受，不管是恐惧、害怕、焦虑，都当面说出来，相当于打包技术，说出来，抛出来，从大脑中消失掉，鼓励救援人员也可将自己的感受写出来，写进日记本，存起来，这样在一定程度上消除或缓解危机。

（2）事故处理结束后，不要立即转入正常的训练，给应急救援人员一段自由活动的时间，可从事一些集体的娱乐项目，如打乒乓球、篮球，放松身心，缓解心理上的压力。

（3）多进行一些放松训练，如呼吸放松、肌肉放松，以保持情绪稳定。

（4）寻求社会支持，多与朋友、家人交流，宣泄不良情绪；如感觉自己调整不过来，可寻求专业的心理咨询和治疗。

（5）矿山救援队应开展应急救援人员心理素质训练，以提升心理承受能力。

在事故处理后，及时采取措施对矿山应急救援人员进行心理危机干预，以保障应急救援人员的身心健康，尽早投入日常学习与训练之中。最根本的措施是，加强对应急救援人员的心理训练，增加其心理承受能力，以应对各种灾难场面，确保抢险救灾的顺利、快捷、安全进行。

参 考 文 献

[1] 国家煤矿安全监察局人事培训司．矿井火灾防治（A 类）[M]．徐州：中国矿业大学出版社，2002.

[2] 王志坚．矿山救护指挥员 [M]．北京：煤炭工业出版社，2007.

[3] 王志坚．矿山救护队员 [M]．北京：煤炭工业出版社，2007.

[4] 王刚，程卫民．矿井火灾防治实用措施 [M]．北京：煤炭工业出版社，2013.

[5] 刘业娇，田志超．火灾时期矿井通风系统灾变规律及其抗灾能力研究 [M]．北京：煤炭工业出版社，2015.

[6] 中国煤炭工业协会劳动保护科学技术学会．矿井火灾防治技术 [M]．北京：煤炭工业出版社，2007.

[7] 余明高，潘荣锟．煤矿火灾防治理论与技术 [M]．郑州：郑州大学出版社，2008.

[8] 谭波，李峰．矿井火灾灭火救援技术与案例 [M]．北京：煤炭工业出版社，2015.

[9] 郝传波，刘永立．煤矿事故应急救援典型案例分析 [M]．北京：煤炭工业出版社，2016.

[10] 中国煤矿安全技术培训中心．应急救援与抢险救灾 [M]．徐州：中国矿业大学出版社，2005.

[11] 国家煤矿安全监察局人事培训司．抢险救灾（A 类）[M]．徐州：中国矿业大学出版社，2002.

[12] 张九零，王月红．注惰对封闭火区气体运移规律的影响研究 [M]．北京：煤炭工业出版社，2014.

[13] 曾凡付．煤矿现场创作急救技术 [M]．北京：煤炭工业出版社，2010.

[14] 国家安全生产应急救援指挥中心．矿山事故应急救援典型案例及处置要点 [M]．北京：煤炭工业出版社，2018.

[15] 国家煤矿安全监察局人事培训司．矿山救护（B 类）[M]．徐州：中国矿业大学出版社，2002.

[16] 煤炭工业职业技能鉴定指导中心．矿山救护工（技师、高级技师）[M]．北京：煤炭工业出版社，2007.

[17] 刘雪松，王晓琼．汶川地震的启示：灾害伦理学 [M]．北京：科学出版社，2009.

[18] 唐彦东，于汐，郎爱云．应急管理学原理 [M]．北京：应急管理出版社，2021.

[19] 曾凡付．矿山救护体能训练 [M]．北京：煤炭工业出版社，2018.

[20] 曾凡付．矿山救护心理对策与心理训练 [M]．北京：应急管理出版社，2022.

[21] 曾凡付．矿山救护呼吸保护装备 [M]．2 版．北京：煤炭工业出版社，2018.

[22] 王小林，于海森．煤矿事故救援指南及典型案例分析 [M]．北京：煤炭工业出版社，2014.

[23] 宋志强，崔传波，邓存宝．巷道环境与产烟产热影响下的矿井火灾避灾路径选择 [J].

矿业安全与环保，2023，50（5）：130－136.
［24］张春华，康璇，申嘉辉．矿井L形巷道火灾蔓延规律模拟研究［J］．安全与环境学报，2022，22（6）：3111－3118.
［25］高维强，刘超杰，张庆勇，等．井巷火灾烟流可视化智能调控系统研究［J］．能源技术与管理，2022，47（4）：1－4.
［26］杨桦，范国良，唐志新，等．矿井火灾智能疏散模拟研究：以新疆某铜矿为例［J］．矿业研究与开发，2021，4（2）：155－160.
［27］刘业娇，崔一诺，任玉辉，等．矿井倾斜巷道火灾烟流运移规律研究现状与发展趋势［J］．矿业安全与环保，2021，48（5）：113－117.
［28］李宗翔，王海文，李腾，等．下行风流火灾管道试验与烟流动力特征研究［J］．安全与环境学报，2023，23（2）：391－396.
［29］郝海清，蒋曙光，王凯，等．基于Ventsim的矿井运输巷火灾风烟流应急调控技术［J］．煤矿安全，2022，53（9）：38－46.
［30］张军亮，范鹏宏，秦毅，等．风量对独头掘进巷道中部顶板火灾影响研究［J］．煤矿安全，2021，52（12）：42－48.
［31］曾凡付．正压氧气呼吸器灾区故障分析及应急处置措施［C］//李华炜，马汉鹏．矿山救援技术与实践．徐州：中国矿业大学出版社，2013：81－82.
［32］张频，邹子璇，邹婷婷．等．健康老年人闭眼单脚站立测评的Meta分析［J］．中国老年学杂志，2023.43（5）：2401－2405.
［33］杨映红，陈峰，陈海春．武术与跆拳道运动员平衡能力的差异性研究［J］．福建体育科技，2016，35（2）：12－16.
［34］刘丽，刘卫东，张丹青．核心稳定训练对9－10岁摩登舞练习者平衡能力影响的实验研究［J］．攀枝花学院学报，2018，35（2）：76－80.
［35］朱志强，赵刚，田野．智能化平衡能力测评技术应用研究进展［J］．中国运动医学杂志，2022，41（1）：61－69.
［36］樊睿晨，刘洪广．警察心理应激调适：消退训练的作用［J］．山西警察学院学报，2021，29（4）：77－83.
［37］乔乾，许敏．LED在道路照明中穿透性及光色分析［J］．照明工程学报，2009，20（8）：106－108.
［38］侯峰．陶瓷金卤灯的研究与应用［J］．城市亮化，2013（2）：35－28.
［39］陈国香．浅谈本质安全型矿灯［J］．煤炭科技，2012（1）：19－21.
［40］安启启，徐刚，杨杰，等．高温高湿环境下人体热生理模型的检验及应用［J］．西安科技大学学报，2021，41（2）：253－261.
［41］沈丹丹，朱能．热习服训练对高温工作场所员工环境适应性的影响［J］．中国安全科学学报，2015，25（8）：17－21.
［42］梁国治，周孟颖，张奋奋．新型矿用降温服在两淮高温煤矿中的应用［J］．现代矿业，

2015，544（6）：184－185.
[43] 盛伟，郑海坤．人体降温服在矿井热环境中的应用综述［J］．中国安全生产科学技术，2013，9（12）：96－101.
[44] 宁波，宋青．《部队热习服指南》解读［J］．空军医学杂志，2018，34（4）：276－278.
[45] 邱晨，王肇进，刘钰．预降温对高温环境下体能训练者生理指标和运动效能影响的Meta分析［J］．解放军医学院学报，2022，43（7）：753－762.
[46] 孙丽婧，朱能．高温高湿下人体热应力评价指标的研究［J］．煤气与热力，2006，26（10）：67－70.
[47] 周毕云，丁立，辛梦怡，等．高温密闭环境下的人体热生理研究［J］．载人航天，2022，28（2）：202－206.
[48] 吕石磊，朱能，冯国会，等．高温高湿热环境下人体耐受力研究［J］．沈阳建筑大学（自然科学版），2007，23（6）：982－985.
[49] 唐明远．高温暴露对人体热平衡的影响及热损伤［J］．节能，2018，428（5）：77－80.
[50] 许成勇．热带环境下军事训练与热习服的研究进展［J］．武警医学，2022，33（4）：357－359.
[51] 陈家俊，王静．热习服训练方案及评价指标的研究进展［J］．军事医学，2020，44（6）：465－480.
[52] 赵寒治，韩满朝，赵凤雏，等．高温环境与热习服实施策略探析［J］．文体用品与科技，2022，485（2）：111－113.
[53] 宁波，韩玉明，樊凤艳，等．应用热耐力检测方法评估热习服效果的研究［J］．空军航空医学，2022，39（2）：132－135.
[54] 魏洋．人体出汗量的测定研究［J］．中国个体防护装备，2011（3）：40－43.
[55] 杨长福，雷春燕．政府危险管理中的行政伦理问题探究［J］．重庆大学学报（社会科学版），2009，15（5）：113－118.
[56] 鄯爱红．政府应急处置中的伦理管理与价值引导［J］．中国特色社会主义研究，2009（3）：78－81.
[57] 曾凡付，陈玉明．DQP－200惰气发生装置独头巷道远距离直接灭火技术研究［J］．能源与环保，2020，42（7）：60－64.
[58] 刘德民，曾凡付．DQ、DQP系列惰气发生装置灭火实践与分析［J］．中州煤炭，2015，231（3）：26－28.
[59] 赵忠，王海东，刘永军．CO_2灭火技术在天祝煤矿的成功实践［J］．煤矿安全，2005，36（5）：15－17.
[60] 肖蕾，郭玉东，张平银．液氮防灭火技术在煤矿中的应用［C］//郭德勇，杜波，王宏伟．中国煤矿应急救援现状分析．北京：煤炭工业出版社，2013：161－166.
[61] 李东强，周连春，王滨．注液氮防灭火技术在煤矿的应用［J］．煤矿机电，2016（1）：

101 - 104

[62] 安世岗，张立辉，秦清河．液氮和液态 CO_2 防灭火技术在补连塔煤矿的应用 [J]．煤矿安全，2015，46 (11)：59 - 62.

[63] 孔祥柯．矿用移动式液氮防灭火装置 [J]．煤矿安全，2016，47 (4)：117 - 119.

[64] 王鑫鑫，周福宝，胡维西，等．液氮防灭火工程中管道输送压降的计算方法 [J]．煤矿安全，2013，44 (5)：183 - 186.

[65] 曾凡付．煤矿独头巷道火灾事故处置技术探讨 [C] //郭德勇，杜波．矿山事故处置技术与应急管理研究．北京：煤炭工业出版社，2018：123 - 129.

[66] 孙和国，曾凡付．DQP - 200 型惰泡发生装置技术改造 [J]．煤矿安全，2008，39 (5)：59 - 61.

[67] 王志广．矿用液态二氧化碳在火灾事故处置中的应用探讨 [C] //郭德勇，杜波．矿山事故处置技术与应急管理研究．北京：煤炭工业出版社，2018：142 - 147.

[68] 朱廷祥．利用高泡成功地处理一起外因火灾事故的体会 [C] //国家安全生产监督管理总局矿山救援指挥中心，中国煤炭工业劳动保护科学技术学会矿山救护专业委员会．矿山事故应急救援战例及分析．北京：煤炭工业出版社，2006：290 - 292.

[69] 赵顺笋．井下独头巷道快速灭火系统研究与应用 [C] //郭德勇，潘树启，杨荣宽．矿山应急救援技术与管理研究．北京：应急管理出版社，2021：201 - 206.

[70] 曾成隆，鄗梦涛．干冰灭火技术在二景煤矿的应用 [J]．煤矿安全，2018，49 (11)：125 - 127.

图书在版编目（CIP）数据

矿井火灾事故处置 ：矿山救援视角 / 曾凡付著.
北京 ：应急管理出版社，2024. -- ISBN 978-7-5237
-0880-4

Ⅰ. TD75

中国国家版本馆 CIP 数据核字第 2025FC9375 号

矿井火灾事故处置——矿山救援视角

著　　者　曾凡付
责任编辑　肖　力
责任校对　赵　盼
封面设计　安德馨

出版发行　应急管理出版社（北京市朝阳区芍药居 35 号　100029）
电　　话　010 - 84657898（总编室）　010 - 84657880（读者服务部）
网　　址　www. cciph. com. cn
印　　刷　北京地大彩印有限公司
经　　销　全国新华书店

开　　本　710mm × 1000mm $^{1}/_{16}$　**印张**　14 $^{1}/_{4}$　**字数**　262 千字
版　　次　2025 年 2 月第 1 版　2025 年 2 月第 1 次印刷
社内编号　20241071　　　**定价**　68. 00 元
